明解
微分積分

[改訂版]

長崎憲一・橋口秀子・横山利章 共著

培風館

本書の無断複写は，著作権法上での例外を除き，禁じられています。
本書を複写される場合は，その都度当社の許諾を得てください。

まえがき

　具体的な微分,積分計算はさまざまな計算ソフトによって,ただちに結果を得ることができるようになった今日においても,微分とは何か,積分とは何か,を理解しておくことは,大学において理学,工学を学ぼうとする学生は当然として,情報科学,経済学などを専攻する学生にとっても必要なことである.

　しかし,最近はやりのゆとり教育とそれに伴う大学入試における選抜方法の多様化によって,理工系大学においても入学時の学生の数学の学力には大きなばらつきが生じ,平均的にはここ十数年にわたって大幅に低下してきている.特に微分積分に限ってみても,数学 II の微分積分 (3 次関数までの微分積分) しか学習していないとか,数学 III を履修していても,合成関数の微分や部分積分・置換積分の計算が身についていない学生も増えてきている.

　本書は,このような状況のもとで,理系文系を問わず,高校での数学 I・II・数学 A・B (数と式,複素数,ベクトルの一部だけ) までの学習を前提として,大学専門課程で必要とされる微分積分に関する最低限の理解と基本的な計算力の習得を助けるように,やさしく書かれた微分積分の通年 (1 年前期後期の 2 セメスター) 用教科書である.

　執筆にあたっては,学生諸君が読みやすいように,次のような点に配慮したつもりである.

- 高校で学習した事項,たとえば三角関数や指数・対数関数の定義なども必要に応じて説明を加える.
- 定理などでも数学的に必要十分な形で述べる代わりに,その内容,意味が実感できるよう説明したり,ときには図やグラフを利用して視覚的に理解させる.
- 何を学習しているかがすぐ分かるように,それぞれの話題はページの最初から始めて,できるだけ 1 ページまたは見開きの 2 ページで完結するようにする.
- 計算することによって定理,公式の理解を深めるように,数多くの計算例を取り上げ,さらに各節末には十分な量の演習問題を用意する.

　この他にも,これまで学生に微分積分を教えて得られた経験に基づいて,いくつかの点で標準的な微分積分の教科書とは異なった取り扱いをした.たとえば,

- 一般の逆関数とその微分は学生がなじみにくいので扱わない．
- 関数の1次近似式を最初に持ち出し，微分可能性との関係を示すことによって，全微分可能性や2変数合成関数の微分の説明を簡潔にする．
- テイラー展開は，ある点における近似多項式の側面とべき級数の側面に分けて，別々の節で導入する．
- 定積分・重積分はそれぞれ面積・体積と結び付けて直感的に理解させる．

などである．これらの工夫が実際の講義において学生の理解に役立つことになれば，我々著者の大きな喜びとするところである．

終わりに，編集・校正において辛抱強くお世話くださった培風館編集部の木村博信氏に心から御礼申し上げる次第である．

2000年9月

長崎 憲一
横山 利章

改訂にあたって

2000年10月の初版発行から18年，この度，改訂させていただくこととなった．初版の「学生諸君が読みやすいような配慮」はそのままで，演習問題をさらに充実させた．「標準的な教科書とは異なった取り扱い」については，1次近似式の導入を平均値の定理の後に，定積分・重積分の定義をリーマン和によるものに変更して，標準的な教科書と同様の扱いとした．逆関数，テイラー展開の扱い方は初版のままである．

改訂にあたって，図版を大幅に増やし，初版からの図も新たに描き起こしたが，その作業にフリーソフトウェア K$_E$Tpic および TeX2img を利用した．これらの開発者の方々に謝意を表する．また，改訂を辛抱強く待ってくださった培風館営業部の斉藤 淳氏，組版でお世話になった編集部の岩田誠司氏に心から御礼申し上げる．

2018年11月

長崎 憲一
橋口 秀子
横山 利章

目 次

1. **初等関数とその微分** *1*
   - §1 微分係数と導関数 1
   - §2 ベキ乗関数とその微分 9
   - §3 三角関数とその微分 14
   - §4 指数関数・対数関数とその微分 26

2. **微 分 法** *34*
   - §5 微分法の公式 34
   - §6 逆三角関数とその微分 48
   - §7 高階導関数 54

3. **微分法の応用** *59*
   - §8 平均値の定理 59
   - §9 テイラー近似式 64
   - §10 関数の増減と極値 73

4. **偏 微 分 法** *81*
   - §11 偏導関数 81
   - §12 全微分 88
   - §13 2変数関数のテイラー近似式 96
   - §14 2変数関数の極値 99

5. **不 定 積 分** *105*
   - §15 不定積分 105
   - §16 置換積分法 111
   - §17 部分積分法 117
   - §18 有理関数の不定積分 122
   - §19 三角関数の不定積分 128

6. **定 積 分** *134*
   - §20 定積分 134
   - §21 定積分の計算法 142

§22　定積分の応用 150
　　　§23　テイラー展開 163

7. 極座標　　　　　　　　　　　　　　　　　*169*
　　　§24　極座標 169
　　　§25　極座標の微分積分 174

8. 重積分　　　　　　　　　　　　　　　　　*180*
　　　§26　重積分 180
　　　§27　極座標による重積分 192
　　　§28　重積分の応用と発展 200

演習問題の解答　　　　　　　　　　　　　　　*208*

ギリシャ文字　　　　　　　　　　　　　　　　*254*

索　引　　　　　　　　　　　　　　　　　　　*255*

第1章
初等関数とその微分

§1 微分係数と導関数

関数 実数 x の値に応じて実数 y の値が決まるとき, y は x の**関数**であるという.

例1. $y = 3x^2$ とする. このとき,

$$x = -3 \text{ に対して} \quad y = 3(-3)^2 = 27$$
$$x = \sqrt{2} \text{ に対して} \quad y = 3\sqrt{2}^2 = 6$$

というように, y の値は x の値を2乗して3倍することにより決まる. なお,「2乗して3倍する」という規則そのもの, すなわち, 式 $3x^2$ を関数ということもある.

一般の関数を表すのには, $y = f(x)$, $y = g(x)$, $\cdots$ 等の記号を用いる. これらについても, 関数 $f(x)$, $g(x)$, $\cdots$ ということがある.

例2. $f(x) = \dfrac{2x+1}{x+3}$ とする. このとき,

$$f(2) = 1, \quad f\left(-\frac{1}{3}\right) = \frac{1}{8}, \quad f(2x-3) = \frac{4x-5}{2x} = 2 - \frac{5}{2x},$$

$$f(2+h) = \frac{5+2h}{5+h}, \quad \frac{f(2+h)-f(2)}{h} = \frac{1}{5+h}, \quad f(f(x)) = \frac{x+1}{x+2}.$$

極限　関数 $y = f(x)$ において, x が $x \neq a$ を満たしながら a に限りなく近づくとき, $y = f(x)$ の値は限りなく定数 b に近づくとする. このことを

$$\lim_{x \to a} f(x) = b$$

または

$$f(x) \longrightarrow b \quad (x \longrightarrow a)$$

と表し, $y = f(x)$ は $x \longrightarrow a$ のとき b に**収束**するという. また, b を $x \longrightarrow a$ のときの $y = f(x)$ の**極限値**または**極限**という.

例 3. $f(x) = \begin{cases} x+2 & (x \neq 1) \\ 2 & (x = 1) \end{cases}$ のとき,

$$\lim_{x \to 1} f(x) = \lim_{x \to 1} (x+2) = 3.$$

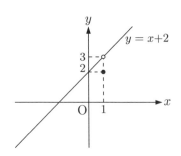

例 4. $\displaystyle\lim_{x \to 1} \frac{x^2 - 3x + 2}{x - 1} = \lim_{x \to 1} \frac{(x-1)(x-2)}{x-1} = \lim_{x \to 1} (x-2) = -1$

例 5. $\displaystyle\lim_{x \to 1} \frac{\sqrt{x} - 1}{x - 1} = \lim_{x \to 1} \frac{(\sqrt{x} - 1)(\sqrt{x} + 1)}{(x - 1)(\sqrt{x} + 1)} = \lim_{x \to 1} \frac{1}{\sqrt{x} + 1} = \frac{1}{2}$

定理 1.1 (極限の性質)　極限 $\displaystyle\lim_{x \to a} f(x), \lim_{x \to a} g(x)$ がともに収束するとき, 次が成り立つ.

(1) $\displaystyle\lim_{x \to a} (f(x) \pm g(x)) = \lim_{x \to a} f(x) \pm \lim_{x \to a} g(x)$

(2) $\displaystyle\lim_{x \to a} (c \cdot f(x)) = c \cdot \lim_{x \to a} f(x)$　ただし, c は定数とする.

(3) $\displaystyle\lim_{x \to a} (f(x) g(x)) = \lim_{x \to a} f(x) \lim_{x \to a} g(x)$

(4) $\displaystyle\lim_{x \to a} \frac{f(x)}{g(x)} = \frac{\displaystyle\lim_{x \to a} f(x)}{\displaystyle\lim_{x \to a} g(x)}$　ただし, $\displaystyle\lim_{x \to a} g(x) \neq 0$ とする.

§1 微分係数と導関数

$x \longrightarrow a$ のとき, 関数 $y = f(x)$ の値が限りなく大きくなるならば, $f(x)$ は無限大に**発散**するという. また, $f(x)$ の値が負であり, その絶対値が限りなく大きくなるならば, $f(x)$ は負の無限大に発散するという. 記号ではそれぞれ

$$\lim_{x \to a} f(x) = \infty, \qquad \lim_{x \to a} f(x) = -\infty$$

と表す.

x が限りなく大きくなることを $x \longrightarrow \infty$ (または $+\infty$) で表す. また, x を負の値として, その絶対値が限りなく大きくなることを $x \longrightarrow -\infty$ で表す. $x \longrightarrow \infty$ (または $-\infty$) のときの極限も $x \longrightarrow a$ のときの極限と同様に定義する.

x が $x > a$ を満たしながら a に限りなく近づくことを $x \longrightarrow a+0$ で表し, このときの極限を**右側極限**という. また, $x < a$ を満たしながら a に限りなく近づくことを $x \longrightarrow a-0$ で表し, このときの極限を**左側極限**という. $a=0$ のとき, $x \longrightarrow 0+0$, $x \longrightarrow 0-0$ をそれぞれ $x \longrightarrow +0$, $x \longrightarrow -0$ と表す.

例 6.
$$\lim_{x \to 1+0} \frac{x^2-1}{|x-1|} = \lim_{x \to 1+0} \frac{x^2-1}{x-1} = \lim_{x \to 1+0} (x+1) = 2$$

$$\lim_{x \to 1-0} \frac{x^2-1}{|x-1|} = \lim_{x \to 1-0} \frac{x^2-1}{-(x-1)} = \lim_{x \to 1-0} \{-(x+1)\} = -2$$

なお, $\lim_{x \to a+0} f(x) = b$ かつ $\lim_{x \to a-0} f(x) = b$ のとき, $\lim_{x \to a} f(x) = b$ である.

連続関数 関数 $y = f(x)$ が $x=a$ で**連続**であるとは,

$$\lim_{x \to a} f(x) = f(a)$$

が成り立つときにいう. 定義域のすべての点で連続であるとき, $y=f(x)$ は**連続関数**であるという.

定理 1.2 (連続関数の性質) 関数 $f(x), g(x)$ が連続のとき, 関数

$$f(x) \pm g(x), \quad c \cdot f(x), \quad f(x)g(x), \quad \frac{f(x)}{g(x)}$$

も連続である. ただし, c は定数であり, $\dfrac{f(x)}{g(x)}$ においては $g(x) \neq 0$ とする.

微分係数 関数 $f(x)$ は $x=a$ の近くで定義されていて連続であるとする. 極限
$$\lim_{x\to a} \frac{f(x)-f(a)}{x-a}$$
が収束するとき, $f(x)$ は $x=a$ で**微分可能**であるという. また, この極限値を $f(x)$ の $x=a$ における**微分係数**といい $f'(a)$ で表す.

(1.1) $$f'(a) = \lim_{x\to a} \frac{f(x)-f(a)}{x-a}$$

例 7. $f(x) = x^3$ のとき,
$$f'(a) = \lim_{x\to a} \frac{x^3-a^3}{x-a} = \lim_{x\to a} \frac{(x-a)(x^2+ax+a^2)}{x-a}$$
$$= \lim_{x\to a}(x^2+ax+a^2) = 3a^2.$$

例 8. $f(x) = \dfrac{1}{x}$ のとき, 0 でない a に対して
$$f'(a) = \lim_{x\to a} \frac{\frac{1}{x}-\frac{1}{a}}{x-a} = \lim_{x\to a} \left(\frac{1}{x}-\frac{1}{a}\right)\frac{1}{x-a}$$
$$= \lim_{x\to a} \frac{a-x}{xa(x-a)} = \lim_{x\to a} \frac{-1}{xa} = -\frac{1}{a^2}.$$

例 9. $f(x) = |x-1|$ のとき, $x=1$ では微分可能でない. 実際, $f(1)=0$ であり, $x>1$ ならば $f(x) = x-1$ であるから
$$\lim_{x\to 1+0} \frac{f(x)-f(1)}{x-1} = \lim_{x\to 1+0} \frac{x-1}{x-1} = 1$$
であり, $x<1$ ならば $f(x) = -(x-1)$ であるから

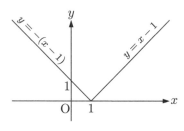

$$\lim_{x\to 1-0} \frac{f(x)-f(1)}{x-1} = \lim_{x\to 1-0} \frac{-(x-1)}{x-1} = -1$$
となり, 極限 $\lim_{x\to 1} \dfrac{f(x)-f(1)}{x-1}$ は存在しない.

§1 微分係数と導関数

微分係数 $f'(a)$ は，曲線 $y = f(x)$ の点 $(a, f(a))$ における接線の傾きを表している．

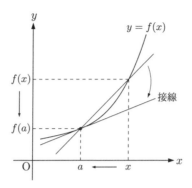

接線の方程式は次で与えられる．

点 $(a, f(a))$ における接線の方程式

$$y = f'(a)(x - a) + f(a)$$

例 10. $f(x) = x^3$ とする．$y = x^3$ の点 $(1, f(1)) = (1, 1)$ における接線の方程式は，例 7 より $f'(1) = 3 \cdot 1^2 = 3$ であるから

$$y = 3(x - 1) + 1 \quad \text{すなわち} \quad y = 3x - 2$$

である．

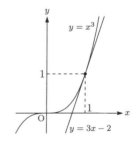

例 11. $f(x) = \dfrac{1}{x}$ とする．$y = \dfrac{1}{x}$ の点 $(3, f(3)) = \left(3, \dfrac{1}{3}\right)$ における接線の方程式は，例 8 より $f'(3) = -\dfrac{1}{3^2} = -\dfrac{1}{9}$ であるから

$$y = -\dfrac{1}{9}(x - 3) + \dfrac{1}{3} \quad \text{すなわち} \quad y = -\dfrac{1}{9}x + \dfrac{2}{3}$$

である．

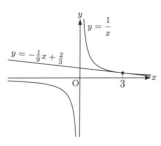

導関数　微分係数 $f'(a)$ の値は a の値に依存しているので, $f'(a)$ は a の関数とみなすことができる. a を変数を表す文字 x に書き換えて, $f'(x)$ を $f(x)$ の**導関数**という. また, 導関数を求めることを**微分する**という. $y = f(x)$ の導関数 $f'(x)$ を記号

$$y', \quad \frac{dy}{dx}, \quad \frac{df(x)}{dx}, \quad \frac{d}{dx}f(x)$$

等で表すこともある.

例 12. $f(x) = \dfrac{1}{x}$ とする. 例 8 の結果 $f'(a) = -\dfrac{1}{a^2}$ の a を x に書き換えて

$$f'(x) = -\frac{1}{x^2}.$$

これを, $\dfrac{d}{dx}\left(\dfrac{1}{x}\right) = -\dfrac{1}{x^2}$ と表すこともある.

微分係数の定義式 (1.1) において, $x = a + h$ とおくと $x \longrightarrow a$ は $h \longrightarrow 0$ であるから

$$f'(a) = \lim_{h \to 0} \frac{f(a+h) - f(a)}{h}$$

が成り立つ. このことより, 導関数は次で与えられる.

$f(x)$ の導関数

$$f'(x) = \lim_{h \to 0} \frac{f(x+h) - f(x)}{h}$$

例 13. $f(x) = \sqrt{x}$ に対して,

$$\begin{aligned}
f'(x) &= \lim_{h \to 0} \frac{\sqrt{x+h} - \sqrt{x}}{h} \\
&= \lim_{h \to 0} \frac{(\sqrt{x+h} - \sqrt{x})(\sqrt{x+h} + \sqrt{x})}{h(\sqrt{x+h} + \sqrt{x})} \\
&= \lim_{h \to 0} \frac{h}{h(\sqrt{x+h} + \sqrt{x})} = \frac{1}{2\sqrt{x}}.
\end{aligned}$$

ここで, 分子において, 展開公式 $(A - B)(A + B) = A^2 - B^2$ を用いた.

§1 微分係数と導関数

|||||||||| 演習問題 ||||||||||

(解答 pp. 208–209)

問題 1.1 関数 (i) $f(x) = 3x - 1$, (ii) $f(x) = x^2 - 3x$, (iii) $f(x) = \dfrac{1-4x}{x+2}$ のそれぞれについて,次を求めよ.

(1) $f(2)$　　(2) $f\left(-\dfrac{1}{3}\right)$　　(3) $f(a+1)$　　(4) $f(2x-3)$

(5) $\dfrac{f(x) - f(1)}{x - 1}$　　(6) $\dfrac{f(2+h) - f(2)}{h}$　　(7) $f(f(x))$　　(8) $f(f(x+1))$

問題 1.2 実数 x に対してつねに
$$f(-x) = f(x) \quad \text{のとき},\ f(x)\ \text{は偶関数}$$
$$f(-x) = -f(x) \quad \text{のとき},\ f(x)\ \text{は奇関数}$$
という.次の関数 $f(x)$ が偶関数か,奇関数か,どちらでもないかを定義に沿って示せ.

(1) $f(x) = x^3 + 2x$ 　　　　　(2) $f(x) = x^2 + x + 1$

(3) $f(x) = \dfrac{1}{x^2 + 1} + 1$ 　　　(4) $f(x) = \dfrac{x}{x^2 + 1}$

問題 1.3 次の極限を求めよ.

(1) $\displaystyle\lim_{x \to 2}(x^2 + x - 2)$　　(2) $\displaystyle\lim_{x \to -2}\dfrac{x^2 - 9}{x - 3}$　　(3) $\displaystyle\lim_{x \to 3}\dfrac{x^2 - 9}{x - 3}$

(4) $\displaystyle\lim_{x \to 2}\dfrac{x^2 - x - 2}{x - 2}$　　(5) $\displaystyle\lim_{x \to 0}\dfrac{3x^2 + 2x}{x^2 + x}$　　(6) $\displaystyle\lim_{x \to 1}\dfrac{x^2 + 3x - 4}{x^2 + x - 2}$

(7) $\displaystyle\lim_{x \to 0}\dfrac{\frac{1}{x+2} - \frac{1}{2}}{x}$　　　　(8) $\displaystyle\lim_{x \to 2}\dfrac{\frac{1}{x+1} - \frac{1}{3}}{x - 2}$

(9) $\displaystyle\lim_{x \to 1}\dfrac{x^3 - x^2 - 4x + 4}{x - 1}$　　(10) $\displaystyle\lim_{x \to 2}\dfrac{x^3 - 3x^2 + 4}{x^2 - 4x + 4}$

(11) $\displaystyle\lim_{x \to 2}\dfrac{2x^2 - 5x + 2}{x^2 - 4}$　　(12) $\displaystyle\lim_{x \to -2}\dfrac{x^3 + 8}{x^2 - 4x - 12}$

(13) $\displaystyle\lim_{x \to 0}\dfrac{1}{x}\left(1 - \dfrac{1}{x+1}\right)$　　(14) $\displaystyle\lim_{x \to 0}\dfrac{1}{x}\left(\dfrac{4}{x+2} - 2\right)$

(15) $\displaystyle\lim_{x \to 2}\dfrac{\sqrt{x+2} - 2}{x - 2}$　　(16) $\displaystyle\lim_{x \to 1}\dfrac{x - 1}{\sqrt{2x} - \sqrt{x+1}}$

問題 1.4 次の極限をそれぞれ求めよ．

(1) $\displaystyle\lim_{x\to +0}\frac{x^2+x}{|x|}$, $\displaystyle\lim_{x\to -0}\frac{x^2+x}{|x|}$
(2) $\displaystyle\lim_{x\to 2+0}\frac{x^2-4}{|x-2|}$, $\displaystyle\lim_{x\to 2-0}\frac{x^2-4}{|x-2|}$

(3) $\displaystyle\lim_{x\to 1+0}\frac{x}{x-1}$, $\displaystyle\lim_{x\to 1-0}\frac{x}{x-1}$
(4) $\displaystyle\lim_{x\to 1+0}\frac{x}{|x-1|}$, $\displaystyle\lim_{x\to 1-0}\frac{x}{|x-1|}$

問題 1.5 次の関数 $f(x)$ と a の値に対し，微分係数 $f'(a)$ を定義 $f'(a)=\displaystyle\lim_{x\to a}\frac{f(x)-f(a)}{x-a}$ に沿って求めよ．さらに，曲線 $C:y=f(x)$ 上の点 $(a,f(a))$ における接線 ℓ の方程式を求め，C と ℓ を xy 平面上に図示せよ．

(1) $f(x)=x^2$, $a=2$
(2) $f(x)=x^2$, $a=-\dfrac{1}{3}$

(3) $f(x)=x^2+2x-1$, $a=1$
(4) $f(x)=-3x^2+12x-5$, $a=1$

(5) $f(x)=-2x^2+6x$, $a=2$
(6) $f(x)=x^3-3x^2$, $a=1$

問題 1.6 微分係数の定義 $f'(a)=\displaystyle\lim_{x\to a}\frac{f(x)-f(a)}{x-a}$ に沿って，次の関数 $f(x)$ の $x=a$ における微分係数 $f'(a)$ を求めよ．さらに，指示された x 座標の点における $y=f(x)$ の接線の方程式を求めよ．

(1) $f(x)=\dfrac{x}{2x+1}$, $x=1$
(2) $f(x)=\dfrac{1}{x^2+x+1}$, $x=-1$

(3) $f(x)=\dfrac{1}{\sqrt{x+1}}$, $x=3$
(4) $f(x)=\dfrac{1}{\sqrt{x}-1}$, $x=4$

問題 1.7 導関数の定義 $f'(x)=\displaystyle\lim_{h\to 0}\frac{f(x+h)-f(x)}{h}$ に沿って，次の関数 $f(x)$ の導関数 $f'(x)$ を求めよ．

(1) $f(x)=\dfrac{x}{2x+1}$
(2) $f(x)=\dfrac{1}{x^2+x+1}$

(3) $f(x)=\dfrac{1}{\sqrt{x+1}}$
(4) $f(x)=\dfrac{1}{\sqrt{x}-1}$

問題 1.8 公式 $(A-B)(A^2+AB+B^2)=A^3-B^3$ を利用して，次の関数 $f(x)$ の導関数 $f'(x)$ を導関数の定義に沿って求めよ．

(1) $f(x)=x^{\frac{1}{3}}$
(2) $f(x)=x^{\frac{3}{2}}$

§2 ベキ乗関数とその微分

ベキ乗関数　2乗関数 $y=x^2$, 3乗関数 $y=x^3$ を一般化して，$y=x^n$ (n は正の整数) を n **乗関数**とよぶ．

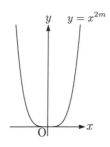
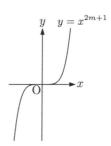

さらに，α を実数の定数として，$x>0$ において以下のように定められる関数 $y=x^\alpha$ を**ベキ乗関数**という．$\alpha=\dfrac{1}{n}$ (n は正の整数) のときは

$$y=x^{\frac{1}{n}}=\sqrt[n]{x}=(n \text{ 乗すると } x \text{ となる正の数})$$

すなわち，$x>0, y>0$ において

$$y=x^{\frac{1}{n}} \iff y^n=x$$

である．また $\alpha=\dfrac{n}{m}$ (m, n は正の整数) のときは

$$y=x^{\frac{n}{m}}=\left(x^{\frac{1}{m}}\right)^n$$

であり，さらに $\alpha=-\dfrac{n}{m}$ (m, n は正の整数) に対しては

$$y=x^{-\frac{n}{m}}=\dfrac{1}{x^{\frac{n}{m}}}$$

である．α が無理数のときの定義は §4 で述べる．

ベキ乗関数 x^α は次の性質を満たす．

ベキ乗関数の性質 (指数法則)

$$x^\alpha \cdot x^\beta = x^{\alpha+\beta}, \qquad \dfrac{x^\alpha}{x^\beta}=x^{\alpha-\beta}, \qquad (x^\alpha)^\beta=x^{\alpha\beta}$$

例 1.　$\sqrt{x^3} \times \sqrt[4]{x^5} = x^{\frac{3}{2}} \times x^{\frac{5}{4}} = x^{\frac{3}{2}+\frac{5}{4}} = x^{\frac{11}{4}}$

例 2.　$\sqrt{\sqrt[3]{x^4}} = ((x^4)^{\frac{1}{3}})^{\frac{1}{2}} = (x^{4\times\frac{1}{3}})^{\frac{1}{2}} = x^{4\times\frac{1}{3}\times\frac{1}{2}} = x^{\frac{2}{3}}$

n 乗関数の微分　　n 乗関数の微分については, 次が成り立つ.

---
n 乗関数の導関数
$$(x^n)' = nx^{n-1} \quad \text{ただし } n = 1, 2, 3, \cdots$$

証明　導関数の定義より
$$(x^n)' = \lim_{h \to 0} \frac{(x+h)^n - x^n}{h}$$
である. 因数分解の公式

(2.1)　　$A^n - B^n = (A - B)(A^{n-1} + A^{n-2}B + A^{n-3}B^2 + \cdots + AB^{n-2} + B^{n-1})$

において, $A = x + h, B = x$ とすると

$$(x+h)^n - x^n = (x+h-x)\{(x+h)^{n-1} + (x+h)^{n-2}x + \cdots + x^{n-1}\}$$
$$= h\{(x+h)^{n-1} + (x+h)^{n-2}x + \cdots + x^{n-1}\}$$

となる. したがって,

$$(x^n)' = \lim_{h \to 0} \frac{h\{(x+h)^{n-1} + (x+h)^{n-2}x + \cdots + x^{n-1}\}}{h}$$
$$= \lim_{h \to 0}\{(x+h)^{n-1} + (x+h)^{n-2}x + \cdots + x^{n-1}\}$$
$$= x^{n-1} + x^{n-1} + \cdots + x^{n-1} \quad (n \text{ 項の和})$$
$$= nx^{n-1}$$

である.

例 3.　$(x^{100})' = 100x^{99}$

ベキ乗関数の微分　　α が正の整数と限らない場合も, まったく同じ形の微分公式が成り立つ.

ベキ乗関数の導関数
$$(x^\alpha)' = \alpha x^{\alpha-1}$$
---

§2　ベキ乗関数とその微分

証明　α が有理数の場合を示す．一般の場合の証明は §5 で述べる．まず $\alpha = \dfrac{1}{n}$ (n は正の整数) とする．因数分解の公式 (2.1) において，$A = (x+h)^{\frac{1}{n}}$, $B = x^{\frac{1}{n}}$ とすると

$$(x+h)^{\frac{n}{n}} - x^{\frac{n}{n}} = \{(x+h)^{\frac{1}{n}} - x^{\frac{1}{n}}\}\{(x+h)^{\frac{n-1}{n}} + (x+h)^{\frac{n-2}{n}}x^{\frac{1}{n}} + \cdots + x^{\frac{n-1}{n}}\}$$

つまり，$h = \{(x+h)^{\frac{1}{n}} - x^{\frac{1}{n}}\}\{(x+h)^{1-\frac{1}{n}} + (x+h)^{1-\frac{2}{n}}x^{\frac{1}{n}} + \cdots + x^{1-\frac{1}{n}}\}$ が成り立つ．したがって，

$$\left(x^{\frac{1}{n}}\right)' = \lim_{h \to 0} \frac{(x+h)^{\frac{1}{n}} - x^{\frac{1}{n}}}{h}$$
$$= \lim_{h \to 0} \frac{1}{(x+h)^{1-\frac{1}{n}} + (x+h)^{1-\frac{2}{n}}x^{\frac{1}{n}} + \cdots + x^{1-\frac{1}{n}}} = \frac{1}{nx^{1-\frac{1}{n}}} = \frac{1}{n}x^{\frac{1}{n}-1}$$

である．次に $\alpha = \dfrac{n}{m}$ (m, n は正の整数) とする．因数分解の公式 (2.1) において，$A = (x+h)^{\frac{1}{m}}$, $B = x^{\frac{1}{m}}$ とすると

$$(x+h)^{\frac{n}{m}} - x^{\frac{n}{m}} = \{(x+h)^{\frac{1}{m}} - x^{\frac{1}{m}}\}\{(x+h)^{\frac{n-1}{m}} + (x+h)^{\frac{n-2}{m}}x^{\frac{1}{m}} + \cdots + x^{\frac{n-1}{m}}\}$$

が成り立つ．したがって，

$$\left(x^{\frac{n}{m}}\right)' = \lim_{h \to 0} \frac{(x+h)^{\frac{n}{m}} - x^{\frac{n}{m}}}{h}$$
$$= \lim_{h \to 0} \frac{(x+h)^{\frac{1}{m}} - x^{\frac{1}{m}}}{h}\{(x+h)^{\frac{n-1}{m}} + (x+h)^{\frac{n-2}{m}}x^{\frac{1}{m}} + \cdots + x^{\frac{n-1}{m}}\}$$
$$= \left(x^{\frac{1}{m}}\right)' \cdot nx^{\frac{n-1}{m}} = \frac{1}{m}x^{\frac{1}{m}-1} \cdot nx^{\frac{n-1}{m}} = \frac{n}{m}x^{\frac{n}{m}-1}$$

である．最後に $\alpha = -\dfrac{n}{m}$ (m, n は正の整数) とする．

$$\left(x^{-\frac{n}{m}}\right)' = \lim_{h \to 0} \frac{(x+h)^{-\frac{n}{m}} - x^{-\frac{n}{m}}}{h}$$
$$= -\lim_{h \to 0}(x+h)^{-\frac{n}{m}}x^{-\frac{n}{m}}\frac{(x+h)^{\frac{n}{m}} - x^{\frac{n}{m}}}{h} = -x^{-\frac{2n}{m}}\left(x^{\frac{n}{m}}\right)' = -\frac{n}{m}x^{-\frac{n}{m}-1}$$

である．

例 4.　$(\sqrt[3]{x^2})' = (x^{\frac{2}{3}})' = \dfrac{2}{3}x^{-\frac{1}{3}}$

例 5.　$\left(\dfrac{\sqrt{x}}{x^3}\right)' = (x^{\frac{1}{2}-3})' = (x^{-\frac{5}{2}})' = -\dfrac{5}{2}x^{-\frac{7}{2}}$

演習問題

(解答 pp. 209–211)

問題 2.1 次の値を求めよ．

(1) 2^{-3} (2) 3^{-2} (3) $\left(\dfrac{1}{3}\right)^{-2}$ (4) 1^{-3}

(5) $27^{\frac{1}{3}}$ (6) $8^{-\frac{1}{3}}$ (7) $4^{\frac{3}{2}}$ (8) $9^{\frac{3}{2}}$

(9) $4^{-\frac{3}{2}}$ (10) $9^{-\frac{3}{2}}$ (11) $\left(4^{\frac{1}{4}}\right)^{-6}$ (12) $\left(27^{\frac{1}{9}}\right)^{6}$

(13) $4^{\frac{1}{6}} \cdot 4^{\frac{1}{3}}$ (14) $9^{\frac{1}{4}} \cdot 9^{\frac{5}{4}}$ (15) $2 \cdot 1^{-3}$ (16) $4 \cdot 9^{\frac{1}{2}}$

問題 2.2 次の関数を微分せよ．

(1) $y = \sqrt{x}$ (2) $y = \sqrt[3]{x}$ (3) $y = \sqrt[3]{x^5}$ (4) $y = \sqrt[4]{x^3}$

(5) $y = \dfrac{1}{x}$ (6) $y = \dfrac{1}{x^2}$ (7) $y = \dfrac{1}{\sqrt{x}}$ (8) $y = \dfrac{1}{\sqrt[3]{x}}$

問題 2.3 次の関数を $y = x^{\square}$ の形に表し，微分せよ．

(1) $y = x\sqrt{x}$ (2) $y = x\sqrt[3]{x}$ (3) $y = \dfrac{\sqrt[3]{x}}{\sqrt{x}}$

(4) $y = \dfrac{x}{\sqrt{x}}$ (5) $y = \dfrac{x^3}{\dfrac{1}{x^2}}$ (6) $y = \dfrac{\dfrac{1}{x}}{x^3}$

(7) $y = (x^2)^{\frac{2}{3}}$ (8) $y = (x^5)^{-\frac{1}{2}}$ (9) $y = \left(\dfrac{1}{x}\right)^{\frac{2}{3}}$

(10) $y = \left(\dfrac{1}{x^3}\right)^{-\frac{1}{2}}$ (11) $y = \sqrt[3]{\sqrt{x^5}}$ (12) $y = \sqrt[5]{\sqrt[3]{x^2}}$

(13) $y = x^{\frac{7}{6}} \times x^{\frac{3}{2}} \div x^{\frac{2}{3}}$ (14) $y = x^{\frac{4}{3}} \times x^{-\frac{1}{2}} \div x^{\frac{5}{6}}$

(15) $y = \left(x^{\frac{4}{3}} \div x^{\frac{3}{2}}\right) \times x^{\frac{5}{6}}$ (16) $y = x^{\frac{4}{3}} \div \left(x^{\frac{3}{2}} \times x^{\frac{5}{6}}\right)$

§2 ベキ乗関数とその微分

問題 2.4 次の曲線 C 上の与えられた点 A における接線 ℓ の方程式を求め，C と ℓ を xy 平面上に図示せよ (ℓ と x 軸，y 軸との交点の座標も書き込むこと)．

(1) $C: y = x^3$, A$(2, 8)$
(2) $C: y = x^3$, A$\left(\dfrac{1}{2}, \dfrac{1}{8}\right)$

(3) $C: y = \sqrt{x}$, A$(9, 3)$
(4) $C: y = \sqrt{x}$, A$\left(\dfrac{1}{4}, \dfrac{1}{2}\right)$

(5) $C: y = \dfrac{1}{x}$, A$\left(2, \dfrac{1}{2}\right)$
(6) $C: y = \dfrac{1}{x}$, A$\left(\dfrac{1}{3}, 3\right)$

(7) $C: y = x\sqrt{x}$, A の x 座標 $= 4$
(8) $C: y = x\sqrt{x}$, A の x 座標 $= 2$

(9) $C: y = \dfrac{1}{\sqrt{x}}$, A の x 座標 $= 1$
(10) $C: y = \dfrac{1}{\sqrt{x}}$, A の x 座標 $= 4$

問題 2.5 微分公式 $(x^\alpha)' = \alpha x^{\alpha-1}$ の，α が有理数の場合の証明 (p. 11) と同様の論法により，次の関数の導関数を求めよ．

例 $\left(\{f(x)\}^2\right)' = \lim_{h \to 0} \dfrac{\{f(x+h)\}^2 - \{f(x)\}^2}{h}$

$= \lim_{h \to 0} \dfrac{\{f(x+h) - f(x)\}\{f(x+h) + f(x)\}}{h}$

$= \lim_{h \to 0} \dfrac{f(x+h) - f(x)}{h} \{f(x+h) + f(x)\}$

$= f'(x) \cdot 2f(x) = 2f(x)f'(x)$

(1) $y = \{f(x)\}^3$
(2) $y = \{f(x)\}^{\frac{1}{2}}$
(3) $y = \{f(x)\}^{\frac{3}{2}}$

問題 2.6 次の関数を微分せよ．

(1) $y = (x^2 + 1)^3$
(2) $y = (x^2 + 1)^{\frac{1}{2}}$
(3) $y = (x^2 + 1)^{\frac{3}{2}}$

§3 三角関数とその微分

三角比 右図の直角三角形において,辺の長さの比 $\dfrac{b}{c}, \dfrac{a}{c}, \dfrac{b}{a}$ をそれぞれ

$$\sin\theta = \frac{b}{c}, \quad \cos\theta = \frac{a}{c}, \quad \tan\theta = \frac{b}{a}$$

と表し,**三角比**という.これらの値は比であるから,三角形の大きさによらず角 θ のみから決まる.

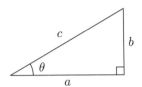

弧度法 三角比を角 θ の関数とみなし,微分や積分を考える場合は,角 θ も長さの比で表しておくと都合がよい.左下図のように単位量 1 [rad] を定めると,右下図の角 θ は

$$\theta = \frac{\ell}{r} \ [\text{rad}]$$

と表される.この角の表し方を**弧度法**という.

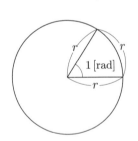
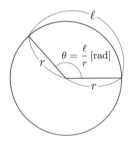

度数法	0°	30°	45°	60°	90°	120°	135°	150°	180°	270°	360°
弧度法	0	$\dfrac{\pi}{6}$	$\dfrac{\pi}{4}$	$\dfrac{\pi}{3}$	$\dfrac{\pi}{2}$	$\dfrac{2\pi}{3}$	$\dfrac{3\pi}{4}$	$\dfrac{5\pi}{6}$	π	$\dfrac{3\pi}{2}$	2π

注意 弧度法で表された角は長さの比であるから,本来,単位のない実数であるが,ラジアン ([rad]) をつけて表すことがある.

§3 三角関数とその微分

三角関数　上で定義した三角比の拡張として、任意の角 θ に対して $\sin\theta$, $\cos\theta$ を次のように定義する.

XY 平面において、原点 O を中心とし、半径が r $(r > 0)$ である円周上に点 P(a,b) をとる. X 軸の $X > 0$ の部分から線分 OP までの角を θ とする. ただし、反時計まわりに測った場合に正 $(+)$ の値とし、時計まわりの場合に負 $(-)$ の値とする.

この θ に対し、
$$\sin\theta = \frac{b}{r}, \quad \cos\theta = \frac{a}{r}$$
と定義する. 特に、$r = 1$ ととれば
$$\sin\theta = b = (\text{P の } Y \text{ 座標}), \quad \cos\theta = a = (\text{P の } X \text{ 座標})$$
である.

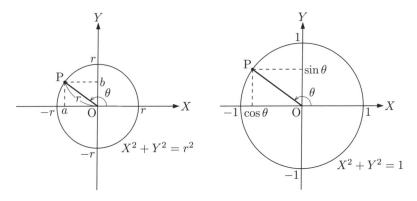

また、任意の θ (ただし、$\theta \neq \pm\dfrac{\pi}{2}, \pm\dfrac{3\pi}{2}, \pm\dfrac{5\pi}{2}, \cdots$) に対する $\tan\theta$ を
$$\tan\theta = \frac{b}{a} = \frac{\sin\theta}{\cos\theta}$$
と定義する.

さて、角 θ を弧度法で表しておくと θ は単位のない実数 (実変数) となる. そこで、θ を x で表すことにして、$\sin x, \cos x, \tan x$ を**三角関数**という.

三角関数のグラフ　三角関数のグラフは次のようになる.

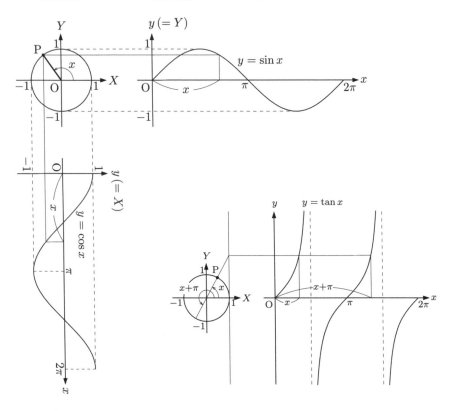

以下, sin について述べる. cos についても同様である.

まず, $y = \sin(x-c)$ のグラフは, $y = \sin x$ のグラフを x 軸方向に c だけ平行移動したものである.

例1. $y = \sin x,\ y = \sin\left(x - \dfrac{\pi}{2}\right),\ y = \sin\left(x + \dfrac{\pi}{4}\right)$ の, $x = 0$ から1周期分のグラフは次のようである.

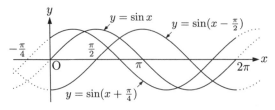

次に, $y = \sin ax$ のグラフは, $y = \sin x$ のグラフを x 軸方向に $\dfrac{1}{a}$ 倍したものである.

例 2. $y = \sin x,\ y = \sin 2x,\ y = \sin \dfrac{1}{2}x$ の, $x = 0$ から 1 周期分のグラフは次のようである.

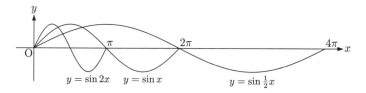

次に, $y = k \sin x$ のグラフは, $y = \sin x$ のグラフを y 軸方向に k 倍したものである.

例 3. $y = \sin x,\ y = 2\sin x,\ y = -\dfrac{1}{2}\sin x$ の, 区間 $0 \leqq x \leqq 2\pi$ におけるグラフは次のようである.

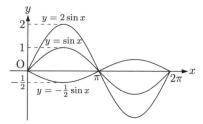

以上を組み合わせて, $y = k\sin(a(x-c))$ のグラフは, $y = \sin x$ のグラフを x 軸方向に $\dfrac{1}{a}$ 倍し, x 軸方向に c だけ平行移動し, y 軸方向に k 倍する.

例 4. $y = \dfrac{4}{3}\sin\left(2x+\dfrac{2\pi}{3}\right)$ は $y = \dfrac{4}{3}\sin\left(2\left(x-\left(-\dfrac{\pi}{3}\right)\right)\right)$ であり, 区間 $0 \leqq x \leqq 2\pi$ におけるグラフは次のようである.

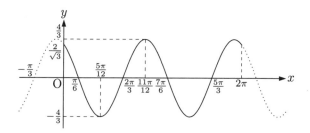

三角関数の公式

三角関数の公式のうち，あとで必要となるものをあげる．

---
sin θ と cos θ の関係

$$\sin^2\theta + \cos^2\theta = 1$$
$$\sin\left(\theta + \frac{\pi}{2}\right) = \cos\theta, \quad \cos\left(\theta + \frac{\pi}{2}\right) = -\sin\theta$$

偶奇性

$$\sin(-\theta) = -\sin\theta \text{ （奇関数）}, \quad \cos(-\theta) = \cos\theta \text{ （偶関数）}$$

証明の概略 これらの公式は次の図から明らかである．

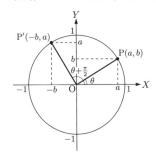 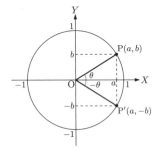

加法定理

$$\sin(\alpha+\beta) = \sin\alpha\cos\beta + \cos\alpha\sin\beta$$
$$\sin(\alpha-\beta) = \sin\alpha\cos\beta - \cos\alpha\sin\beta$$
$$\cos(\alpha+\beta) = \cos\alpha\cos\beta - \sin\alpha\sin\beta$$
$$\cos(\alpha-\beta) = \cos\alpha\cos\beta + \sin\alpha\sin\beta$$

証明の概略 $\cos(\alpha-\beta)$ について示す．次ページの2つの図において，線分 AR の長さは線分 QP の長さに等しい．$\mathrm{AR}^2 = \mathrm{QP}^2$ より

$$(\cos(\alpha-\beta) - 1)^2 + (\sin(\alpha-\beta) - 0)^2 = (\cos\alpha - \cos\beta)^2 + (\sin\alpha - \sin\beta)^2$$

が成り立ち，展開して整理すると

$$\cos^2(\alpha-\beta) + \sin^2(\alpha-\beta) + 1 - 2\cos(\alpha-\beta)$$
$$= \cos^2\alpha + \sin^2\alpha + \cos^2\beta + \sin^2\beta - 2\cos\alpha\cos\beta - 2\sin\alpha\sin\beta$$

§3 三角関数とその微分

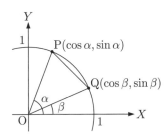 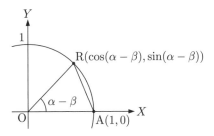

となる．関係式 $\cos^2\theta + \sin^2\theta = 1$ を用いてさらに整理すると
$$\cos(\alpha - \beta) = \cos\alpha\cos\beta + \sin\alpha\sin\beta$$
が得られる．$\sin(\alpha - \beta)$ の公式は $\sin(\alpha - \beta) = -\cos\left(\alpha + \dfrac{\pi}{2} - \beta\right)$ と変形して，$\cos(\alpha - \beta)$ の公式から示すことができる．$\sin(\alpha + \beta)$, $\cos(\alpha + \beta)$ の公式はそれぞれ $\sin(\alpha - (-\beta))$, $\cos(\alpha - (-\beta))$ と考えて偶奇性を用いて示すことができる．

加法定理において $\beta = \alpha$ とすることにより，次の公式が得られる．

--- 2倍角の公式 ---
$$\sin 2\alpha = 2\sin\alpha\cos\alpha, \quad \cos 2\alpha = \cos^2\alpha - \sin^2\alpha$$

加法定理の和や差を考えることにより，次の公式が得られる．

--- 積を和・差になおす公式 ---
$$\sin\alpha\cos\beta = \frac{1}{2}\{\sin(\alpha + \beta) + \sin(\alpha - \beta)\}$$
$$\cos\alpha\cos\beta = \frac{1}{2}\{\cos(\alpha + \beta) + \cos(\alpha - \beta)\}$$
$$\sin\alpha\sin\beta = -\frac{1}{2}\{\cos(\alpha + \beta) - \cos(\alpha - \beta)\}$$

積を和になおす公式において $\beta = \alpha$ とすることにより，次の公式が得られる．

--- 半角の公式 (2乗を1乗になおす公式) ---
$$\sin^2\alpha = \frac{1}{2}(1 - \cos 2\alpha), \quad \cos^2\alpha = \frac{1}{2}(1 + \cos 2\alpha)$$

三角関数の極限

> **$\sin x$ の極限公式**
> $$\lim_{x \to 0} \frac{\sin x}{x} = 1$$

証明 $0 < x < \dfrac{\pi}{2}$ とする．中心 O, 半径 1 の円において中心角が x である円弧 AB をとる．A を通るこの円の接線と OB の延長線との交点を C とし，B から OA へ下ろした垂線を BH とする．このとき OA $= 1$, BH $= \sin x$, CA $= \tan x$ より

$$\triangle\text{OAB の面積} = \frac{1}{2}\sin x$$

$$\triangle\text{OAC の面積} = \frac{1}{2}\tan x = \frac{1}{2}\cdot\frac{\sin x}{\cos x}$$

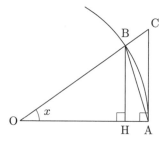

である．さらに

$$\text{扇形 OAB の面積} = \frac{x}{2\pi}\cdot 1^2 \cdot \pi = \frac{1}{2}x$$

であり，図より （△OAB の面積）< （扇形 OAB の面積）< （△OAC の面積） であるから

$$\frac{1}{2}\sin x < \frac{1}{2}x < \frac{1}{2}\cdot\frac{\sin x}{\cos x}$$

が成り立つ．辺々を 2 倍し，$\sin x$ で割り，さらに逆数をとると

$$1 < \frac{x}{\sin x} < \frac{1}{\cos x} \quad \text{より} \quad 1 > \frac{\sin x}{x} > \cos x$$

となる．ここで $x \longrightarrow 0$ とすると $\cos x \longrightarrow 1$ であるから $\dfrac{\sin x}{x} \longrightarrow 1$ である．$x < 0$ の場合は，$x = -t$ $(t > 0)$ とおいて $x > 0$ の場合に帰着できる．

> **$\cos x$ の極限公式**
> $$\lim_{x \to 0} \frac{\cos x - 1}{x} = 0$$

証明 分母，分子に $\cos x + 1$ をかけて

$$\frac{\cos x - 1}{x} = \frac{(\cos x - 1)(\cos x + 1)}{x(\cos x + 1)} = \frac{\cos^2 x - 1}{x(\cos x + 1)} = \frac{-\sin^2 x}{x(1 + \cos x)}$$

と変形できるから，$\displaystyle\lim_{x \to 0}\frac{\cos x - 1}{x} = \lim_{x \to 0}\frac{\sin x}{x}\cdot\frac{-\sin x}{1 + \cos x} = 1\cdot\frac{0}{1+1} = 0$ である．

§3 三角関数とその微分

図形的意味　これらの極限公式は, $f(x) = \sin x$, $g(x) = \cos x$ の $x = 0$ での微分係数を表している.

$$f'(0) = \lim_{x \to 0} \frac{\sin x - \sin 0}{x - 0} = \lim_{x \to 0} \frac{\sin x}{x} = 1$$

$$g'(0) = \lim_{x \to 0} \frac{\cos x - \cos 0}{x - 0} = \lim_{x \to 0} \frac{\cos x - 1}{x} = 0$$

つまり, 曲線 $y = \sin x$, $y = \cos x$ の, x 座標が 0 である点における接線の傾きが, それぞれ $1, 0$ であることを意味している.

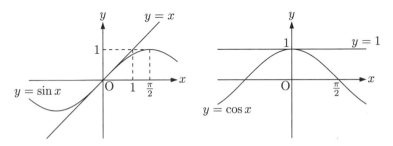

$\sin ax$, $\cos ax$ の極限公式

$$\lim_{x \to 0} \frac{\sin ax}{x} = a, \qquad \lim_{x \to 0} \frac{\cos ax - 1}{x} = 0$$

証明　$ax = t$ とおくと $\dfrac{1}{x} = \dfrac{a}{t}$ であり, $x \longrightarrow 0$ のとき $t \longrightarrow 0$ であるから

$$\lim_{x \to 0} \frac{\sin ax}{x} = \lim_{t \to 0} \frac{a \sin t}{t} = a$$

である. $\cos ax$ についての極限公式も同様にして証明できる.

例 5. $\displaystyle\lim_{x \to 0} \frac{\sin 3x}{\sin 2x} = \lim_{x \to 0} \frac{\sin 3x}{x} \cdot \frac{x}{\sin 2x} = 3 \cdot \frac{1}{2} = \frac{3}{2}$

例 6. $\displaystyle\lim_{x \to 0} \frac{1 - \cos x}{\sin^2 3x} = \lim_{x \to 0} \frac{(1 - \cos x)(1 + \cos x)}{\sin^2 3x \cdot (1 + \cos x)}$

$\qquad\qquad = \displaystyle\lim_{x \to 0} \left(\frac{\sin x}{\sin 3x}\right)^2 \cdot \frac{1}{1 + \cos x} = \left(\frac{1}{3}\right)^2 \cdot \frac{1}{2} = \frac{1}{18}$

三角関数の微分

--- **$\sin x$ の導関数** ---
$$(\sin x)' = \cos x$$

証明 導関数の定義式にあてはめると
$$(\sin x)' = \lim_{h \to 0} \frac{\sin(x+h) - \sin x}{h}$$
である．ここで $\sin(x+h)$ に加法定理を用いると，
$$= \lim_{h \to 0} \frac{\sin x \cos h + \cos x \sin h - \sin x}{h}$$
$$= \lim_{h \to 0} \left(\sin x \cdot \frac{\cos h - 1}{h} + \cos x \cdot \frac{\sin h}{h} \right)$$
$$= \sin x \cdot 0 + \cos x \cdot 1 = \cos x$$
となる．

--- **$\cos x$ の導関数** ---
$$(\cos x)' = -\sin x$$

証明 $\sin x$ の導関数と同様にして証明でき，
$$(\cos x)' = \lim_{h \to 0} \frac{\cos(x+h) - \cos x}{h}$$
$$= \lim_{h \to 0} \frac{\cos x \cos h - \sin x \sin h - \cos x}{h}$$
$$= \lim_{h \to 0} \left(\cos x \cdot \frac{\cos h - 1}{h} - \sin x \cdot \frac{\sin h}{h} \right)$$
$$= \cos x \cdot 0 - \sin x \cdot 1 = -\sin x$$
である．

--- **$\tan x$ の導関数** ---
$$(\tan x)' = \frac{1}{\cos^2 x}$$

§3 三角関数とその微分

証明 $\tan x$ の定義より

$$(\tan x)' = \lim_{h \to 0} \frac{\tan(x+h) - \tan x}{h} = \lim_{h \to 0} \frac{1}{h}\left(\frac{\sin(x+h)}{\cos(x+h)} - \frac{\sin x}{\cos x}\right)$$

$$= \lim_{h \to 0} \frac{\sin(x+h)\cos x - \cos(x+h)\sin x}{h\cos(x+h)\cos x}$$

となる. ここで $\sin(\alpha - \beta)$ の加法定理を $\alpha = x+h, \beta = x$ として逆向き (右辺から左辺) に用いると, 分子 $= \sin(x+h-x) = \sin h$ であるから

$$= \lim_{h \to 0} \frac{\sin h}{h} \cdot \frac{1}{\cos(x+h)\cos x} = 1 \cdot \frac{1}{\cos x \cos x} = \frac{1}{\cos^2 x}$$

となる.

三角関数の微分 (続)

> **三角関数の導関数 (続)**
>
> $$(\sin ax)' = a\cos ax$$
> $$(\cos ax)' = -a\sin ax$$
> $$(\tan ax)' = \frac{a}{\cos^2 ax}$$

証明 $\sin x$ の微分公式と同様に, 導関数の定義式にあてはめると

$$(\sin ax)' = \lim_{h \to 0} \frac{\sin(a(x+h)) - \sin ax}{h}$$

である. ここで $\sin(a(x+h)) = \sin(ax + ah)$ に加法定理を適用すると

$$= \lim_{h \to 0} \frac{\sin ax \cos ah + \cos ax \sin ah - \sin ax}{h}$$

$$= \lim_{h \to 0} \left(\sin ax \cdot \frac{\cos ah - 1}{h} + \cos ax \cdot \frac{\sin ah}{h}\right)$$

$$= \sin ax \cdot 0 + \cos ax \cdot a = a\cos ax$$

となる. $\cos ax, \tan ax$ の微分公式も同様である.

例 7. $(\sin 2x)' = 2\cos 2x, \quad \left(\cos \frac{x}{3}\right)' = -\frac{1}{3}\sin \frac{x}{3}, \quad \left(\tan \frac{2x}{3}\right)' = \frac{2}{3\cos^2 \frac{2x}{3}}$

演習問題

(解答 pp. 211–213)

問題 3.1 xy 平面上に，x 軸の正の向きから測った次のそれぞれの角 ([rad]) の動径，および，動径と単位円との交点 P を描け．さらに，P の座標を求めよ．なお，値は分数 (正の整数の平方根を含んでよい) か，または，小数点以下5位を四捨五入した小数点以下4位までの小数 (関数電卓を用いてよい) で答えよ．

(1) $\dfrac{2}{3}\pi$　　(2) $\dfrac{4}{3}\pi$　　(3) $\dfrac{7}{6}\pi$　　(4) $-\dfrac{\pi}{2}$　　(5) $-\dfrac{4}{3}\pi$　　(6) $\dfrac{11}{6}\pi$

(7) $\dfrac{13\pi}{4}$　　(8) 5π　　(9) 1　　(10) -0.31　　(11) 2.34　　(12) 4.2

問題 3.2 問題 3.1 (1)–(12) のそれぞれの P の座標の値を利用して，問題 3.1 のそれぞれの角 θ について，$\tan\theta$ の値を求めよ．

問題 3.3 xy 平面において，原点を中心とする半径 r の円上に，点 $P(r, 0)$ から正の方向に長さ ℓ の弧 PQ がある．r と ℓ が次の値のとき，点 Q の座標を求めよ (正確な値が求められない場合は，$\sin, \cos$ を用いた表記でよい)．

(1) $r = 2, \ell = \dfrac{4\pi}{3}$　　(2) $r = \dfrac{1}{\pi}, \ell = 1$　　(3) $r = 4, \ell = 7$　　(4) $r = 2, \ell = 6$

問題 3.4 $0 \leqq x < 2\pi$ の範囲で，次の等式を満たす x の値を求めよ．

(1) $\sin x = 1$　　　　　　(2) $\cos x = 1$　　　　　　(3) $\sin x = \dfrac{\sqrt{3}}{2}$

(4) $\cos x = -\dfrac{1}{\sqrt{2}}$　　　(5) $\tan x = 1$　　　　　　(6) $\tan x = -\dfrac{1}{\sqrt{3}}$

問題 3.5 $0 \leqq x < 2\pi$ の範囲で，次の不等式を満たす x の範囲を求めよ．

(1) $\sin x \geqq \dfrac{1}{2}$　　(2) $\sin x < -\dfrac{1}{\sqrt{2}}$　　(3) $\cos x > \dfrac{1}{2}$　　(4) $\cos x \leqq \dfrac{\sqrt{3}}{2}$

問題 3.6 xy 平面上に次の三角関数のグラフを描け．y 軸との交点と，1周期分の x 軸との交点の座標も書き込むこと．

(1) $y = 2\sin\left(x - \dfrac{\pi}{6}\right)$　　(2) $y = 3\sin\left(x + \dfrac{\pi}{3}\right)$　　(3) $y = \cos\left(x - \dfrac{\pi}{2}\right)$

(4) $y = \sqrt{2}\cos\left(x - \dfrac{\pi}{4}\right)$　　(5) $y = \sin\dfrac{\pi x}{2}$　　(6) $y = \sqrt{2}\sin\pi x$

(7) $y = \sqrt{2}\sin\left(\pi x - \dfrac{\pi}{4}\right)$　　(8) $y = 2\sin\left(\dfrac{\pi x}{3} + \dfrac{\pi}{6}\right)$　　(9) $y = \sin 2\left(x - \dfrac{\pi}{6}\right)$

(10) $y = \sin\dfrac{1}{2}\left(x + \dfrac{\pi}{3}\right)$ (11) $y = 2\cos\left(\dfrac{1}{2}x + \dfrac{\pi}{6}\right)$ (12) $y = \cos(3x - \pi)$

(13) $y = \sqrt{3}\tan\dfrac{x}{2}$ (14) $y = \tan \pi x$

問題 3.7 xy 平面上の次の三角関数のグラフの方程式を, $y = k\sin(ax + b)$ の形で表せ.

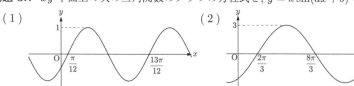

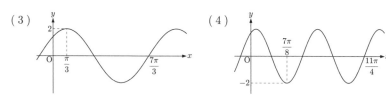

問題 3.8 次の極限値を求めよ.

(1) $\displaystyle\lim_{x\to 0}\dfrac{\sin 2x}{x}$ (2) $\displaystyle\lim_{x\to 0}\dfrac{\sin(-x)}{3x}$ (3) $\displaystyle\lim_{x\to 0}\dfrac{\sin 4x}{\sin x}$ (4) $\displaystyle\lim_{x\to 0}\dfrac{\sin^2 x}{1 - \cos x}$

問題 3.9 次の関数を微分せよ.

(1) $y = \sin 4\pi x$ (2) $y = \sin\dfrac{3\pi x}{2}$ (3) $y = \cos \pi x$

(4) $y = \cos\left(-\dfrac{x}{\pi}\right)$ (5) $y = \tan 2\pi x$ (6) $y = \tan\dfrac{\pi x}{2}$

問題 3.10 次の曲線 C 上の, 与えられた x 座標の点 P における C の接線 ℓ の方程式を求め, C, P, ℓ を xy 平面上に図示せよ.

(1) $C: y = \sin x$, P の x 座標 $= \dfrac{\pi}{3}$ (2) $C: y = \cos x$, P の x 座標 $= \dfrac{\pi}{4}$

(3) $C: y = 2\cos \pi x$, P の x 座標 $= \dfrac{3}{2}$ (4) $C: y = \sin \pi x$, P の x 座標 $= \dfrac{1}{6}$

§4 指数関数・対数関数とその微分

指数関数　a は $a > 0$ かつ $a \neq 1$ を満たす定数とする. **指数関数** $y = a^x$ を次のように定義する. まず正の有理数については, p. 9 で述べたように

$x = 0, 1, 2, \cdots$ のとき　$a^0 = 1,\ a^1 = a,\ a^2 = a \times a,\ \cdots$

$x = \dfrac{1}{2}, \dfrac{1}{3}, \dfrac{1}{4}, \cdots$ のとき　$a^{\frac{1}{2}} = \sqrt{a},\ a^{\frac{1}{3}} = \sqrt[3]{a},\ a^{\frac{1}{4}} = \sqrt[4]{a},\ \cdots$
　　　　　　　　　　　($\sqrt[n]{a}$ は n 乗すると a となる正の数)

$x = \dfrac{n}{m}$ 　　のとき　$a^{\frac{n}{m}} = \left(a^{\frac{1}{m}}\right)^n$

とする. 正の無理数については, 例えば $x = \sqrt{2}$ ならば

$$\sqrt{2} = 1.41421356\cdots$$

であるから, 数列

$$a^1,\ a^{1.4},\ a^{1.41},\ a^{1.414},\ a^{1.4142},\ \cdots$$

を考え, この極限として $a^{\sqrt{2}}$ を定義する. また, 負の数に対しては

$$x = -t\ (t > 0) \quad \text{のとき} \quad a^x = \dfrac{1}{a^t}$$

と定義する. こうして定義された $y = a^x$ は次の**指数法則**を満たす.

指数法則

$$a^m \cdot a^n = a^{m+n}, \qquad \dfrac{a^m}{a^n} = a^{m-n}, \qquad (a^m)^n = a^{mn}$$

また, グラフは次のようになる.

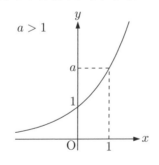
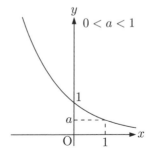

§4 指数関数・対数関数とその微分

定数 e と指数関数の微分 指数関数 $f(x)=a^x$ の導関数を考えよう. 定義より

$$f'(x) = \lim_{h \to 0} \frac{a^{x+h} - a^x}{h} = \lim_{h \to 0} \frac{a^x \cdot a^h - a^x}{h} = a^x \cdot \lim_{h \to 0} \frac{a^h - 1}{h}$$

となる. ここで

$$\lim_{h \to 0} \frac{a^h - 1}{h} = \lim_{h \to 0} \frac{a^{0+h} - a^0}{h} = f'(0)$$

であるから

$$f'(x) = f'(0) \cdot a^x$$

となる. $f'(0)$ は $f(x) = a^x$ の $x = 0$ での微分係数であり, 曲線 $y = a^x$ の点 $(0,1)$ における接線の傾きを表しているが, この値がちょうど 1 となるような a の値が存在する.

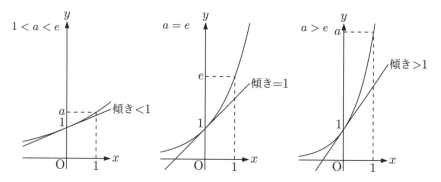

この a の値を e で表す. すなわち, $f(x) = e^x$ のとき

(4.1) $$f'(0) = \lim_{h \to 0} \frac{e^h - 1}{h} = 1$$

であり, 次の微分公式が成り立つ.

---
e^x の導関数

$$(e^x)' = e^x$$

定数 e を**自然対数の底**という. なお, ここで述べた e は, 定義は異なるが, 高校数学での

$$e = \lim_{k \to 0} (1+k)^{\frac{1}{k}} = 2.71828\cdots$$

と同じものである (証明は省略).

対数関数 a は $a > 0$ かつ $a \neq 1$ を満たす定数とする. 実数 M, N (ただし, $M > 0$) が $M = a^N$ を満たしているとき, この関係式を $N = \cdots$ の形で表すのに記号 $\log_a$ を用いる.

$$M = a^N \iff N = \log_a M$$

似た例をあげると, 関係式 $M = N^2$ を $N = \cdots$ と表すには記号 $\sqrt{}$ が必要であり, $N > 0$ とすると

$$M = N^2 \iff N = \sqrt{M}$$

である. これと対比するとわかりやすい.

例1. $1000 = 10^3$ を log を用いて表すと $\log_{10} 1000 = 3$.

$8 = 4^{\frac{3}{2}}$ を log を用いて表すと $\log_4 8 = \dfrac{3}{2}$.

つまり, $\log_a M$ とは M を $a^\square$ の形で表したときの □ のことである. ここで, 定数 a を**対数** $\log_a M$ の**底**という.

変数 x $(x > 0)$ に対して関数 $y = \log_a x$ を**対数関数**という. 特に, $a = e$ のとき底 e を省略して

$$y = \log x$$

と書き, **自然対数**という.

注意 工学系などでは, 数学とは異なる記号の使い方をするので注意が必要である. 底が 10 の対数を**常用対数**というが, 工学系では常用対数を log で表す.

	自然対数 (底 e)	常用対数 (底 10)
数 学	log	$\log_{10}$
工学系 (電卓など)	ln	log

本書では, 数学 (上段) の記号の使い方をする.

定義より, 指数関数と対数関数には次の関係が成り立つ.

指数関数と対数関数の関係

$$a^{\log_a x} = x, \qquad \log_a a^x = x$$

自然対数 $\log x$ に対しては

$$e^{\log x} = x, \qquad \log e^x = x$$

---

§4 指数関数・対数関数とその微分

対数関数の性質とグラフ　指数法則より $\log_a x$ は次の**対数法則**を満たす．

対数法則

$$\log_a(MN) = \log_a M + \log_a N$$

$$\log_a\left(\frac{M}{N}\right) = \log_a M - \log_a N$$

$$\log_a M^p = p\log_a M$$

例 2. $\log_6 12 + \log_6 3 = \log_6(12 \times 3) = \log_6 36 = \log_6 6^2 = 2$

例 3. $\log_8 12 - \log_8 3 = \log_8 \dfrac{12}{3} = \log_8 4 = \log_8 8^{\frac{2}{3}} = \dfrac{2}{3}$

例 4. $3\log_2 6 - 5\log_2 3 + 2\log_2 12 = \log_2 \dfrac{6^3 \times 12^2}{3^5} = \log_2 2^7 = 7$

底の取り換え

$$\log_a b = \frac{\log_c b}{\log_c a}$$

例 5. $\log_8 4 = \dfrac{\log_2 4}{\log_2 8} = \dfrac{2}{3}$

対数関数 $y = \log_a x$ は指数関数 $y = a^x$ の逆関数であり，グラフは次のようになる．

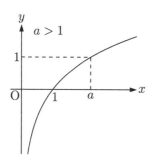 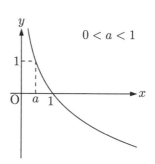

自然対数の微分 極限公式 (4.1) において $e^h - 1 = k$ とおくと

$$e^h = 1 + k \quad \text{すなわち} \quad h = \log(1+k)$$

であり, $h \longrightarrow 0$ のとき $k = e^h - 1 \longrightarrow e^0 - 1 = 0$ であるから,

$$\lim_{k \to 0} \frac{k}{\log(1+k)} = 1 \quad \text{逆数をとって} \quad \lim_{k \to 0} \frac{\log(1+k)}{k} = 1$$

が成り立つ. この極限公式を用いて次の微分公式を証明することができる.

$\log x$ の導関数

$$(\log x)' = \frac{1}{x} \quad (x > 0)$$

証明 導関数の定義より

$$(\log x)' = \lim_{h \to 0} \frac{\log(x+h) - \log x}{h}$$

である. ここで $h = xk$ とおくと

$$\text{分子} = \log(x + xk) - \log x = \log\bigl(x \cdot (1+k)\bigr) - \log x$$
$$= \log x + \log(1+k) - \log x = \log(1+k)$$

であり, $h \longrightarrow 0$ のとき $k \longrightarrow 0$ であるから,

$$(\log x)' = \lim_{k \to 0} \frac{\log(1+k)}{xk} = \frac{1}{x} \cdot \lim_{k \to 0} \frac{\log(1+k)}{k} = \frac{1}{x}$$

となる.

まったく同様に, 次が成り立つ.

$\log(x-a)$ の導関数

$$\{\log(x-a)\}' = \frac{1}{x-a} \quad (x > a)$$

例 6. $\{\log(x+3)\}' = \dfrac{1}{x+3} \quad (a = -3)$

§4 指数関数・対数関数とその微分

指数関数の微分 (続)

a^x の導関数

$$(a^x)' = (\log a)a^x$$

証明 p. 27 で示したように

$$(a^x)' = a^x \cdot \lim_{h \to 0} \frac{a^h - 1}{h}$$

であるから，この右辺の極限値を求めればよい．恒等式 $x = e^{\log x}$ において $x = a$ とすると $a = e^{\log a}$ であるから

$$\lim_{h \to 0} \frac{a^h - 1}{h} = \lim_{h \to 0} \frac{e^{(\log a)h} - 1}{h}$$

である．ここで $(\log a)h = k$ とおくと $h = \dfrac{k}{\log a}$ であり，$h \longrightarrow 0$ のとき $k \longrightarrow 0$ であるから，

$$\lim_{h \to 0} \frac{a^h - 1}{h} = \lim_{k \to 0} \frac{e^k - 1}{\frac{k}{\log a}} = \log a \cdot \lim_{k \to 0} \frac{e^k - 1}{k} = \log a$$

である．したがって

$$(a^x)' = (\log a)a^x$$

である．

例 7. $(2^x)' = (\log 2)2^x \quad (a = 2)$

e^{ax} の導関数

$$(e^{ax})' = ae^{ax}$$

証明 $e^{ax} = (e^a)^x$ であるから，上の公式で a を e^a に置き換えて

$$(e^{ax})' = ((e^a)^x)' = (\log e^a)(e^a)^x = ae^{ax}$$

となる．

例 8. $(e^{3x})' = 3e^{3x} \quad (a = 3)$

例 9. $(e^{\frac{1}{4}x})' = \dfrac{1}{4}e^{\frac{1}{4}x} \quad \left(a = \dfrac{1}{4}\right)$

例 10. $\left(\dfrac{1}{e^{5x}}\right)' = (e^{-5x})' = -5e^{-5x} \quad (a = -5)$

演習問題

(解答 pp. 213–214)

問題 4.1 次の □ に当てはまる数を求めよ．

(1) $0.054 \times 10^8 = 5.4 \times 10^{\square}$ 　　(2) $3400 \times 10^{-8} = 3.4 \times 10^{\square}$

(3) $0.00032 \times 10^{-5} = 3.2 \times 10^{\square}$ 　　(4) $5.134 \times 10^{-4} = \square \times 10^{-2}$

問題 4.2 次の各指数関数 $y = f(x)$ に対して，$f(-2), f(-1), f(0), f(1), f(2)$ を求めよ．また，その 5 つの値を利用して，xy 平面上に各関数のグラフを描け．

(1) $y = 2^{-x}$ 　　(2) $y = \left(\dfrac{1}{3}\right)^x$ 　　(3) $y = e^{-x^2}$ 　　(4) $y = e^{-x+1}$

問題 4.3 関数 $y = e^x$ のグラフと次の関数のグラフを，1 つの xy 平面上に位置関係に気をつけて描け．

(1) $y = e^{-x}$ 　　(2) $y = 2e^{-x}$ 　　(3) $y = -e^x$ 　　(4) $y = -e^{-x}$

問題 4.4 次の x を対数記号を用いて表し，x の値を関数電卓を利用して (小数点以下 5 桁を四捨五入して) 小数点以下 4 桁まで求めよ．

(1) $10^x = 3$ 　　(2) $2^x = 7$ 　　(3) $e^x = 2$ 　　(4) $e^{2x} = 5$

問題 4.5 次の値を求めよ．

(1) $\log_2 32$ 　　(2) $\log_2 \dfrac{1}{8}$ 　　(3) $\log_{\frac{1}{2}} 8$ 　　(4) $\log_{\sqrt{2}} 8$

(5) $\log_9 3$ 　　(6) $\log_9 27$ 　　(7) $\log_{10} 1000$ 　　(8) $\log_{10} 0.0001$

(9) $\log e$ 　　(10) $\log \sqrt{e}$ 　　(11) $3^{\log_3 2}$ 　　(12) $4^{\log_2 3}$

(13) $e^{\log 7}$ 　　(14) $e^{3\log 2}$ 　　(15) $e^{-\log 5}$ 　　(16) $e^{\log_{\sqrt{e}} 2}$

問題 4.6 $\log_{10} 2 = 0.3010, \log_{10} 3 = 0.4771$ として，次の対数の値または x の値を求めよ．

(1) $\log_{10} 6$ 　　(2) $\log_{10} 5$

(3) $\log_{10} 0.12$ 　　(4) $\log_{10}(0.0018 \times 10^{-5})$

(5) $\left(\dfrac{1}{2}\right)^5 = 10^x$ 　　(6) $12 = 10^x$

(7) $5 \times 10^{13} = 10^x$ 　　(8) $6 \times 10^{-5} = 10^x$

§4 指数関数・対数関数とその微分

問題 4.7 次の値を求めよ．

(1) $\log_6 4 + \log_6 9$

(2) $\log_2 3 + \log_2 \dfrac{1}{12}$

(3) $2\log_5 15 - \log_5 9$

(4) $\dfrac{2}{3}\log_{12} 8 + \dfrac{1}{2}\log_{12} 9$

問題 4.8 次の式を満たす x の値を求めよ．

(1) $\log_4 x + \log_4(10-x) = 2$

(2) $\log_3(x-1) + \log_3(2x+1) = 3$

(3) $\log_2 x = \log_4(4x-3)$

(4) $\log_3 x = \log_9(x-2) + 1$

問題 4.9 次の式を満たす定数 c を $\log$ を用いて表せ．また，その定数 c の近似値を，関数電卓を利用して (小数点以下 5 桁を四捨五入して) 小数点以下 4 桁まで求めよ．

(1) $\log_2 x = \dfrac{\log_{10} x}{c}$

(2) $\log_2 x = \dfrac{\log x}{c}$

(3) $\log_7 x = \dfrac{\log_{10} x}{c}$

(4) $\log x = \dfrac{\log_{10} x}{c}$

問題 4.10 次の式を $y = f(x)$ の形で表せ．

(1) $e^y = x+2$

(2) $e^y = 2e^x$

(3) $\log y = 2 + \log x$

(4) $\log y = x + 2\log x$

問題 4.11 次の関数を微分せよ．

(1) $y = \dfrac{1}{e^{3x}}$

(2) $y = \sqrt{e^x}$

(3) $y = \dfrac{1}{3^x}$

(4) $y = \sqrt{3^x}$

(5) $y = \log(x-5)$

(6) $y = \log(x+e)$

問題 4.12 双曲線 $x^2 - y^2 = 1$ 上に点 $\mathrm{P}(a,b)$ をとる．ただし，$a > 1, b > 0$ とする．このとき，右図の斜線部分の面積 S は

$$S = \dfrac{1}{2}\log\left(a + \sqrt{a^2-1}\right)$$

で与えられる．このことを認めて，$S = \dfrac{t}{2}$ のとき，$a = \dfrac{1}{2}(e^t + e^{-t}), b = \dfrac{1}{2}(e^t - e^{-t})$ であることを示せ．

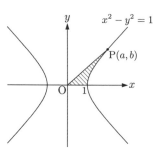

第2章 微 分 法

§5 微分法の公式

関数の四則演算と微分 関数の和, 差, 定数倍, 積, 商で定義された関数について, 以下の定理が成り立つ.

> **定理 5.1 (和, 差, 定数倍の微分法)**
> (1) $\{f(x) \pm g(x)\}' = f'(x) \pm g'(x)$　ただし, 複号同順とする.
> (2) $\{c \cdot f(x)\}' = c \cdot f'(x)$　ただし, c は定数とする.

証明 (1) の和について示す. 差および (2) についても同様に証明できる. 導関数の定義 (p. 6) と極限の性質 (p. 2) より

$$\{f(x) + g(x)\}' = \lim_{h \to 0} \frac{\{f(x+h) + g(x+h)\} - \{f(x) + g(x)\}}{h}$$
$$= \lim_{h \to 0} \left\{ \frac{f(x+h) - f(x)}{h} + \frac{g(x+h) - g(x)}{h} \right\} = f'(x) + g'(x)$$

である.

例 1. $\left(\sqrt{x} + \dfrac{1}{\sqrt{x}}\right)' = \left(x^{\frac{1}{2}}\right)' + \left(x^{-\frac{1}{2}}\right)' = \dfrac{1}{2}x^{-\frac{1}{2}} - \dfrac{1}{2}x^{-\frac{3}{2}} = \dfrac{1}{2\sqrt{x}} - \dfrac{1}{2x\sqrt{x}}$

例 2. $(2\sin 3x + 4\cos 5x)' = 2(\sin 3x)' + 4(\cos 5x)' = 6\cos 3x - 20\sin 5x$

例 3. $(5e^{-3x})' = 5 \cdot (e^{-3x})' = 5 \cdot (-3)e^{-3x} = -15e^{-3x}$

§5 微分法の公式

定理 5.2 (積, 商の微分法)

(1) $\{f(x)g(x)\}' = f'(x)g(x) + f(x)g'(x)$

(2) $\left\{\dfrac{f(x)}{g(x)}\right\}' = \dfrac{f'(x)g(x) - f(x)g'(x)}{g(x)^2}$　　ただし, $g(x) \neq 0$ とする.

証明 (1) 証明の方針は定理 5.1 と同様であるが, 式変形の途中で工夫を要する.

$$\{f(x)g(x)\}' = \lim_{h \to 0} \frac{f(x+h)g(x+h) - f(x)g(x)}{h}$$

$$= \lim_{h \to 0} \frac{f(x+h)g(x+h) - f(x)g(x+h) + f(x)g(x+h) - f(x)g(x)}{h}$$

$$= \lim_{h \to 0} \left\{ \frac{f(x+h) - f(x)}{h} \cdot g(x+h) + f(x) \cdot \frac{g(x+h) - g(x)}{h} \right\}$$

$$= f'(x)g(x) + f(x)g'(x)$$

である.

(2) これもやはり工夫が必要である.

$$\left\{\frac{f(x)}{g(x)}\right\}' = \lim_{h \to 0} \frac{1}{h} \left\{ \frac{f(x+h)}{g(x+h)} - \frac{f(x)}{g(x)} \right\}$$

$$= \lim_{h \to 0} \frac{f(x+h)g(x) - f(x)g(x+h)}{h \cdot g(x+h) \cdot g(x)}$$

$$= \lim_{h \to 0} \frac{f(x+h)g(x) - f(x)g(x) - f(x)g(x+h) + f(x)g(x)}{h \cdot g(x+h) \cdot g(x)}$$

$$= \lim_{h \to 0} \left\{ \frac{f(x+h) - f(x)}{h} \cdot g(x) - f(x) \cdot \frac{g(x+h) - g(x)}{h} \right\} \frac{1}{g(x+h)g(x)}$$

$$= \frac{f'(x)g(x) - f(x)g'(x)}{g(x)^2}$$

である.

注意 $(f(x)g(x))' = f'(x)g'(x)$ や $\left\{\dfrac{f(x)}{g(x)}\right\}' = \dfrac{f'(x)}{g'(x)}$ は成り立たない.

例 4. $e^x \sin x$ を微分しよう. $f(x) = e^x$, $g(x) = \sin x$ として積の微分公式を適用すると

$$(e^x \sin x)' = (e^x)' \sin x + e^x (\sin x)'$$
$$= e^x \sin x + e^x \cos x = e^x (\sin x + \cos x)$$

となる.

例 5. $\dfrac{x^3}{x^2+1}$ を微分しよう. $f(x) = x^3$, $g(x) = x^2 + 1$ として商の微分公式を適用すると

$$\left(\frac{x^3}{x^2+1}\right)' = \frac{(x^3)'(x^2+1) - x^3(x^2+1)'}{(x^2+1)^2} = \frac{3x^2(x^2+1) - x^3 \cdot 2x}{(x^2+1)^2}$$
$$= \frac{3x^4 + 3x^2 - 2x^4}{(x^2+1)^2} = \frac{x^2(x^2+3)}{(x^2+1)^2}$$

となる.

以下, いくつか例をあげる.

例 6. $(e^{2x} \cos 3x)' = (e^{2x})' \cos 3x + e^{2x} (\cos 3x)'$
$$= 2e^{2x} \cos 3x + e^{2x} \cdot (-3 \sin 3x) = e^{2x} (2 \cos 3x - 3 \sin 3x)$$

例 7. $(\sqrt{x} \log x)' = (\sqrt{x})' \log x + \sqrt{x} (\log x)'$
$$= \frac{1}{2\sqrt{x}} \log x + \sqrt{x} \cdot \frac{1}{x} = \frac{\log x + 2}{2\sqrt{x}}$$

例 8. $\left(\dfrac{1}{\tan x}\right)' = \left(\dfrac{\cos x}{\sin x}\right)' = \dfrac{(\cos x)' \sin x - \cos x (\sin x)'}{(\sin x)^2}$
$$= \frac{-\sin x \cdot \sin x - \cos x \cdot \cos x}{\sin^2 x} = \frac{-(\sin^2 x + \cos^2 x)}{\sin^2 x} = -\frac{1}{\sin^2 x}$$

例 9. $\left(\dfrac{e^{3x}}{\log x}\right)' = \dfrac{(e^{3x})' \log x - e^{3x} (\log x)'}{(\log x)^2}$
$$= \frac{3e^{3x} \cdot \log x - e^{3x} \cdot \dfrac{1}{x}}{(\log x)^2} = \frac{(3x \log x - 1)e^{3x}}{x(\log x)^2}$$

§5 微分法の公式

関数の合成 　u の関数 $y = f(u)$ において u が x の関数 $u = g(x)$ ならば, y は x の関数となる.

$$y = f(g(x))$$

これを $y = f(u)$ と $u = g(x)$ の**合成関数**という.

例 10. 　$y = \sin u,\ u = x^2 + 1$ とすると $y = \sin(x^2 + 1)$. すなわち

$$x \longrightarrow u = x^2 + 1 \longrightarrow y = \sin u = \sin(x^2 + 1)$$

というように, x から u を経由して y の値が決まる.

合成関数の微分

定理 5.3 (合成関数の微分法) 　$y = f(u),\ u = g(x)$ のとき, 合成関数 $y = f(g(x))$ の導関数は

$$\{f(g(x))\}' = f'(g(x)) \cdot g'(x)$$

で与えられる. ここで $f'(g(x))$ は $f(u)$ の u についての導関数 $f'(u)$ に $u = g(x)$ を代入した合成関数を表す. したがって

$$\frac{dy}{dx} = \frac{dy}{du} \cdot \frac{du}{dx}$$

と表すこともできる.

証明 　導関数の定義式より

$$\{f(g(x))\}' = \lim_{h \to 0} \frac{f(g(x+h)) - f(g(x))}{h}$$

$$= \lim_{h \to 0} \frac{f(g(x+h)) - f(g(x))}{g(x+h) - g(x)} \cdot \frac{g(x+h) - g(x)}{h}$$

である. ここで, $k = g(x+h) - g(x)$ とおくと $h \longrightarrow 0$ のとき $k \longrightarrow 0$ であり, $g(x+h) = g(x) + k$ であるから

$$= \lim_{k \to 0} \frac{f(g(x)+k) - f(g(x))}{k} \cdot \lim_{h \to 0} \frac{g(x+h) - g(x)}{h}$$

$$= f'(g(x)) \cdot g'(x)$$

となる.

例 11. $\sin(x^2+1)$ を微分しよう.
$$\sin(x^2+1) = \sin u \quad \text{ただし} \quad u = x^2+1$$
であるから公式を適用すると
$$\{\sin(x^2+1)\}' = (\sin u)' \cdot u' = \cos u \cdot u'$$
$$= \cos(x^2+1) \cdot (x^2+1)' = 2x\cos(x^2+1)$$
となる. ここで, 太字の **′** は u に関する微分を表し, 通常の ′ は x に関する微分を表している. この結果は次のように考えると覚えやすい. $\boxed{} = x^2+1$ として
$$\{\sin(x^2+1)\}' = (\sin \boxed{})' \cdot \boxed{}' = \cos\boxed{} \cdot \boxed{}'$$
つまり, まず外の関数 sin を微分し, それに中の関数 $\boxed{} = x^2+1$ の微分を掛けるのである.

例 12. $\cos(3x+4)$ を微分しよう. $u = 3x+4$ として
$$\{\cos(3x+4)\}' = (\cos u)' \cdot u' = -\sin u \cdot u'$$
$$= -\sin(3x+4) \cdot (3x+4)' = -3\sin(3x+4)$$
となる. なお, この例は次のように一般化できる.

$f(ax+b)$ の導関数

$$\{f(ax+b)\}' = a \cdot f'(ax+b)$$

特に

$$\{f(ax)\}' = a \cdot f'(ax), \quad \{f(x+b)\}' = f'(x+b)$$

例 13. $\log(\cos x)$ を微分しよう. $u = \cos x$ として
$$\{\log(\cos x)\}' = (\log u)' \cdot u' = \frac{1}{u} \cdot u'$$
$$= \frac{1}{\cos x} \cdot (\cos x)' = -\frac{\sin x}{\cos x}$$
となる. なお, この例は次のように一般化できる (問題 5.15 も参照せよ).

$\log g(x)$ の導関数

$$\{\log g(x)\}' = \frac{g'(x)}{g(x)} \quad \text{ただし} \quad g(x) > 0$$

---

§5 微分法の公式

例 14. $e^{\sqrt{x}}$ を微分しよう. $u = \sqrt{x}$ として

$$(e^{\sqrt{x}})' = (e^u)' \cdot u' = e^u \cdot u'$$
$$= e^{\sqrt{x}} \cdot (\sqrt{x})' = \frac{1}{2\sqrt{x}} e^{\sqrt{x}}$$

である.

例 15. $\sqrt{(4x^3+2)^3}$ を微分しよう. $\sqrt{(4x^3+2)^3} = (4x^3+2)^{\frac{3}{2}}$ であるから $u = 4x^3 + 2$ として

$$\left(\sqrt{(4x^3+2)^3}\right)' = \left(u^{\frac{3}{2}}\right)' \cdot u' = \frac{3}{2} u^{\frac{1}{2}} \cdot u'$$
$$= \frac{3}{2}(4x^3+2)^{\frac{1}{2}} \cdot (4x^3+2)' = \frac{3}{2}(4x^3+2)^{\frac{1}{2}} \cdot 12x^2$$
$$= 18x^2(4x^3+2)^{\frac{1}{2}}$$

である.

例 16. $\cos\bigl(\sin(\log x)\bigr)$ を微分しよう. まず, $u = \sin(\log x)$ として

$$\bigl\{\cos\bigl(\sin(\log x)\bigr)\bigr\}' = (\cos u)' \cdot u' = -\sin u \cdot u'$$
$$= -\sin\bigl(\sin(\log x)\bigr) \cdot \bigl(\sin(\log x)\bigr)'$$

となる. ここで $\bigl(\sin(\log x)\bigr)'$ を求めるためにもう 1 回, 合成関数の微分法を用いる. $u = \log x$ として

$$\bigl(\sin(\log x)\bigr)' = (\sin u)' \cdot u' = \cos u \cdot u'$$
$$= \cos(\log x) \cdot (\log x)' = \frac{1}{x} \cos(\log x)$$

であるから

$$\bigl\{\cos\bigl(\sin(\log x)\bigr)\bigr\}' = -\sin\bigl(\sin(\log x)\bigr) \cdot \bigl(\sin(\log x)\bigr)'$$
$$= -\sin\bigl(\sin(\log x)\bigr) \cdot \cos(\log x) \cdot (\log x)'$$
$$= -\frac{1}{x} \cos(\log x) \sin\bigl(\sin(\log x)\bigr)$$

である. このように, 3 個以上の関数の合成で構成されている関数の微分は合成関数の微分法を繰り返し適用する.

対数微分法　　合成関数の微分法の応用として，**対数微分法**について述べる．対数微分法とは $y = f(x)^{g(x)}$ のような形をした関数を微分するのに，両辺の対数をとって
$$\log y = \log f(x)^{g(x)} = g(x) \log f(x)$$
としてから両辺を x で微分する方法である．左辺を x で微分すると y が x の関数であることに注意して
$$\frac{d}{dx}(\log y) = \frac{d}{dx}\bigl(\log(y(x))\bigr) = \frac{1}{y(x)} \cdot y'(x) = \frac{y'}{y}$$
となる．したがって
$$\frac{y'}{y} = \{g(x) \log f(x)\}'$$
であり，分母を払うと
$$y' = \{g(x) \log f(x)\}' y = \{g(x) \log f(x)\}' f(x)^{g(x)}$$
となる．

例 17.　$(\sin x)^x$ を微分しよう．まず，$y = (\sin x)^x$ とおき，両辺の対数をとる．
$$\log y = \log\bigl((\sin x)^x\bigr) = x \cdot \log(\sin x)$$
左辺の x についての微分は上で述べたように
$$\frac{d}{dx}(\log y) = \frac{y'}{y}$$
である．右辺の微分は
$$\frac{d}{dx}\bigl(x \cdot \log(\sin x)\bigr) = (x)' \cdot \log(\sin x) + x \cdot \bigl(\log(\sin x)\bigr)'$$
$$= 1 \cdot \log(\sin x) + x \cdot \frac{(\sin x)'}{\sin x}$$
$$= \log(\sin x) + \frac{x \cos x}{\sin x}$$
であるから，
$$y' = \left(\log(\sin x) + \frac{x \cos x}{\sin x}\right) y = \left(\log(\sin x) + \frac{x \cos x}{\sin x}\right)(\sin x)^x$$
である．

§5 微分法の公式

対数微分法は,対数をとって微分したほうが簡単になる関数にも応用できる.

例 18. $y = \sqrt{\dfrac{x-1}{(x-2)(x-3)}}$ を微分しよう.このままで微分しようとすると,合成関数の微分公式と商の微分公式が必要となり結構わずらわしい.そこで両辺の対数をとってみると

$$\log y = \log \sqrt{\frac{x-1}{(x-2)(x-3)}} = \frac{1}{2}\{\log(x-1) - \log(x-2) - \log(x-3)\}$$

となり,この右辺の微分は容易である.実際,両辺を x で微分すると

$$\frac{y'}{y} = \frac{1}{2}\left(\frac{1}{x-1} - \frac{1}{x-2} - \frac{1}{x-3}\right)$$

となる.したがって

$$y' = \frac{1}{2}\left(\frac{1}{x-1} - \frac{1}{x-2} - \frac{1}{x-3}\right)\sqrt{\frac{x-1}{(x-2)(x-3)}}$$

である.

ベキ乗関数の微分 関数 $y = x^\alpha$ の微分公式については §2 で述べたが,証明は α が有理数の場合のみであった.ここでは対数微分法を用いて,α が実数(無理数でもよい)の場合を証明しよう.

ベキ乗関数の導関数

$$(x^\alpha)' = \alpha x^{\alpha-1}$$

証明 $y = x^\alpha$ の両辺の対数をとり,x で微分すると

$$\log y = \log x^\alpha = \alpha \log x \quad \text{より} \quad \frac{y'}{y} = \alpha \frac{1}{x}$$

となる.したがって

$$y' = \alpha \frac{y}{x} = \alpha \frac{x^\alpha}{x} = \alpha x^{\alpha-1}$$

である.

例 19. $\left(x^{\sqrt{3}}\right)' = \sqrt{3}\, x^{\sqrt{3}-1}$

媒介変数表示された関数の微分

(5.1) $\qquad x = f(t), \quad y = g(t)$

はともに t の関数とする. xy 平面上に点

$$(x, y) = (f(t), g(t))$$

をとり, t を動かすと曲線ができる. この曲線 (またはその一部分) をグラフとする x の関数

$$y = F(x)$$

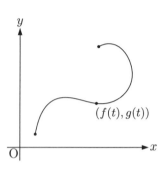

が考えられる.

例 20. $x = 2t + 1, y = t^2 + 3$ とすると $t = \dfrac{1}{2}(x - 1)$ であるから,

$$y = \left(\frac{1}{2}(x - 1)\right)^2 + 3 = \frac{1}{4}x^2 - \frac{1}{2}x + \frac{13}{4}$$

となる.

一般には, $x = f(t)$ を t について解いて $t = h(x)$ となったとすると

$$y = F(x) = g(h(x))$$

である. 関数 $y = F(x)$ を (5.1) のように表すことを**媒介変数表示** (または**パラメータ表示**) といい, 変数 t を**媒介変数** (または**パラメータ**) という.

微分公式を導くために, 微分係数を考えよう. $t = \alpha$ のとき $x = f(\alpha) = a$, $y = g(\alpha) = b$ とする.

$$\frac{F(x) - F(a)}{x - a} = \frac{y - b}{x - a} = \frac{g(t) - g(\alpha)}{f(t) - f(\alpha)} = \frac{\dfrac{g(t) - g(\alpha)}{t - \alpha}}{\dfrac{f(t) - f(\alpha)}{t - \alpha}}$$

であり, $x \longrightarrow a$ とすると $t \longrightarrow \alpha$ であるから

$$F'(a) = \lim_{x \to a} \frac{F(x) - F(a)}{x - a} = \lim_{t \to \alpha} \frac{\dfrac{g(t) - g(\alpha)}{t - \alpha}}{\dfrac{f(t) - f(\alpha)}{t - \alpha}} = \frac{g'(\alpha)}{f'(\alpha)}$$

となる. a, α をそれぞれ x, t に書き換えて次の定理が得られる.

§5 微分法の公式

> **定理 5.4 (媒介変数表示された関数の微分法)**　媒介変数表示
> $$x = f(t), \quad y = g(t)$$
> により与えられた x の関数 $y = F(x)$ の導関数は
> $$F'(x) = \frac{g'(t)}{f'(t)}$$
> で与えられる.

例 21.　$x = t - \sin t$, $y = 1 - \cos t$ $(0 \leqq t \leqq 2\pi)$ と媒介変数表示された関数 $y = F(x)$ のグラフ上の点 $\mathrm{P}\left(\dfrac{2\pi}{3} - \dfrac{\sqrt{3}}{2}, \dfrac{3}{2}\right)$ $\left(t = \dfrac{2\pi}{3}\right)$ における接線を求めよう. まず

$$\frac{dx}{dt} = 1 - \cos t, \quad \frac{dy}{dt} = \sin t \quad \text{より} \quad F'(x) = \frac{\sin t}{1 - \cos t}$$

であるから, これに $t = \dfrac{2\pi}{3}$ を代入し

$$F'\left(\frac{2\pi}{3} - \frac{\sqrt{3}}{2}\right) = \frac{\sin \dfrac{2\pi}{3}}{1 - \cos \dfrac{2\pi}{3}} = \frac{\sqrt{3}}{3}$$

となる. したがって, P における接線の方程式は

$$y = \frac{\sqrt{3}}{3}\left(x - \left(\frac{2\pi}{3} - \frac{\sqrt{3}}{2}\right)\right) + \frac{3}{2}, \quad \text{展開して} \quad y = \frac{\sqrt{3}}{3}x + 2 - \frac{2\sqrt{3}\pi}{9}$$

である.

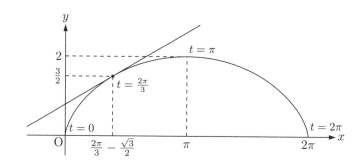

演習問題

(解答 pp. 214–216)

問題 5.1 次の関数を微分せよ．(ベキ乗関数, 和・差・定数倍)

(1) $y = x^4 - 3x^3 + 4x^2$

(2) $y = 4\sqrt{x} - \dfrac{6}{\sqrt[3]{x^2}}$

(3) $y = x^2(2x+3)$

(4) $y = \left(\sqrt{x} + \dfrac{1}{\sqrt{x}}\right)^2$

(5) $y = \dfrac{x^2+1}{2x}$

(6) $y = \dfrac{\sqrt{x}+1}{x}$

問題 5.2 次の関数を微分せよ．(三角関数, 和・差・定数倍)

(1) $y = 2\sin x + 3\cos x$

(2) $y = \dfrac{1}{2}\cos 4x - 3\sin 2x$

(3) $y = (\sin x + \cos x)^2$

(4) $y = 4\tan\dfrac{x}{2} - 2\tan\dfrac{3}{2}x$

問題 5.3 次の関数を微分せよ．(指数・対数関数, 和・差・定数倍)

(1) $y = e^{3x} + e^{-3x}$

(2) $y = -\dfrac{4}{3}e^{-\frac{x}{2}} + \dfrac{1}{3}e^{\frac{3x}{2}}$

(3) $y = \log(x^3 e^{4x})$

(4) $y = 3\log x^2 - \log\dfrac{x}{4}$ $(x > 0)$

(5) $y = \log_{10} x$

(6) $y = \log_2 x$

問題 5.4 次の関数を微分せよ．(積)

(1) $y = x(\cos 2x + 3\sin 2x)$

(2) $y = (x^2 + 2x - 3)\sin 3x$

(3) $y = \sqrt{x}\,e^{-x}$

(4) $y = \left(2x + \dfrac{3}{x}\right)e^{3x}$

(5) $y = e^{2x}\sin 3x$

(6) $y = e^{-x}\cos \pi x$

(7) $y = e^{2x}(\cos 3x + 2\sin 3x)$

(8) $y = \left(e^x + \dfrac{1}{e^x}\right)(\cos x + \sin x)$

(9) $y = (x^2 + x + 1)\log x$

(10) $y = (2x - 3)\log x^2$ $(x > 0)$

(11) $y = x^2 e^{3x}\sin 4x$

(12) $y = x^3 \cos(2x)\log x$

§5 微分法の公式

問題 5.5 次の関数を微分せよ. (商)

(1) $y = \dfrac{x}{2x+1}$ 　　(2) $y = \dfrac{2x-1}{x^2+3x+1}$ 　　(3) $y = \dfrac{1-\sqrt{x}}{1+\sqrt{x}}$

(4) $y = \dfrac{2\sqrt{x}}{\sqrt{x}+2}$ 　　(5) $y = \dfrac{\sin x}{1+\cos x}$ 　　(6) $y = \dfrac{\sin x}{\sin x + \cos x}$

(7) $y = \dfrac{1-\cos 3x}{1+\cos 3x}$ 　　(8) $y = \dfrac{1+\cos 2x}{\sin 2x}$ 　　(9) $y = \dfrac{1}{e^{3x}+1}$

(10) $y = \dfrac{e^x}{e^{-x}+2}$ 　　(11) $y = \dfrac{1}{\log(x+1)}$ 　　(12) $y = \dfrac{x^2}{\log x + 3}$

問題 5.6 次の関数 $f(x), g(x)$ について, 合成関数 $f(g(x)), g(f(x))$ を求めよ.

(1) $f(x) = 2x+1, \ g(x) = x^2+1$ 　　(2) $f(x) = \dfrac{1}{x}+2, \ g(x) = \dfrac{1}{x+3}$

(3) $f(x) = x^2, \ g(x) = \sin x$ 　　(4) $f(x) = 4^x, \ g(x) = \log_2 x$

問題 5.7 次の関数を微分せよ. (ベキ乗関数, 合成)

(1) $y = (x+3)^5$ 　　(2) $y = (3x-1)^5$

(3) $y = \dfrac{1}{(3x+1)^2}$ 　　(4) $y = (x^2+3x+1)^4$

(5) $y = \sqrt{3x+2}$ 　　(6) $y = \sqrt{x^3+2}$

(7) $y = \dfrac{1}{\sqrt{2x+5}}$ 　　(8) $y = \dfrac{1}{\sqrt{x^2+1}}$

(9) $y = (2x^3+1)^{\frac{3}{4}}$ 　　(10) $y = \sqrt[3]{3x^2+1}$

(11) $y = (2\sqrt{x}+3)^{10}$ 　　(12) $y = (\sqrt{2x+1}+1)^3$

(13) $y = \sqrt{x+\sqrt{x}}$ 　　(14) $y = \sqrt{2x+\sqrt{2x+1}}$

問題 5.8 次の関数を微分せよ. (ベキ乗関数, 合成)

(1) $y = \sqrt{f(x)}$ 　　(2) $y = \{f(x)\}^3$

(3) $y = f(x^3)$ 　　(4) $y = f(\sqrt{x})$

(5) $y = \{f(\sqrt{x})\}^2$ 　　(6) $y = \{f(3x+1)\}^3$

(7) $y = f(f(2x+1))$ 　　(8) $y = f\left(\dfrac{1}{f(x)}\right)$

問題 5.9 次の関数を微分せよ．(三角関数，合成)

(1) $y = \sin(2x - 1)$
(2) $y = \cos\left(3x + \dfrac{\pi}{3}\right)$
(3) $y = \cos(2x^2 + 3)$
(4) $y = \sin(1 + \sqrt{x})$
(5) $y = \cos x^3$
(6) $y = \sin(\tan 3x)$
(7) $y = \cos^3 x$
(8) $y = \sin^2 x$
(9) $y = \cos^5 3x$
(10) $y = \tan^3 x$
(11) $y = 3\tan x + \tan^3 x$
(12) $y = (2\sin x + x)^3$
(13) $y = \dfrac{1}{(\cos 3x + 2)^2}$
(14) $y = (\tan 3x + 2)^4$
(15) $y = \sqrt{\sin(2x + 1)}$
(16) $y = \dfrac{1}{\sqrt[3]{\cos 2x}}$

問題 5.10 次の関数を微分せよ．(三角関数，合成と積)

(1) $y = x\cos(2x + 1)$
(2) $y = \tan(x\cos x)$
(3) $y = (2x + 1)^3 \sin x$
(4) $y = x\sin^3 2x$

問題 5.11 次の関数を微分せよ．(指数・対数関数，合成)

(1) $y = e^{x^2 + x + 1}$
(2) $y = e^{x^2 - 2x}$
(3) $y = e^{\frac{x}{x+1}}$
(4) $y = e^{x\log x}$
(5) $y = (e^x + e^{-x})^3$
(6) $y = \sqrt{e^x + 1}$
(7) $y = \log(3x - 1)$
(8) $y = \log(x^2 - 3x + 5)$
(9) $y = \log(x + \sqrt{x^2 + 1})$
(10) $y = \log(x + \sqrt{x^2 + 5})$
(11) $y = \log(\log(x^2 + 4))$
(12) $y = \{\log(x^2 + 1)\}^3$
(13) $y = \log_3 x^2$
(14) $y = 3^{x^2}$

問題 5.12 次の関数を微分せよ．(2回以上の合成)

(1) $y = (\cos^3 2x + 2)^4$
(2) $y = \log(\sin(\cos x) + 1)$
(3) $y = e^{(x\log x - x)^2}$
(4) $y = \sin^2 \sqrt{x^2 + 2x + 2}$

§5 微分法の公式

問題 5.13 対数微分法により，次の関数を微分せよ．

(1) $y = x^x$

(2) $y = x^{\sqrt{x}}$

(3) $y = (x^2 + 1)^x$

(4) $y = (\cos x)^x$

(5) $y = x^{\sin x}$

(6) $y = x^{\sin 3x}$

(7) $y = a^{xe^x}$

(8) $y = (\log x)^{a^x}$

(9) $y = \sqrt{(1+x^2)(1+x^4)}$

(10) $y = \dfrac{(x+3)^3(x+4)^2}{(x+2)^5}$

(11) $y = \sqrt{\dfrac{(1+2x)^3}{(1+4x)^5}}$

(12) $y = \sqrt[3]{\dfrac{(1+3x)^2}{(1+6x)^4}}$

問題 5.14 次の媒介変数表示された関数について，$\dfrac{dy}{dx}$ を t の式で表せ．また，この関数の描く曲線 C 上の，t が与えらた値である点 A における C の接線 ℓ の方程式を求めよ．

(1) $\begin{cases} x = t - 2 \\ y = t^2 - 3t + 2 \end{cases}$ A$(t=1)$

(2) $\begin{cases} x = t + 1 \\ y = \sqrt{t} \end{cases}$ A$(t=9)$

(3) $\begin{cases} x = t - \sin t \\ y = 1 - \cos t \end{cases}$ A$\left(t = \dfrac{3\pi}{2}\right)$

(4) $\begin{cases} x = \cos^3 t \\ y = \sin^3 t \end{cases}$ A$\left(t = \dfrac{\pi}{6}\right)$

(5) $\begin{cases} x = 2\cos t \\ y = 3\sin t \end{cases}$ A$\left(t = \dfrac{\pi}{3}\right)$

(6) $\begin{cases} x = \dfrac{2t}{1+t^2} \\ y = \dfrac{1-t^2}{1+t^2} \end{cases}$ A$\left(t = \dfrac{1}{\sqrt{2}}\right)$

問題 5.15 次の問いに答えよ．

(1) $x < 0$ のとき，$\{\log(-x)\}' = \dfrac{1}{x}$ であることを示せ．

(2) $\{\log |x|\}' = \dfrac{1}{x}$ (ただし，$x \neq 0$) であることを示せ．

(3) $\{\log |g(x)|\}' = \dfrac{g'(x)}{g(x)}$ (ただし，$g(x) \neq 0$) であることを示せ．

§6 逆三角関数とその微分

arcsin x の定義　関数 $y = \sin x$ とは逆の対応関係を定める関数について考えよう. $y = \sin x$ において $y \, (-1 \leqq y \leqq 1)$ が先に与えられたとき, $y = \sin x$ を満たす x は無数にある.

例1. $\dfrac{1}{\sqrt{2}} = \sin x$ を満たす x は, $x = \dfrac{\pi}{4} + 2k\pi, \dfrac{3\pi}{4} + 2k\pi$ (k は整数).

しかし, x の値の範囲を $-\dfrac{\pi}{2} \leqq x \leqq \dfrac{\pi}{2}$ に制限すればただ1つである. この値を $x = \arcsin y$ で表す. すなわち $-1 \leqq y \leqq 1$ の範囲の y に対して

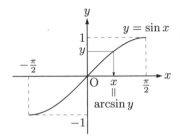

$$x = \arcsin y \iff \sin x = y, \quad -\dfrac{\pi}{2} \leqq x \leqq \dfrac{\pi}{2}$$

である (arcsin は**アークサイン**と読む).

例2. $\arcsin \dfrac{\sqrt{3}}{2}$ の値を求めよう. $\arcsin \dfrac{\sqrt{3}}{2} = \alpha$ とおくと

$$\sin \alpha = \dfrac{\sqrt{3}}{2}, \quad -\dfrac{\pi}{2} \leqq \alpha \leqq \dfrac{\pi}{2}$$

であるから, $\alpha = \dfrac{\pi}{3}$, つまり $\arcsin \dfrac{\sqrt{3}}{2} = \dfrac{\pi}{3}$ である.

さて, 独立変数 (先に与える値) を x で表し, 従属変数 (関数の値) を y で表すという慣習に従って, x と y を書き替えると, $-1 \leqq x \leqq 1$ の範囲の x に対して

$$y = \arcsin x \iff \sin y = x, \quad -\dfrac{\pi}{2} \leqq y \leqq \dfrac{\pi}{2}$$

となる. こうして得られる関数 $y = \arcsin x$ が $y = \sin x$ とは逆の対応関係を定める関数 ($y = \sin x$ の逆関数) である.

注意 $\arcsin x$ はひとかたまりの記号である. $\mathrm{arc}(\sin x)$ ではない. なお, $\arcsin x$ を $\sin^{-1} x$ と表すこともあるが, $(\sin x)^{-1} = \dfrac{1}{\sin x}$ と混同するおそれがあるので本書では用いない.

§6 逆三角関数とその微分

arccos x の定義 $y = \cos x$ については，先に y $(-1 \leqq y \leqq 1)$ が与えられたとき，$y = \cos x$ を満たす x を区間 $0 \leqq x \leqq \pi$ 内で求める．この区間に限ればこのような x はただ1つ存在し，それを $x = \arccos y$ で表す．すなわち $-1 \leqq y \leqq 1$ に対して

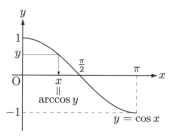

$$x = \arccos y \iff \cos x = y,\ 0 \leqq x \leqq \pi$$

である．ここで x と y を書き替えると $-1 \leqq x \leqq 1$ に対して

$$y = \arccos x \iff \cos y = x,\ 0 \leqq y \leqq \pi$$

となり，関数 $y = \arccos x$ が得られる (**アークコサイン**と読む).

例 3. $\arccos \dfrac{\sqrt{3}}{2} = \dfrac{\pi}{6}$

arctan x の定義 $y = \tan x$ については，先に y $(-\infty < y < \infty)$ が与えられたとき，$y = \tan x$ を満たす x を区間 $-\dfrac{\pi}{2} < x < \dfrac{\pi}{2}$ 内で求める．この区間に限ればこのような x はただ1つ存在し，それを $x = \arctan y$ で表す．すなわち $-\infty < y < \infty$ に対して

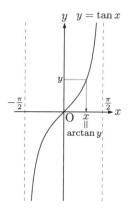

$$x = \arctan y \iff \tan x = y,\ -\dfrac{\pi}{2} < x < \dfrac{\pi}{2}$$

である．ここで x と y を書き替えると $-\infty < x < \infty$ に対して

$$y = \arctan x \iff \tan y = x,\ -\dfrac{\pi}{2} < y < \dfrac{\pi}{2}$$

となり，関数 $y = \arctan x$ が得られる (**アークタンジェント**と読む).

例 4. $\arctan\left(-\sqrt{3}\right) = -\dfrac{\pi}{3}$

arcsin x, arccos x, arctan x のグラフ　　関数 $y = \arcsin x$, $y = \arccos x$, $y = \arctan x$ のグラフはそれぞれ次のようである.

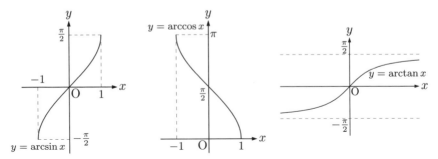

逆三角関数の微分　　$y = \arcsin x$ について, 次の微分公式が成り立つ.

---
arcsin x の導関数

$$(\arcsin x)' = \frac{1}{\sqrt{1-x^2}} \quad (-1 < x < 1)$$

証明　$y = \arcsin x$ とすると $x = \sin y$ である. この式の両辺を x で微分する. 右辺については y が x の関数であることに注意して

$$\text{左辺}: \quad \frac{d}{dx}(x) = 1$$

$$\text{右辺}: \quad \frac{d}{dx}(\sin y) = \frac{d}{dx}\bigl(\sin(y(x))\bigr) = \cos(y(x)) \cdot y'(x) = \cos y \cdot y'$$

したがって

$$1 = \cos y \cdot y' \quad \text{すなわち} \quad y' = \frac{1}{\cos y}$$

が成り立つ. ここで, $-\dfrac{\pi}{2} < y < \dfrac{\pi}{2}$ より $\cos y > 0$ であるから

$$\cos^2 y = 1 - \sin^2 y \quad \text{より} \quad \cos y = \sqrt{1 - \sin^2 y}$$

となる. したがって

$$y' = \frac{1}{\sqrt{1 - \sin^2 y}} \quad \text{すなわち} \quad (\arcsin x)' = \frac{1}{\sqrt{1-x^2}}$$

が成り立つ.

§6 逆三角関数とその微分

arccos x の微分公式については，次が成り立つ．arcsin x の微分公式とまったく同様に証明することができる (問題 6.7)．

---
arccos x の導関数

$$(\arccos x)' = -\frac{1}{\sqrt{1-x^2}} \quad (-1 < x < 1)$$

---

arctan x については，次の微分公式が成り立つ．

---
arctan x の導関数

$$(\arctan x)' = \frac{1}{1+x^2} \quad (-\infty < x < \infty)$$

証明 $y = \arctan x$ とすると $x = \tan y$ である．この式の両辺を x で微分して

$$1 = \frac{1}{\cos^2 y} \cdot y' \quad \text{すなわち} \quad y' = \cos^2 y$$

が成り立つ．これを x を用いて表そう．

$$\frac{1}{\cos^2 y} = \frac{\cos^2 y + \sin^2 y}{\cos^2 y} = 1 + \frac{\sin^2 y}{\cos^2 y} = 1 + \tan^2 y$$

であるから

$$y' = \frac{1}{1+\tan^2 y} \quad \text{すなわち} \quad (\arctan x)' = \frac{1}{1+x^2}$$

が成り立つ．

例 5. $\left(\arcsin \dfrac{x}{3}\right)' = \dfrac{1}{\sqrt{1-\left(\dfrac{x}{3}\right)^2}} \cdot \left(\dfrac{x}{3}\right)' = \dfrac{1}{\sqrt{1-\dfrac{x^2}{9}}} \cdot \dfrac{1}{3} = \dfrac{1}{\sqrt{9-x^2}}$

例 6. $\{\arcsin(2x-1)\}' = \dfrac{1}{\sqrt{1-(2x-1)^2}} \cdot (2x-1)' = \dfrac{2}{\sqrt{4x-4x^2}} = \dfrac{1}{\sqrt{x-x^2}}$

例 7. $\left(\dfrac{1}{3}\arctan \dfrac{x}{3}\right)' = \dfrac{1}{3} \cdot \dfrac{1}{1+\left(\dfrac{x}{3}\right)^2} \cdot \left(\dfrac{x}{3}\right)' = \dfrac{1}{3} \cdot \dfrac{1}{1+\dfrac{x^2}{9}} \cdot \dfrac{1}{3} = \dfrac{1}{9+x^2}$

演習問題

(解答 p. 217)

問題 6.1 次の値を求めよ.

(1) $\arcsin 0$
(2) $\arcsin \dfrac{1}{2}$
(3) $\arcsin(-1)$
(4) $\arcsin\left(-\dfrac{1}{\sqrt{2}}\right)$
(5) $\arccos 0$
(6) $\arccos \dfrac{1}{\sqrt{2}}$
(7) $\arccos\left(-\dfrac{1}{\sqrt{2}}\right)$
(8) $\arccos\left(-\dfrac{\sqrt{3}}{2}\right)$
(9) $\arctan 0$
(10) $\arctan(-1)$
(11) $\arctan \sqrt{3}$
(12) $\arctan \dfrac{1}{\sqrt{3}}$

問題 6.2 次の条件を満たす三角形 ABC において, 角 ∠B を指定された逆三角関数を用いて表せ.

(1) $\angle C = \dfrac{\pi}{2}$, BC = 32, CA = 8 のとき, $\arctan$ を用いて

(2) $\angle C = \dfrac{\pi}{2}$, BC = 2, CA = 3 のとき, $\arcsin$ を用いて

(3) AB = 6, BC = 3, CA = 4 のとき, $\arccos$ を用いて

(4) $\angle A = \dfrac{\pi}{3}$, BC = 4, CA = 3 のとき, $\arcsin$ を用いて

問題 6.3 O を原点とする xy 平面において, 単位円上の点 P が次の条件を満たしているとき, x 軸の正の向きから動径 OP までの角 ([rad]) を, 関数電卓を用いて求めよ.

(1) x 座標 $= -0.32$, 第 2 象限
(2) y 座標 $= 0.83$, 第 1 象限
(3) y 座標 $= -0.83$, 第 3 象限
(4) x 座標 $= 0.32$, 第 4 象限
(5) x 座標 $= -0.32$, 第 3 象限
(6) y 座標 $= 0.83$, 第 2 象限

問題 6.4 次の値を求めよ.

(1) $\arcsin\left(\cos\dfrac{\pi}{5}\right)$
(2) $\arcsin(\cos 1)$
(3) $\arccos\left(\sin\left(-\dfrac{1}{6}\right)\right)$
(4) $\arccos\left(\sin\dfrac{\pi}{8}\right)$

ヒント：公式 $\cos\theta = \sin\left(\dfrac{\pi}{2} - \theta\right)$ または $\sin\theta = \cos\left(\dfrac{\pi}{2} - \theta\right)$ を利用.

§6 逆三角関数とその微分

問題 6.5 次の値を求めよ.

(1) $\sin\left(\arccos\dfrac{3}{5}\right)$ (2) $\cos\left(\arcsin\dfrac{1}{4}\right)$ (3) $\sin\left(2\arccos\dfrac{2}{7}\right)$

(4) $\cos\left(2\arcsin\dfrac{3}{7}\right)$ (5) $\sin\left(\dfrac{1}{2}\arccos\dfrac{1}{9}\right)$ (6) $\cos\left(\dfrac{1}{2}\arcsin\dfrac{3\sqrt{7}}{8}\right)$

(7) $\cos(\arctan 2)$ (8) $\sin(\arctan 2)$

ヒント：(1) $\sin\left(\arccos\dfrac{3}{5}\right)$ の値は, $\cos\theta=\dfrac{3}{5}$ $(0\leqq\theta\leqq\pi)$ のときの $\sin\theta$ の値.

問題 6.6 次の値を求めよ.

(1) $\arctan\dfrac{1}{2}+\arctan\dfrac{1}{3}$ (2) $\arctan\dfrac{1}{4}+\arctan\dfrac{3}{5}$

(3) $\arctan 2+\arctan 3$ (4) $\arctan 4+\arctan\dfrac{5}{3}$

問題 6.7 $\arccos x$ の微分公式を証明せよ.

問題 6.8 次の関数を微分せよ.

(1) $y=\arcsin 2x$ (2) $y=\arccos(3x-1)$

(3) $y=\arctan\left(\dfrac{x+1}{\sqrt{2}}\right)$ (4) $y=\dfrac{2}{\sqrt{3}}\arctan\left(\dfrac{2x+1}{\sqrt{3}}\right)$

(5) $y=x^2\arcsin x$ (6) $y=x^2\arctan x$

(7) $y=\arcsin(x^2)$ (8) $y=\arcsin\sqrt{x}$

(9) $y=(\arccos 2x)^3$ (10) $y=\arcsin(\tan x)$

(11) $y=\arctan\dfrac{1}{x}$ (12) $y=\arcsin\dfrac{x-1}{x+1}$

(13) $y=\arcsin\dfrac{2x}{1+x^2}$ $(|x|<1)$ (14) $y=\arctan\dfrac{2x}{1-x^2}$

(15) $y=\arctan\sqrt{x^2-1}$ (16) $y=\arcsin\sqrt{1-x^2}$ $(x>0)$

(17) $y=\arcsin\dfrac{x}{\sqrt{1+x^2}}$ (18) $y=\arctan\dfrac{x}{\sqrt{1-x^2}}$

(19) $y=x\arcsin x+\sqrt{1-x^2}$ (20) $y=x\arctan x-\dfrac{1}{2}\log(x^2+1)$

§7 高階導関数

高階導関数 関数 $y = f(x)$ の導関数 $y' = f'(x)$ をもう一度微分したものを $f(x)$ の **2 階導関数**といい

$$y'', \quad f''(x), \quad \frac{d^2y}{dx^2}, \quad \frac{d^2f(x)}{dx^2}$$

などで表す.

さらに 2 階導関数を微分したものを 3 階導関数という. 一般に $n-1$ 階導関数を微分したものを **n 階導関数**という. n 階導関数は

$$y^{(n)}, \quad f^{(n)}(x), \quad \frac{d^ny}{dx^n}, \quad \frac{d^nf(x)}{dx^n}$$

などで表す.

注意 n 階導関数 $f^{(n)}(x)$ は $f(x)$ から直接得られるわけではない. 微分を n 回繰り返して求められる.

ベキ乗関数の高階導関数 $f(x) = x^\alpha$ を順次, 微分し

$$\begin{aligned}
(x^\alpha)' &= \alpha x^{\alpha-1} \\
(x^\alpha)'' &= \{\alpha x^{\alpha-1}\}' = \alpha(\alpha-1)x^{\alpha-2} \\
(x^\alpha)''' &= \{\alpha(\alpha-1)x^{\alpha-2}\}' = \alpha(\alpha-1)(\alpha-2)x^{\alpha-3} \\
&\vdots \\
(x^\alpha)^{(n)} &= \alpha(\alpha-1)\cdots(\alpha-(n-1))x^{\alpha-n}
\end{aligned}$$

であるから, 次が成り立つ.

---
x^α の n 階導関数

$$(x^\alpha)^{(n)} = \alpha(\alpha-1)\cdots(\alpha-n+1)x^{\alpha-n}$$

例 1. $\sqrt{x}$ の n 階導関数 (ただし, $n \geqq 2$) を求めよう. 公式で $\alpha = \dfrac{1}{2}$ として

$$\left(\sqrt{x}\right)^{(n)} = \left(x^{\frac{1}{2}}\right)^{(n)} = \frac{1}{2} \cdot \left(\frac{1}{2}-1\right) \cdot \left(\frac{1}{2}-2\right) \cdots \cdots \left(\frac{1}{2}-n+1\right) \cdot x^{\frac{1}{2}-n}$$

$$= \frac{1}{2} \cdot (-1)^{n-1} \cdot \frac{1}{2} \cdot \frac{3}{2} \cdots \cdots \frac{2n-3}{2} \cdot x^{\frac{1}{2}-n} = (-1)^{n-1} \frac{(2n-3)!!}{2^n} x^{\frac{1}{2}-n}.$$

ここで, $(2n-3)!! = 1 \cdot 3 \cdot 5 \cdots \cdots (2n-3)$ である.

§7 高階導関数

三角関数の高階導関数　　$f(x) = \sin x$ を順次, 微分すると

$$(\sin x)' = \cos x$$
$$(\sin x)'' = (\cos x)' = -\sin x$$
$$(\sin x)''' = (-\sin x)' = -\cos x$$
$$(\sin x)'''' = (-\cos x)' = \sin x$$

となり, 4回の微分で $\sin x$ に戻る. あとはこれを繰り返し, 次が成り立つ.

$\sin x$ の n 階導関数

$$(\sin x)^{(n)} = \begin{cases} \sin x, & n = 0,\ 4,\ 8,\ \cdots \\ \cos x, & n = 1,\ 5,\ 9,\ \cdots \\ -\sin x, & n = 2,\ 6,\ 10,\ \cdots \\ -\cos x, & n = 3,\ 7,\ 11,\ \cdots \end{cases}$$

公式 $\cos\theta = \sin\bigl(\theta + \frac{\pi}{2}\bigr)$ を用いれば, 場合分けをしない表し方もできる.

$$(\sin x)' = \cos x = \sin\bigl(x + \tfrac{\pi}{2}\bigr)$$
$$(\sin x)'' = \bigl\{\sin\bigl(x + \tfrac{\pi}{2}\bigr)\bigr\}' = \sin\bigl(x + \tfrac{\pi}{2} + \tfrac{\pi}{2}\bigr) = \sin(x + \pi)$$
$$\vdots$$

というように, 微分するごとに x が $\frac{\pi}{2}$ ずつ増加し, 次が成り立つ.

$\sin x$ の n 階導関数

$$(\sin x)^{(n)} = \sin\bigl(x + \tfrac{n\pi}{2}\bigr)$$

$\cos x$ についても $\sin x$ と同様に, 次が成り立つ.

$\cos x$ の n 階導関数

$$(\cos x)^{(n)} = \cos\bigl(x + \tfrac{n\pi}{2}\bigr) = \begin{cases} \cos x, & n = 0,\ 4,\ 8,\ \cdots \\ -\sin x, & n = 1,\ 5,\ 9,\ \cdots \\ -\cos x, & n = 2,\ 6,\ 10,\ \cdots \\ \sin x, & n = 3,\ 7,\ 11,\ \cdots \end{cases}$$

指数・対数関数の高階導関数　$f(x) = e^x$ は微分しても変わらない関数であるから, 次が成り立つ.

---
e^x の n 階導関数

$$(e^x)^{(n)} = e^x$$

例 2. e^{5x} の n 階導関数を求めよう.

$$(e^{5x})' = 5e^{5x}$$
$$(e^{5x})'' = (5e^{5x})' = 5 \cdot (e^{5x})' = 5^2 e^{5x}$$
$$(e^{5x})''' = (5^2 e^{5x})' = 5^2 \cdot (e^{5x})' = 5^3 e^{5x}$$
$$\vdots$$

というように, 微分するごとに 5 倍され

$$(e^{5x})^{(n)} = 5^n e^{5x}$$

である.

対数関数については, まず

$$(\log x)' = \frac{1}{x} = x^{-1}$$

である. $n \geq 1$ に対しては

$$(\log x)^{(n)} = \{(\log x)'\}^{(n-1)} = (x^{-1})^{(n-1)}$$

であり, x^α の n 階導関数の公式で $\alpha = -1$ とし, n を $n-1$ にかえると

$$(x^{-1})^{(n-1)} = (-1)(-1-1)\cdots(-1-(n-1)+1) \cdot x^{-1-(n-1)}$$
$$= (-1)^{n-1} \cdot 1 \cdot 2 \cdots (n-1) \cdot x^{-n}$$

となり, 次が成り立つ.

$\log x$ の n 階導関数

$$(\log x)^{(n)} = (-1)^{n-1}(n-1)!\, x^{-n} \quad (n \geq 1)$$
---

§7 高階導関数

ライプニッツの公式　積 $f(x)g(x)$ の n 階微分公式を求めよう．まず，1 階微分は
$$\{f(x)g(x)\}' = f'(x)g(x) + f(x)g'(x)$$
である．次に，これを順次微分して
$$\begin{aligned}
\{f(x)g(x)\}'' &= \{f'(x)g(x)\}' + \{f(x)g'(x)\}' \\
&= f''(x)g(x) + f'(x)g'(x) + f'(x)g'(x) + f(x)g''(x) \\
&= f''(x)g(x) + 2f'(x)g'(x) + f(x)g''(x) \\
\{f(x)g(x)\}''' &= \{f''(x)g(x)\}' + \{2f'(x)g'(x)\}' + \{f(x)g''(x)\}' \\
&= f'''(x)g(x) + f''(x)g'(x) + 2\{f''(x)g'(x) + f'(x)g''(x)\} \\
&\quad + f'(x)g''(x) + f(x)g'''(x) \\
&= f'''(x)g(x) + 3f''(x)g'(x) + 3f'(x)g''(x) + f(x)g'''(x)
\end{aligned}$$
となる．一般の n に対しては次が成り立つ (証明は省略)．

ライプニッツの公式 ($f(x)g(x)$ の n 階導関数)

$$\begin{aligned}
\{f(x)g(x)\}^{(n)} &= \sum_{k=0}^{n} {}_n C_k f^{(n-k)}(x) g^{(k)}(x) \quad (\text{ここで } {}_n C_k = \frac{n!}{k!(n-k)!}) \\
&= f^{(n)}(x)g(x) + n f^{(n-1)}(x) g'(x) + \cdots \\
&\quad + \frac{n(n-1)\cdots(n-k+1)}{k!} f^{(n-k)}(x) g^{(k)}(x) + \cdots + f(x) g^{(n)}(x)
\end{aligned}$$

例 3. $x^2 e^x$ の n 階導関数を求めよう．$f(x) = e^x$, $g(x) = x^2$ として公式を用いる．
$$g'(x) = 2x, \quad g''(x) = 2, \quad g^{(3)}(x) = g^{(4)}(x) = \cdots = 0$$
であるから，k についての和は $k = 0$ から $k = 2$ までとなり
$$\begin{aligned}
(x^2 e^x)^{(n)} &= (e^x \cdot x^2)^{(n)} \\
&= {}_n C_0 (e^x)^{(n)} x^2 + {}_n C_1 (e^x)^{(n-1)} (x^2)' + {}_n C_2 (e^x)^{(n-2)} (x^2)'' \\
&= 1 \cdot e^x \cdot x^2 + n \cdot e^x \cdot 2x + \frac{n(n-1)}{2} \cdot e^x \cdot 2 = \{x^2 + 2nx + n(n-1)\} e^x
\end{aligned}$$
である．

演習問題

(解答 pp. 217–218)

問題 7.1 次の関数の 3 階までの導関数を求めよ．

(1) $y = x^4 - 2x^3 + 3x - 5$
(2) $y = (x+1)^6$
(3) $y = e^{-2x}$
(4) $y = \sin 3x$
(5) $y = \dfrac{1}{x-3}$
(6) $y = \log(x+5)$

問題 7.2 次の関数の 2 階までの導関数を求めよ．

(1) $y = x^2 e^x$
(2) $y = xe^{2x}$
(3) $y = e^x \sin x$
(4) $y = e^{-2x}(\sin 2x - \cos 2x)$
(5) $y = e^{\frac{1}{2}x^2}$
(6) $y = \sin(x^2 + 1)$
(7) $y = \sqrt{x^2 + 1}$
(8) $y = \log(x^2 + 1)$

問題 7.3 次の関数 $f(x)$ について, $f(0), f'(0), f''(0), f'''(0)$ の値を求めよ．

(1) $f(x) = (x+4)^{\frac{5}{2}}$
(2) $f(x) = (x+9)^{\frac{3}{2}}$
(3) $f(x) = \cos 2x$
(4) $f(x) = \sin\left(x + \dfrac{\pi}{3}\right)$
(5) $f(x) = \dfrac{1}{1-x}$
(6) $f(x) = \log(1+x)$

問題 7.4 次の関数の n 階導関数を求めよ．

(1) $y = e^{2x}$
(2) $y = \dfrac{1}{\sqrt{1+x}}$
(3) $y = \sin 3x$
(4) $y = \cos\left(2x + \dfrac{\pi}{4}\right)$
(5) $y = \dfrac{1}{1-x}$
(6) $y = \log(1-x)$

問題 7.5 次の関数 $f(x)$ について, $f^{(n)}(x)$ および $f^{(n)}(0)$ を求めよ．

(1) $f(x) = (2x+1)e^x$
(2) $f(x) = xe^{2x}$
(3) $f(x) = x^2 e^{-x}$
(4) $f(x) = x^2 e^{3x}$

第3章
微分法の応用

§8 平均値の定理

ロールの定理

> **定理 8.1 (ロールの定理)** 関数 $f(x)$ は閉区間 $a \leqq x \leqq b$ で連続, 開区間 $a < x < b$ で微分可能とする. このとき, $f(a) = f(b)$ ならば
> $$f'(c) = 0, \quad a < c < b$$
> を満たす c が (少なくとも1つ) 存在する.

証明 $f(x)$ が最大値または最小値をとる点 $x = c$ において
$$f'(c) = 0$$
となる.

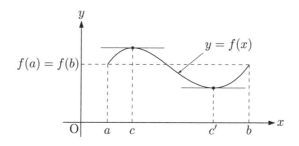

平均値の定理

> **定理 8.2 (平均値の定理)** 関数 $f(x)$ は閉区間 $a \leqq x \leqq b$ で連続, 開区間 $a < x < b$ で微分可能とする. このとき,
> $$\frac{f(b) - f(a)}{b - a} = f'(c), \quad a < c < b$$
> を満たす c が (少なくとも 1 つ) 存在する.

証明 2 点 $(a, f(a))$, $(b, f(b))$ を通る直線の方程式は

$$y = \frac{f(b) - f(a)}{b - a}(x - a) + f(a)$$

である. これと $f(x)$ との差を $F(x)$ とおく.

$$F(x) = f(x) - \left\{ \frac{f(b) - f(a)}{b - a}(x - a) + f(a) \right\}$$

このとき $F(a) = 0$ かつ $F(b) = 0$ であるから $F(a) = F(b)$ が成り立ち, 定理 8.1 より

$$F'(c) = 0, \quad a < c < b$$

を満たす c が存在する. ここで

$$F'(x) = f'(x) - \frac{f(b) - f(a)}{b - a}$$

であるから

$$f'(c) - \frac{f(b) - f(a)}{b - a} = 0$$

すなわち

$$\frac{f(b) - f(a)}{b - a} = f'(c)$$

が成り立つ.

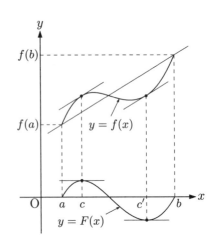

平均値の定理の応用

定理 8.3 (定数関数であるための条件) 開区間 $a < x < b$ で定義された微分可能な関数 $f(x)$ がこの区間上でつねに $f'(x) = 0$ を満たすならば，$f(x)$ は定数関数である．

証明 任意に x_1, x_2 ($a < x_1 < x_2 < b$) をとる．閉区間 $x_1 \leqq x \leqq x_2$ において定理 8.2 を適用すると

$$\frac{f(x_2) - f(x_1)}{x_2 - x_1} = f'(c), \quad x_1 < c < x_2$$

を満たす c が存在する．仮定より，この c でも $f'(c) = 0$ であるから

$$\frac{f(x_2) - f(x_1)}{x_2 - x_1} = 0$$

となり

$$f(x_2) - f(x_1) = 0 \quad \text{すなわち} \quad f(x_2) = f(x_1)$$

が成り立つ．したがって，$f(x)$ は定数関数である．

コーシーの平均値の定理 定理 8.2 (平均値の定理) は定理 8.1 (ロールの定理) の一般化と考えられるが，さらに一般化して次の定理が成り立つ．

定理 8.4 (コーシーの平均値の定理) 関数 $f(x), g(x)$ は閉区間 $a \leqq x \leqq b$ で連続，開区間 $a < x < b$ で微分可能とする．このとき，$g'(x) \neq 0$ ($a < x < b$) ならば

$$\frac{f(b) - f(a)}{g(b) - g(a)} = \frac{f'(c)}{g'(c)}, \quad a < c < b$$

を満たす c が (少なくとも 1 つ) 存在する．

証明 まず，定理 8.2 と仮定より

$$\frac{g(b) - g(a)}{b - a} = g'(c) \neq 0 \quad \text{したがって} \quad g(b) - g(a) \neq 0$$

が成り立つから，関数

$$F(x) = f(x) - \left\{\frac{f(b) - f(a)}{g(b) - g(a)}(g(x) - g(a)) + f(a)\right\}$$

が定義できる．この関数に定理 8.1 を適用すればよい．

ロピタルの定理　応用として, 不定形の極限を考えよう. 不定形の極限とは

$$\lim_{x \to a} \frac{f(x)}{g(x)} \quad \text{ただし} \quad \lim_{x \to a} f(x) = \lim_{x \to a} g(x) = 0$$

という形の極限である. 分母分子別々に極限をとると $\frac{0}{0}$ となり, 値は求まらない. そこで何らかの工夫が必要となるが, その工夫の一つが次の定理である.

定理 8.5 (ロピタルの定理)　関数 $f(x), g(x)$ は $f(a) = g(a) = 0$ を満たすとする. $f(x), g(x)$ が $x = a$ の近く ($x = a$ は除く) で微分可能で $g'(x) \neq 0$ を満たし, $\lim_{x \to a} \frac{f'(x)}{g'(x)}$ が存在するならば,

$$\lim_{x \to a} \frac{f(x)}{g(x)} = \lim_{x \to a} \frac{f'(x)}{g'(x)}$$

が成り立つ.

証明　$x \neq a$ とする. 仮定 $f(a) = g(a) = 0$ より

$$\frac{f(x)}{g(x)} = \frac{f(x) - f(a)}{g(x) - g(a)}$$

が成り立つ. ここで x と a の間で定理 8.4 を用いると

$$\frac{f(x)}{g(x)} = \frac{f(x) - f(a)}{g(x) - g(a)} = \frac{f'(c)}{g'(c)}$$

を満たす c が x と a の間に存在する. $x \longrightarrow a$ のとき $c \longrightarrow a$ であるから

$$\lim_{x \to a} \frac{f(x)}{g(x)} = \lim_{c \to a} \frac{f'(c)}{g'(c)} = \lim_{x \to a} \frac{f'(x)}{g'(x)}$$

が成り立つ.

例 1. $\lim_{x \to 0} \frac{1 - \cos x}{x^2}$ の値を求めよう. 分母分子を微分すると

$$\lim_{x \to 0} \frac{(1 - \cos x)'}{(x^2)'} = \lim_{x \to 0} \frac{\sin x}{2x} = \frac{1}{2} \lim_{x \to 0} \frac{\sin x}{x} = \frac{1}{2}$$

と収束するので

$$\lim_{x \to 0} \frac{1 - \cos x}{x^2} = \lim_{x \to 0} \frac{(1 - \cos x)'}{(x^2)'} = \frac{1}{2}$$

である.

§8 平均値の定理

━━━━━━━━━ 演習問題 ━━━━━━━━━

(解答 p. 218)

問題 8.1 次の関数について, 与えられた区間で定理 8.2 (平均値の定理) を適用した場合の c を求めよ.

(1) $f(x) = x^2 + 1$, $1 \leqq x \leqq 2$ 　　(2) $f(x) = x^3 - 5x^2$, $1 \leqq x \leqq 2$

(3) $f(x) = \sqrt{x}$, $1 \leqq x \leqq 4$ 　　(4) $f(x) = \sqrt[3]{x}$, $1 \leqq x \leqq 8$

(5) $f(x) = \sin x$, $0 \leqq x \leqq \dfrac{\pi}{2}$ 　　(6) $f(x) = \sin \dfrac{x}{2}$, $\dfrac{\pi}{3} \leqq x \leqq \pi$

問題 8.2 区間 $a \leqq x \leqq b$ において $f'(x) = g'(x)$ であるとき
$$f(x) = g(x) + C, \quad C \text{ は定数}$$
が成り立つことを示せ.

問題 8.3 次の等式が成り立つことを示せ.

(1) $\arctan x + \arctan \dfrac{1}{x} = \dfrac{\pi}{2}$ 　　$(x > 0)$

(2) $\arcsin \dfrac{2x}{1+x^2} = \arctan \dfrac{2x}{1-x^2}$ 　　$(-1 < x < 1)$

(3) $\arcsin \dfrac{x}{\sqrt{1+x^2}} = \arctan x$

(4) $\arctan \dfrac{x}{\sqrt{1-x^2}} = \arcsin x$ 　　$(-1 < x < 1)$

問題 8.4 次の極限を求めよ.

(1) $\displaystyle\lim_{x \to 1} \dfrac{\log x}{x-1}$ 　　(2) $\displaystyle\lim_{x \to \pi} \dfrac{1+\cos x}{(x-\pi)^2}$

(3) $\displaystyle\lim_{x \to 0} \dfrac{\arcsin x}{x}$ 　　(4) $\displaystyle\lim_{x \to -1} \dfrac{\pi + 4\arctan x}{1+x}$

§9 テイラー近似式

1次近似式　関数 $f(x)$ の, $x=0$ の近くでの1次式による近似を考えよう. $f(x)$ が $x=0$ で微分可能とすると, 微分係数 $f'(0)$ は

$$\lim_{x \to 0} \frac{f(x) - f(0)}{x} = f'(0)$$

で求められる. この式は, $x=0$ の十分近くでは $\frac{f(x)-f(0)}{x}$ と $f'(0)$ がほとんど等しく

$$\frac{f(x) - f(0)}{x} \fallingdotseq f'(0)$$

であり, 両辺に x をかけて $f(0)$ を移項すると, 近似式

$$f(x) \fallingdotseq f(0) + f'(0)x$$

が成り立つことを意味している. これが $x=0$ における $f(x)$ の1次近似式である. 右辺は点 $(0, f(0))$ における接線の式であることに注意しよう.

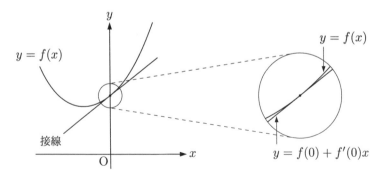

近似の正確な意味は次のとおりである.

$$r(x) = f(x) - \{f(0) + f'(0)x\}$$

とおく. これは近似の誤差を表しているが, 微分係数の定義より

$$\lim_{x \to 0} \frac{r(x)}{x} = \lim_{x \to 0} \left(\frac{f(x) - f(0)}{x} - f'(0) \right) = 0$$

である. つまり, x の値が十分小さい (0 に近い) とき, 誤差 $r(x)$ の値はそれよりもさらに小さい. これが近似の正確な意味である.

§9 テイラー近似式

2次近似式　1次近似式に x^2 の項を付け加えて, 2次式による近似式
$$f(x) \fallingdotseq f(0) + f'(0)x + cx^2$$
をつくろう. ここで, $r(x) = f(x) - \{f(0) + f'(0)x + cx^2\}$ とおくとき
$$\lim_{x \to 0} \frac{r(x)}{x^2} = 0$$
を満たすものとする. つまり, x が十分小さいとき, x^2 はそれより小さいが, 誤差 $r(x)$ は x^2 よりもさらに小さいとする.

$$\frac{r(x)}{x^2} = \frac{f(x) - \{f(0) + f'(0)x + cx^2\}}{x^2} = \frac{f(x) - f(0) - f'(0)x}{x^2} - c$$

であるから, $\displaystyle\lim_{x \to 0} \frac{r(x)}{x^2} = 0$ であるための必要十分条件は

$$c = \lim_{x \to 0} \frac{f(x) - f(0) - f'(0)x}{x^2} = \lim_{x \to 0} \frac{f'(x) - f'(0)}{2x} = \frac{1}{2}f''(0)$$

である. ここで, 定理 8.5 (ロピタルの定理) を用い, $f(x)$ は2階微分可能と仮定した. つまり, 2次近似式は

$$f(x) \fallingdotseq f(0) + f'(0)x + \frac{1}{2}f''(0)x^2$$

となる.

n 次近似式　関数 $f(x)$ が n 階微分可能ならば, 2次近似式にさらに高次の項を付け加えて, n 次近似式をつくることができる.

$f(x)$ の $x = 0$ における n 次近似式

(9.1) $\quad f(x) \fallingdotseq f(0) + f'(0)x + \dfrac{1}{2!}f''(0)x^2 + \dfrac{1}{3!}f'''(0)x^3 + \cdots + \dfrac{1}{n!}f^{(n)}(0)x^n$

誤差項をつけた形では

$f(x) = f(0) + f'(0)x + \dfrac{1}{2!}f''(0)x^2 + \cdots + \dfrac{1}{n!}f^{(n)}(0)x^n + r(x), \quad \displaystyle\lim_{x \to 0} \frac{r(x)}{x^n} = 0$

この近似式を **$x = 0$ におけるテイラー近似式** (または**マクローリン近似式**) という. 以下, 単にテイラー近似式というときは, $x = 0$ におけるテイラー近似式を表すことにする.

初等関数のテイラー近似式

──── e^x のテイラー近似式 ────
$$e^x \doteqdot 1 + x + \frac{1}{2}x^2 + \frac{1}{6}x^3 + \cdots + \frac{1}{n!}x^n$$

証明 $f(x) = e^x$ とおく．§7 で述べたように $f^{(n)}(x) = e^x$ であるから，
$$f^{(n)}(0) = e^0 = 1$$
である．これを (9.1) に代入すれば e^x のテイラー近似式となる．

──── $\sin x$ のテイラー近似式 ────
$$\sin x \doteqdot x - \frac{1}{6}x^3 + \frac{1}{120}x^5 - \cdots + \frac{(-1)^m}{(2m+1)!}x^{2m+1}$$

証明 $f(x) = \sin x$ とおく．§7 で述べた $\sin x$ の n 階導関数において $x = 0$ として
$$f^{(n)}(0) = \begin{cases} 0, & n = 0,\ 4,\ 8,\ \cdots \\ 1, & n = 1,\ 5,\ 9,\ \cdots \\ 0, & n = 2,\ 6,\ 10,\ \cdots \\ -1, & n = 3,\ 7,\ 11,\ \cdots \end{cases}$$
を得る．これを (9.1) に代入すれば $\sin x$ のテイラー近似式となる．

──── $\cos x$ のテイラー近似式 ────
$$\cos x \doteqdot 1 - \frac{1}{2}x^2 + \frac{1}{24}x^4 - \cdots + \frac{(-1)^m}{(2m)!}x^{2m}$$

証明 $f(x) = \cos x$ とおく．§7 で述べた $\cos x$ の n 階導関数において $x = 0$ として
$$f^{(n)}(0) = \begin{cases} 1, & n = 0,\ 4,\ 8,\ \cdots \\ 0, & n = 1,\ 5,\ 9,\ \cdots \\ -1, & n = 2,\ 6,\ 10,\ \cdots \\ 0, & n = 3,\ 7,\ 11,\ \cdots \end{cases}$$
を得る．これを (9.1) に代入すれば $\cos x$ のテイラー近似式となる．

§9 テイラー近似式

$\sin x, \cos x$ の近似式のグラフは次のようである.

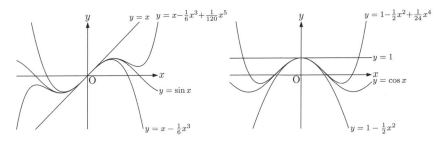

無理関数, 対数関数については, $\sqrt{1+x}$, $\log(1+x)$ のテイラー近似式を考えよう.

$\sqrt{1+x}$ のテイラー近似式

$$\sqrt{1+x} \doteqdot 1 + \frac{1}{2}x - \frac{1}{8}x^2 + \frac{1}{16}x^3 + \cdots + (-1)^{n-1}\frac{(2n-3)!!}{2^n n!}x^n$$

ここで, $(2n-3)!! = 1 \cdot 3 \cdot 5 \cdot \cdots \cdot (2n-3)$ である.

証明 $f(x) = \sqrt{1+x}$ とおく. まず, $f(0)=1, f'(0)=\dfrac{1}{2}$ である. $n \geqq 2$ に対しては §7 で述べた $\sqrt{x}$ の n 階導関数と同様にして

$$f^{(n)}(0) = (-1)^{n-1}\frac{(2n-3)!!}{2^n} \quad (n \geqq 2)$$

である. これを (9.1) に代入すれば $\sqrt{1+x}$ のテイラー近似式となる.

$\log(1+x)$ のテイラー近似式

$$\log(1+x) \doteqdot x - \frac{1}{2}x^2 + \frac{1}{3}x^3 - \cdots + \frac{(-1)^{n-1}}{n}x^n$$

証明 $f(x) = \log(1+x)$ とおく. まず, $f(0) = \log 1 = 0$ である. $n \geqq 1$ に対しては §7 で述べた $\log x$ の n 階導関数と同様にして

$$f^{(n)}(0) = (-1)^{n-1}(n-1)! \quad (n \geqq 1)$$

である. これを (9.1) に代入すれば $\log(1+x)$ のテイラー近似式となる.

テイラー近似式の求め方　いままでに述べた $f(0), f'(0), f''(0), \cdots$ を求めて公式 (9.1) に代入する方法の他に，変数の置き換え (代入) や近似式どうしの和や積によりテイラー近似式を求めることができる場合がある．例で説明しよう．

例1.　$\cos 2x$ のテイラー近似式を x^4 の項まで求めよう．$\cos t$ のテイラー近似式は

$$\cos t \fallingdotseq 1 - \frac{1}{2}t^2 + \frac{1}{24}t^4$$

であり，これに $t = 2x$ を代入して

$$\cos 2x \fallingdotseq 1 - \frac{1}{2}(2x)^2 + \frac{1}{24}(2x)^4 = 1 - 2x^2 + \frac{2}{3}x^4$$

である．

例2.　$\log(1 + 5x + 6x^2)$ のテイラー近似式を x^3 の項まで求めよう．(　)内を因数分解すると

$$\log(1 + 5x + 6x^2) = \log\bigl((1+2x)(1+3x)\bigr) = \log(1+2x) + \log(1+3x)$$

となる．各項のテイラー近似式を代入により求めて

$$\log(1 + 5x + 6x^2) \fallingdotseq 2x - \frac{1}{2}(2x)^2 + \frac{1}{3}(2x)^3 + 3x - \frac{1}{2}(3x)^2 + \frac{1}{3}(3x)^3$$

$$= 5x - \frac{13}{2}x^2 + \frac{35}{3}x^3$$

である．

例3.　$e^x \cos x$ のテイラー近似式を x^3 の項まで求めよう．e^x と $\cos x$ の x^3 の項までのテイラー近似式はそれぞれ

$$e^x \fallingdotseq 1 + x + \frac{1}{2}x^2 + \frac{1}{6}x^3, \quad \cos x \fallingdotseq 1 - \frac{1}{2}x^2$$

であり，辺々を掛け合わせると

$$e^x \cos x \fallingdotseq \left(1 + x + \frac{1}{2}x^2 + \frac{1}{6}x^3\right)\left(1 - \frac{1}{2}x^2\right) = 1 + x - \frac{1}{3}x^3 - \frac{1}{4}x^4 - \frac{1}{12}x^5$$

となる．このうち，x^3 の項までが有効な項で

$$e^x \cos x \fallingdotseq 1 + x - \frac{1}{3}x^3$$

である (x^4 の項まで求めるためには，$e^x, \cos x$ の x^4 の項までの近似式が必要).

§9 テイラー近似式

極限値の計算への応用　前節において，不定形の極限を求めるための方法としてロピタルの定理 (定理 8.5) について学んだが，$\dfrac{0}{0}$ 型の不定形の極限を求めるのにテイラー近似式を用いることもできる．

例 4.　$\displaystyle\lim_{x\to 0}\dfrac{1-\cos x}{x^2}$ の値を求めよう．

$$\cos x = 1 - \frac{1}{2}x^2 + r(x), \quad \lim_{x\to 0}\frac{r(x)}{x^2} = 0$$

であるから

$$\text{分子} = 1 - \cos x = 1 - \left(1 - \frac{1}{2}x^2 + r(x)\right) = \frac{1}{2}x^2 - r(x)$$

であり

$$\lim_{x\to 0}\frac{1-\cos x}{x^2} = \lim_{x\to 0}\frac{\frac{1}{2}x^2 - r(x)}{x^2} = \lim_{x\to 0}\left(\frac{1}{2} - \frac{r(x)}{x^2}\right) = \frac{1}{2}$$

である．

解説　分子のテイラー近似式の次数は分母の次数に合わせる．そうすると

$$\frac{\text{誤差項}}{\text{分母}} \longrightarrow 0$$

が成り立ち，誤差項は極限の値に影響しない．つまり，極限値の計算には，誤差項を除いた近似値を代入すればよく，

$$1 - \cos x \doteqdot \frac{1}{2}x^2 \quad \text{より} \quad \lim_{x\to 0}\frac{1-\cos x}{x^2} = \lim_{x\to 0}\frac{\frac{1}{2}x^2}{x^2} = \frac{1}{2}$$

としてよい．

例 5.　$\displaystyle\lim_{x\to 0}\dfrac{e^{3x}+e^{-3x}-2}{x\sin x}$ の値を求めよう．まず分母について

$$x\sin x \doteqdot x\left(x - \frac{1}{6}x^3 + \cdots\right) \doteqdot x^2$$

であるから，分子のテイラー近似式は x^2 の項まで求める．

$$e^{3x}+e^{-3x}-2 \doteqdot 1 + 3x + \frac{1}{2}(3x)^2 + 1 + (-3x) + \frac{1}{2}(-3x)^2 - 2 = 9x^2$$

より

$$\lim_{x\to 0}\frac{e^{3x}+e^{-3x}-2}{x\sin x} = \lim_{x\to 0}\frac{e^{3x}+e^{-3x}-2}{x^2} = \lim_{x\to 0}\frac{9x^2}{x^2} = 9$$

である．

$x = a$ におけるテイラー近似式

$f(x)$ の $x = a$ における n 次近似式

$$f(x) \doteqdot f(a) + f'(a)(x-a) + \frac{1}{2!}f''(a)(x-a)^2$$
$$+ \frac{1}{3!}f'''(a)(x-a)^3 + \cdots + \frac{1}{n!}f^{(n)}(a)(x-a)^n$$

誤差項をつけた形では

$$f(x) = f(a) + f'(a)(x-a) + \frac{1}{2!}f''(a)(x-a)^2$$
$$+ \cdots + \frac{1}{n!}f^{(n)}(a)(x-a)^n + r_n(x), \quad \lim_{x \to a} \frac{r_n(x)}{(x-a)^n} = 0$$

例 6. $f(x) = \sin x, a = \dfrac{\pi}{6}$ のときの 2 次近似式は

$$\sin x = \frac{1}{2} + \frac{\sqrt{3}}{2}\left(x - \frac{\pi}{6}\right) - \frac{1}{4}\left(x - \frac{\pi}{6}\right)^2 + r_2(x).$$

ここで, 誤差項 $r_n(x)$ の具体的な形をいくつか紹介しておこう (誤差項は**剰余項**ともいう). これらは使用目的によって使い分ける.

ラグランジェの剰余

$$r_n(x) = \frac{1}{(n+1)!}f^{(n+1)}(a + \theta(x-a))(x-a)^{n+1}, \quad \text{ここで } 0 < \theta < 1$$

コーシーの剰余

$$r_n(x) = \frac{1}{n!}f^{(n+1)}(a + \theta(x-a))(1-\theta)^n(x-a)^{n+1}, \quad \text{ここで } 0 < \theta < 1$$

ベルヌーイの剰余 $\quad r_n(x) = \dfrac{1}{n!}\displaystyle\int_a^x f^{(n+1)}(t)(x-t)^n\,dt$

例 7. $\sin 31°$ の近似値を求めよう. 例 6 で $x = \dfrac{\pi}{6} + \dfrac{\pi}{180}$ とし, ラグランジェの剰余を用いると, $\left|\cos(\frac{\pi}{6} + \frac{\pi}{180}\theta)\right| \leqq 1$ に注意して

$$\sin 31° = \sin\left(\frac{\pi}{6} + \frac{\pi}{180}\right) = \frac{1}{2} + \frac{\sqrt{3}}{2} \cdot \frac{\pi}{180} - \frac{1}{4}\left(\frac{\pi}{180}\right)^2 + r_2, \quad |r_2| \leqq \frac{1}{3!}\left(\frac{\pi}{180}\right)^3$$
$$= 0.51503884 + r_2, \quad |r_2| \leqq 0.00000089.$$

§9 テイラー近似式

■■■■■■■■■■ 演習問題 ■■■■■■■■■■

(解答 pp. 218–220)

問題 9.1 関数 $f(x)$ の x^3 の項までのテイラー近似式の公式

$$f(x) \doteqdot f(0) + f'(0)x + \frac{1}{2!}f''(0)x^2 + \frac{1}{3!}f^{(3)}(0)x^3$$

を用いて，次の関数のテイラー近似式を x^3 の項まで求めよ．

(1) $f(x) = \dfrac{1}{1+x}$ (2) $f(x) = \dfrac{1}{1-x}$ (3) $f(x) = \dfrac{1}{\sqrt{1+x}}$

(4) $f(x) = \dfrac{1}{\sqrt{4+x}}$ (5) $f(x) = \sqrt{(1+x)^3}$ (6) $f(x) = \sqrt{(9+x)^3}$

(7) $f(x) = \sqrt[3]{(1+x)^2}$ (8) $f(x) = \sqrt[3]{(8+x)^2}$

問題 9.2 次の関数のテイラー近似式を x^3 の項まで求めよ．

(1) $f(x) = \tan x$ (2) $f(x) = \arctan x$ (3) $f(x) = \arcsin x$

問題 9.3 次の関数のテイラー近似式を，p. 68 で述べた方法で x^3 の項まで求めよ．なお，pp. 66–67 で述べた公式および問題 9.1 (1) で求めた公式を利用してよい．

(1) $f(x) = \dfrac{1}{1-2x}$ (2) $f(x) = \sqrt{1+2x}$

(3) $f(x) = \dfrac{1}{x+2}$ (4) $f(x) = \sqrt{4+8x}$

(5) $f(x) = e^{3x}$ (6) $f(x) = \dfrac{1}{e^x}$

(7) $f(x) = \sin 2x$ (8) $f(x) = \cos \dfrac{x}{3}$

(9) $f(x) = e^{x-1}$ (10) $f(x) = e^{3x+2}$

(11) $f(x) = \log(1-3x)$ (12) $f(x) = \log(3+2x)$

(13) $f(x) = \dfrac{1}{2}\log\dfrac{1+x}{1-x}$ (14) $f(x) = \log\dfrac{1+2x}{1+x}$

(15) $f(x) = \sin\left(x + \dfrac{\pi}{3}\right)$ (16) $f(x) = \cos\left(\pi x - \dfrac{\pi}{6}\right)$

問題 9.4 次の関数のテイラー近似式を，p. 68 で述べた方法で x^3 の項まで求めよ．

(1) $f(x) = e^x \sin x$ (2) $f(x) = e^{3x}\cos 2x$

(3) $f(x) = (1-x)e^{3x}$ (4) $f(x) = (1+x)\log(3+2x)$

(5) $f(x) = \sqrt{1+2x}\cos 3x$ (6) $f(x) = e^{2x}\sqrt{1+x}$

問題 9.5 次の極限をテイラー近似式を用いて求めよ．

(1) $\displaystyle\lim_{x\to 0}\frac{x-\sin x}{x^3}$ (2) $\displaystyle\lim_{x\to 0}\frac{\log(1+x)-x}{x^2}$

(3) $\displaystyle\lim_{x\to 0}\frac{e^{3x}-1}{x}$ (4) $\displaystyle\lim_{x\to 0}\frac{1-\cos 3x}{x^2}$

(5) $\displaystyle\lim_{x\to 0}\frac{\sqrt{1+2x}-1-x}{x^2}$ (6) $\displaystyle\lim_{x\to 0}\frac{e^{2x}-1-2x}{x^2}$

(7) $\displaystyle\lim_{x\to 0}\frac{\log(1+x^2)-x\sin x}{x^4}$ (8) $\displaystyle\lim_{x\to 0}\frac{\cos x-\sqrt{1-x^2}}{x^4}$

(9) $\displaystyle\lim_{x\to 0}\frac{(1+x)\sin x-x\cos x}{x^2}$ (10) $\displaystyle\lim_{x\to 0}\frac{2x\sin x+\cos 2x-1}{x^4}$

(11) $\displaystyle\lim_{x\to 0}\frac{e^x\cos 2x-1-x}{x^2}$ (12) $\displaystyle\lim_{x\to 0}\frac{e^x\sin 2x+\log(1-2x)}{x^3}$

(13) $\displaystyle\lim_{x\to 0}\frac{e^x-\cos x}{\sin x}$ (14) $\displaystyle\lim_{x\to 0}\frac{e^{x^2}-\cos x}{x\sin x}$

(15) $\displaystyle\lim_{x\to 0}\frac{\sin x-xe^x+x^2}{x(\cos x-1)}$ (16) $\displaystyle\lim_{x\to 0}\left(\frac{1}{\sin x}-\frac{1}{x}\right)$

問題 9.6 次の関数の与えられた点 a におけるテイラー近似式を 3 次の項まで求めよ．

(1) $f(x)=\cos x,\ \ a=\dfrac{\pi}{3}$ (2) $f(x)=\sin x,\ \ a=-\dfrac{\pi}{4}$

(3) $f(x)=\sqrt{2x},\ \ a=2$ (4) $f(x)=-\dfrac{1}{x},\ \ a=-3$

(5) $f(x)=e^x,\ \ a=3$ (6) $f(x)=\log x,\ \ a=e$

問題 9.7 次の不等式が成り立つことを示せ．

(1) $-\dfrac{1}{24}x^4 \leqq \sin x-x+\dfrac{1}{6}x^3 \leqq \dfrac{1}{24}x^4$

(2) $-\dfrac{1}{6}|x|^3 \leqq \cos x-1+\dfrac{1}{2}x^2 \leqq \dfrac{1}{6}|x|^3$

(3) $\dfrac{1}{24}x^3 \leqq \log(1+x)-x+\dfrac{1}{2}x^2 \leqq \dfrac{1}{3}x^3 \ \ (0\leqq x\leqq 1)$

(4) $-\dfrac{1}{8}x^2 \leqq \sqrt{1+x}-1-\dfrac{1}{2}x \leqq -\dfrac{\sqrt{2}}{32}x^2 \ \ (0\leqq x\leqq 1)$

§10 関数の増減と極値

関数の増減　関数 $f(x)$ が，区間 $a \leqq x \leqq b$ 内の 2 点 x_1, x_2 に対し，

$$x_1 < x_2 \quad \text{ならば} \quad f(x_1) < f(x_2)$$

を満たすとき，$f(x)$ はこの区間で**増加**であるという．また，

$$x_1 < x_2 \quad \text{ならば} \quad f(x_1) > f(x_2)$$

を満たすとき，**減少**であるという．平均値の定理より次の定理が得られる．

定理 10.1 (導関数の正負と関数の増減)　区間 $a \leqq x \leqq b$ で連続な関数 $f(x)$ について
(1) $f'(x) > 0 \ (a < x < b)$ ならば，$f(x)$ は区間 $a \leqq x \leqq b$ で増加
(2) $f'(x) < 0 \ (a < x < b)$ ならば，$f(x)$ は区間 $a \leqq x \leqq b$ で減少
である．

証明　(1) を示す．$a \leqq x_1 < x_2 \leqq b$ のとき閉区間 $x_1 \leqq x \leqq x_2$ において $f(x)$ に定理 8.2 (平均値の定理) を適用すると

$$\frac{f(x_2) - f(x_1)}{x_2 - x_1} = f'(c), \quad x_1 < c < x_2$$

を満たす c が存在する．仮定より $f'(c) > 0$ であり，$x_1 < x_2$ より $x_2 - x_1 > 0$ であるから

$$f(x_2) - f(x_1) = (x_2 - x_1)f'(c) > 0 \quad \text{すなわち} \quad f(x_1) < f(x_2)$$

が成り立ち，増加である．

例 1.　$f(x) = e^x - 1 - x$ とする．

$$f'(x) = e^x - 1$$

であるから $x > 0$ ならば $f'(x) > 0$ である．したがって区間 $0 \leqq x$ において $f(x)$ は増加である．なお，$f(0) = e^0 - 1 - 0 = 0$ であるから

$$e^x - 1 - x > 0 \quad (x > 0) \quad \text{したがって} \quad e^x > 1 + x \quad (x > 0)$$

が成り立つ．

極小・極大 関数 $f(x)$ が点 $x = a$ の十分近くで

$$x \neq a \quad \text{ならば} \quad f(x) > f(a)$$

を満たすとき, $f(x)$ は $x = a$ で**極小値** $f(a)$ をとる (または**極小**である) という. また,

$$x \neq a \quad \text{ならば} \quad f(x) < f(a)$$

のとき, $f(x)$ は $x = a$ で**極大値** $f(a)$ をとる (または**極大**である) という.

極小または極大のいずれかであるとき単に**極値をとる**という.

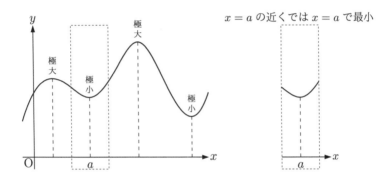

定理 10.2 (極値をとるための必要条件) 微分可能な関数 $f(x)$ が $x = a$ で極値をとるならば, $f'(a) = 0$ である.

注意 $f'(a) = 0$ であっても, $x = a$ で極値をとるとは限らない.

例 2. $f(x) = x^3$ とする. $f'(x) = 3x^2$ であって, $f'(0) = 0$ であるが, $f(x)$ は $x = 0$ で極値をとらない.

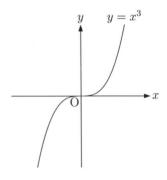

§10 関数の増減と極値

極値の判定　$x=0$ におけるテイラー近似を用いて，$f'(0)=0$ を満たす関数 $f(x)$ が $x=0$ で極値をとるか否かを判定することができる．

例 3.　$f(x) = e^x - \log(1+x)$ が $x=0$ で極値をとるか調べよう．

$$e^x \doteqdot 1 + x + \frac{1}{2}x^2 + \frac{1}{6}x^3 + \frac{1}{24}x^4 + \cdots, \quad \log(1+x) \doteqdot x - \frac{1}{2}x^2 + \frac{1}{3}x^3 - \frac{1}{4}x^4 + \cdots$$

より

$$f(x) \doteqdot 1 + x^2 - \frac{1}{6}x^3 + \frac{7}{24}x^4 - \cdots \doteqdot 1 + x^2$$

である．この近似式から，$f(x)$ は $f'(0)=0$ を満たしていて，そのグラフは $x=0$ の近くで $y=1+x^2$ のグラフとほとんど同じ形であることがわかる．$y=1+x^2$ は $x=0$ で極小であるから，$f(x)$ も $x=0$ で極小である．極小値は $f(0)=1$．

定理 10.3 (極値をとるための十分条件 1)　関数 $f(x)$ は $f'(0)=0$ を満たすとする．$f''(0) \neq 0$ ならば $f(x)$ は $x=0$ で極値をとり，
　(i) $f''(0) > 0$ ならば極小，　(ii) $f''(0) < 0$ ならば極大
である．

証明　$f(x)$ の 2 次近似式は，仮定 $f'(0)=0$ より

$$f(x) \doteqdot f(0) + \frac{1}{2}f''(0)\,x^2$$

となる．これは $y=f(x)$ のグラフと $y=f(0)+\frac{1}{2}f''(0)\,x^2$ のグラフが $x=0$ の近くでほとんど同じ形であることを意味している．

$y = f(0) + \frac{1}{2}f''(0)\,x^2$ のグラフは放物線であり，x^2 の係数の符号により

$$f''(0) > 0 \text{ のとき極小,} \qquad f''(0) < 0 \text{ のとき極大}$$

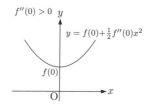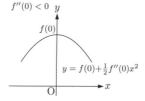

であるから，$f(x)$ も $f''(0) > 0$ のとき極小，$f''(0) < 0$ のとき極大である．

次に, $f'(0) = 0$ かつ $f''(0) = 0$ の場合を考えよう.

例 4. $f(x) = e^x - \log(1+x) + 2\cos x$ について調べよう. 前例で求めたテイラー近似式と $\cos x$ のテイラー近似式より

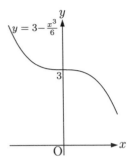

$$f(x) \fallingdotseq 1 + x^2 - \frac{1}{6}x^3 + \frac{7}{24}x^4 - \cdots$$
$$+ 2\left(1 - \frac{1}{2}x^2 + \frac{1}{24}x^4 - \cdots\right)$$
$$\fallingdotseq 3 - \frac{1}{6}x^3 + \frac{3}{8}x^4 + \cdots \fallingdotseq 3 - \frac{1}{6}x^3$$

である. この近似式から, $f(x)$ は $f'(0) = f''(0) = 0$ を満たしていることがわかる. また, $y = 3 - \frac{1}{6}x^3$ は $x = 0$ で極値をとらないから, $f(x)$ も $x = 0$ で極値をとらない.

例 5. $f(x) = e^x - \log(1+x) + 2\cos x + \frac{1}{6}x^2 \sin x$ はどうか調べよう.

$$f(x) \fallingdotseq 3 - \frac{1}{6}x^3 + \frac{3}{8}x^4 + \cdots + \frac{1}{6}x^2\left(x - \frac{1}{6}x^3 + \cdots\right) \fallingdotseq 3 + \frac{3}{8}x^4$$

より, $f(x)$ は $f'(0) = f''(0) = f'''(0) = 0$ を満たしている. $y = 3 + \frac{3}{8}x^4$ は $x = 0$ で極小であるから, $f(x)$ も $x = 0$ で極小で, 極小値 $f(0) = 3$ をとる.

一般に, $x = a$ において, $f'(a) = \cdots = f^{(n-1)}(a) = 0$, $f^{(n)}(a) \neq 0$ ならば, $f(x)$ の $x = a$ におけるテイラー近似式は

$$f(x) \fallingdotseq f(a) + \frac{1}{n!}f^{(n)}(a)(x-a)^n$$

となる. この近似式から, 次が成り立つことがわかる.

定理 10.4 (極値をとるための十分条件 2) 関数 $f(x)$ が $x = a$ において

$$f'(a) = \cdots = f^{(n-1)}(a) = 0, \quad f^{(n)}(a) \neq 0$$

を満たすとき
(1) n が奇数ならば $f(x)$ は $x = a$ で極値をとらない
(2) n が偶数ならば $f(x)$ は $x = a$ で極値をとり
 (i) $f^{(n)}(a) > 0$ ならば極小, (ii) $f^{(n)}(a) < 0$ ならば極大
である.

§10 関数の増減と極値

グラフの凹凸　区間 $a < x < b$ 内の任意の2点 x_1, x_2 に対し

$$f((1-\theta)x_1 + \theta x_2) < (1-\theta)f(x_1) + \theta f(x_2), \quad 0 < \theta < 1$$

が成り立つとき, $f(x)$ はこの区間で**下に凸** (または単に凸) であるという.

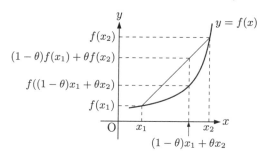

また,

$$f((1-\theta)x_1 + \theta x_2) > (1-\theta)f(x_1) + \theta f(x_2), \quad 0 < \theta < 1$$

であるとき, **上に凸** (または凹) であるという. なお, その前後で凹凸が変わる点を**変曲点**という. 下に凸 [または上に凸] であるための必要十分条件は

$$x_1 < x_2 \text{ のとき } f'(x_1) < f'(x_2) \quad [\text{または} \quad f'(x_1) > f'(x_2)]$$

であることを示すことができ, 次が成り立つ (証明は定理 10.1 と同様).

定理 10.5 (凹凸, 変曲点の判定)
(1) 区間 $a < x < b$ で $f''(x) > 0$ ならば, $f(x)$ は下に凸である.
(2) 区間 $a < x < b$ で $f''(x) < 0$ ならば, $f(x)$ は上に凸である.
(3) $f''(a) = 0$ のとき $x = a$ の前後で $f''(x)$ の符号が変わるならば $(a, f(a))$ は $f(x)$ の変曲点である.

$f''(c) > 0 \; (a < c < b)$ のとき, $f(x)$ の2次近似式より, $x = c$ の近くで

$$f(x) - \{f(c) + f'(c)(x-c)\} \doteqdot \frac{1}{2}f''(c)(x-c)^2 > 0, \quad x \neq c$$

であり, $y = f(x)$ のグラフは接線 $y = f(c) + f'(c)(x-c)$ の上方にある. 同様に, $f''(c) < 0$ のときは, $y = f(x)$ のグラフは接線の下方にある.

例 6. $f(x) = \dfrac{x}{x^2+1}$ のグラフを描こう.

$$f'(x) = -\frac{x^2-1}{(x^2+1)^2}, \qquad f''(x) = \frac{2x(x^2-3)}{(x^2+1)^3}$$

であるから, $f'(x) = 0$ となるのは $x^2 - 1 = 0$ より $x = \pm 1$ のとき, $f''(x) = 0$ となるのは $2x(x^2 - 3) = 0$ より $x = 0, \pm\sqrt{3}$ のときであり, 増減表は

x		$-\sqrt{3}$		-1		0		1		$\sqrt{3}$	
$f'(x)$	$-$	$-$	$-$	0	$+$	$+$	$+$	0	$-$	$-$	$-$
$f''(x)$	$-$	0	$+$	$+$	$+$	0	$-$	$-$	$-$	0	$+$
$f(x)$	↘	変曲点	↘	極小	↗	変曲点	↗	極大	↘	変曲点	↘

となる. さらに, $f(x)$ が奇関数 (p. 7, 問題 1.2 (4) 参照) であることと

(10.1) $$\lim_{x \to \pm\infty} f(x) = \lim_{x \to \pm\infty} \frac{x}{x^2+1} = 0$$

に注意すると, グラフは次のようになる.

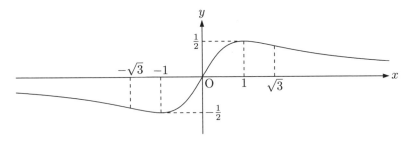

補足 例 6 のグラフは, 原点から遠ざかるにつれて, 限りなく直線 $y = 0$ に近づく. このような直線をグラフの**漸近線**という.

$$\lim_{x \to \infty}\{f(x) - (ax+b)\} = 0 \quad \text{または} \quad \lim_{x \to -\infty}\{f(x) - (ax+b)\} = 0$$

が成り立つとき, 直線 $y = ax + b$ はグラフ $y = f(x)$ の漸近線である. (10.1) は $a = b = 0$ の場合で, 直線 $y = 0$ が漸近線であることを示している. また,

$$\lim_{x \to c+0} f(x) = \infty, \; \lim_{x \to c+0} f(x) = -\infty, \; \lim_{x \to c-0} f(x) = \infty, \; \lim_{x \to c-0} f(x) = -\infty$$

のいずれかが成り立つとき, 直線 $x = c$ はグラフ $y = f(x)$ の漸近線である.

§10 関数の増減と極値

===== 演習問題 =====

(解答 pp. 220–223)

問題 10.1 次の関数の増減, 極小値・極大値, 凹凸, 変曲点を調べて, グラフを描け.

(1) $y = \begin{cases} 3 & (x < -2) \\ -1 & (-2 \leq x) \end{cases}$ (2) $y = |x+1| - 2$

(3) $y = 2|x-2| - x$ (4) $y = |3x+1| - |x-1|$

(5) $y = x^2 - 4x + 1$ (6) $y = -x^2 + 6x - 7$

(7) $y = x^3 + 3x^2 - 2$ (8) $y = -x^3 + 3x^2 + 9x$

(9) $y = x^3 - 3x^2 + 3x + 1$ (10) $y = x^3 - 6x^2 + 12x + 1$

(11) $y = x^4 - 2x^2 + 1$ (12) $y = -x^4 + 14x^2 - 24x$

(13) $y = 3x^4 - 4x^3 - 1$ (14) $y = -3x^4 - 4x^3 + 5$

問題 10.2 次の関数の増減, 極小値・極大値, 凹凸, 変曲点を調べて, グラフを描け.

(1) $y = xe^x$ (2) $y = (x-1)e^x$ (3) $y = (x-1)e^{-x}$

(4) $y = (x-1)e^{2x}$ (5) $y = x^2 e^x$ (6) $y = x^2 e^{-x}$

(7) $y = e^{-x^2}$ (8) $y = e^{\frac{1}{x}}$

問題 10.3 次の関数の増減, 極小値・極大値, 凹凸, 変曲点を調べて, グラフを描け. 漸近線がある場合は, 漸近線の方程式も求めよ.

(1) $y = \dfrac{x+3}{x-2}$ (2) $y = \dfrac{2x+1}{x+1}$ (3) $y = \dfrac{x^2-1}{x}$

(4) $y = \dfrac{x^2+4}{x}$ (5) $y = \dfrac{2x^2+2x-3}{x+1}$ (6) $y = \dfrac{x^2+x}{2(x-1)}$

(7) $y = \dfrac{x^2+1}{x^2}$ (8) $y = \dfrac{x^3+1}{x^2}$ (9) $y = \dfrac{1}{x(x-2)}$

(10) $y = \dfrac{1}{x(x-1)(x-2)}$ (11) $y = \dfrac{1}{x^2+1}$ (12) $y = \dfrac{1}{x^2-2x+2}$

問題 10.4 次の関数の偶奇, 増減, 極小値・極大値, 凹凸, 変曲点を調べて, グラフを描け. 漸近線がある場合は, 漸近線の方程式も求めよ.

(1) $y = \sqrt{2x-4}$ (2) $y = \sqrt{3-x}$ (3) $y = |x-1|\sqrt{x}$ (4) $y = \sqrt{\dfrac{x}{1-x}}$

(5) $y = x + \sqrt{9-x^2}$　　(6) $y = x\sqrt{9-x^2}$　　(7) $y = x\sin x$

(8) $y = x^2 \sin x$　　(9) $y = e^x \sin x$　　(10) $y = e^{-x} \sin x$

(11) $y = (1+\sin x)\cos x$　　(12) $y = \dfrac{\sin x}{x}$　　(13) $y = \log(2x+1)$

(14) $y = \log \dfrac{1}{(x-1)^2}$　　(15) $y = x \log x$　　(16) $y = \dfrac{\log x}{x}$

問題 10.5 次の方程式が表す曲線を xy 平面上に図示せよ．

(1) $y^2 = x^3$　　　　　　　($y = \sqrt{x^3}$ のグラフを考えよ)

(2) $y^2 = x(x-1)^2$　　　　(前問 (3) の結果を用いよ)

(3) $y^2 = \dfrac{x}{1-x}$　　　　　(前問 (4) の結果を用いよ)

(4) $\sqrt{x} + \sqrt{y} = 1$　　　　($y = (1-\sqrt{x})^2$ のグラフを考えよ)

問題 10.6 区間 $x > 0$ において，次の不等式が成り立つことを示せ．

(1) $\sin x < x$　　　　　　　　　　　(2) $\cos x > 1 - \dfrac{1}{2}x^2$

(3) $\sin x > x - \dfrac{1}{6}x^3$　　　　　　　(4) $e^x > 1 + x + \dfrac{1}{2}x^2$

問題 10.7 テイラー近似を用いて，次の関数が $x=0$ で極値をとるか調べよ．極値をとる場合は，極小値・極大値のどちらなのかを答え，その極値も求めよ．

(1) $f(x) = e^{2x} - 2x$　　　　　　　(2) $f(x) = \sqrt{1+2x} - x$

(3) $f(x) = x^2 - x^2 \cos x$　　　　　(4) $f(x) = x^3 - x^2 \sin x$

(5) $f(x) = e^x - x\cos x$　　　　　　(6) $f(x) = x - e^x + \cos x$

(7) $f(x) = xe^x - x\cos x$　　　　　(8) $f(x) = xe^x - \sin x$

(9) $f(x) = x^2 e^x - \cos x$　　　　　(10) $f(x) = x^2 e^x - x\sin x$

(11) $f(x) = x - \log(1+x)$　　　　　(12) $f(x) = xe^x - \log(1+x)$

(13) $f(x) = xe^{-x} - \log(1+x)$　　　(14) $f(x) = 3xe^{-x} - \log(1+3x)$

(15) $f(x) = (1+x)\cos x - \log(1+x)$　　(16) $f(x) = (1-x)\cos x + \log(1+x)$

第4章
偏微分法

§11 偏導関数

2変数関数とそのグラフ　2つの実数 x, y が互いに独立に変化して値をとり, それに応じて z の値が決まるとき z は2変数 x, y の関数であるという.

例1. $z = 1 - \dfrac{1}{2}x - \dfrac{1}{3}y$, 　$z = \sqrt{1 - x^2 - y^2}$, 　$z = e^{xy}\sin(2x + 3y)$, 　$\cdots$

一般の2変数関数を表すのには
$$z = f(x, y), \quad z = g(x, y), \quad \cdots$$
等の記号を用いる. 単に関数 $f(x, y), g(x, y), \cdots$ ということもある.

xyz 空間において $z = f(x, y)$ を満たす点 $(x, y, z) = (x, y, f(x, y))$ の全体を関数 $z = f(x, y)$ のグラフという. 一般に2変数関数のグラフは xyz 空間内の曲面 (平面を含む) である.

例2. $z = 1 - \dfrac{1}{2}x - \dfrac{1}{3}y$ と $z = \sqrt{1 - x^2 - y^2}$ のグラフは次のようになる.

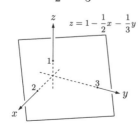
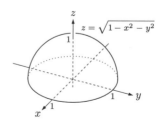

偏微分係数　関数 $z = f(x, y)$ において $y = b$ (b は定数) とおくと x の 1 変数関数 $z = f(x, b)$ が得られる．

例 3.　$z = e^{xy} \sin(2x + 3y)$ において $y = -4$ とすると
$$z = e^{-4x} \sin(2x - 12)$$
が得られる．

この関数 $z = f(x, b)$ が $x = a$ で微分可能のとき，$f(x, y)$ は点 (a, b) において **x に関して偏微分可能**であるという．また，$f(x, b)$ の $x = a$ での微分係数を $f(x, y)$ の点 (a, b) での **x に関する偏微分係数**といい，$f_x(a, b)$ で表す．

$$f_x(a, b) = \lim_{h \to 0} \frac{f(a+h, b) - f(a, b)}{h}$$

図形的には，関数 $z = f(x, b)$ のグラフは曲面 $z = f(x, y)$ を平面 $y = b$ で切った切り口として現れる曲線である．この曲線の点 $(x, z) = (a, f(a, b))$ における接線の傾きが $f_x(a, b)$ である．

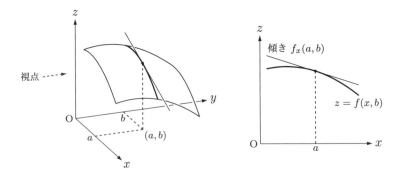

同様に $x = a$ (a は定数) とおくと y の 1 変数関数 $z = f(a, y)$ が得られる．この関数が $y = b$ で微分可能のとき，$f(x, y)$ は点 (a, b) において **y に関して偏微分可能**であるという．また，$f(a, y)$ の $y = b$ での微分係数を $f(x, y)$ の点 (a, b) での **y に関する偏微分係数**といい，$f_y(a, b)$ で表す．

$$f_y(a, b) = \lim_{k \to 0} \frac{f(a, b+k) - f(a, b)}{k}$$

§11 偏導関数

偏導関数　偏微分係数 $f_x(a,b)$, $f_y(a,b)$ の値は a, b の値に依存しているので，a, b の関数とみなすことができる．a, b を変数を表す文字 x, y に書き換えて，$f_x(x,y)$ を $f(x,y)$ の **x に関する偏導関数**といい，$f_y(x,y)$ を $f(x,y)$ の **y に関する偏導関数**という．

$f(x,y)$ の偏導関数

$$f_x(x,y) = \lim_{h \to 0} \frac{f(x+h,y) - f(x,y)}{h}$$

$$f_y(x,y) = \lim_{k \to 0} \frac{f(x,y+k) - f(x,y)}{k}$$

偏導関数を求めることを**偏微分する**という．

x に関して偏微分する $= y$ を定数とみなして x で微分する

y に関して偏微分する $= x$ を定数とみなして y で微分する

である．なお，$f_x(x,y)$ を

$$\frac{\partial f}{\partial x}(x,y), \quad \frac{\partial}{\partial x}f(x,y), \quad D_x f(x,y), \quad z_x, \quad \frac{\partial z}{\partial x}$$

とも記す．$f_y(x,y)$ についても同様である．

例 4.　$z = x^3 y + 5xy^2 + 4y^3 + 6$ の偏導関数を求めよう．x で偏微分するには y を定数とみなす．そのために $y = \square$ とおいてみる．

$$z = \square x^3 + 5 \square^2 x + 4 \square^3 + 6$$

こうすると x に関して 3 次関数であることがよくわかる．これを x で微分して

$$\frac{\partial z}{\partial x} = 3 \square x^2 + 5 \square^2 = 3x^2 y + 5y^2$$

である．次に y で偏微分するために $x = \square$ とおいてみる．

$$z = \square^3 y + 5 \square y^2 + 4y^3 + 6$$

これを y で微分して

$$\frac{\partial z}{\partial y} = \square^3 + 10 \square y + 12y^2 = x^3 + 10xy + 12y^2$$

である．

偏微分は本質的には 1 変数関数の微分であるから，いままでに学んだ微分法の公式がそのまま使える．いくつか例をあげよう．

例 5. $f(x, y) = \sin(2x + 3y)$ の偏導関数を求めよう．

$$f_x(x, y) = \cos(2x + 3y) \cdot \frac{\partial}{\partial x}(2x + 3y) = 2\cos(2x + 3y)$$

$$f_y(x, y) = \cos(2x + 3y) \cdot \frac{\partial}{\partial y}(2x + 3y) = 3\cos(2x + 3y)$$

例 6. $f(x, y) = (2x + 3y)e^{xy}$ の偏導関数を求めよう．

$$f_x(x, y) = \frac{\partial}{\partial x}(2x + 3y) \cdot e^{xy} + (2x + 3y) \cdot \frac{\partial}{\partial x}(e^{xy})$$
$$= 2e^{xy} + (2x + 3y)ye^{xy} = (2xy + 3y^2 + 2)e^{xy}$$

$$f_y(x, y) = \frac{\partial}{\partial y}(2x + 3y) \cdot e^{xy} + (2x + 3y) \cdot \frac{\partial}{\partial y}(e^{xy})$$
$$= 3e^{xy} + (2x + 3y)xe^{xy} = (2x^2 + 3xy + 3)e^{xy}$$

例 7. $f(x, y) = \log(x^2 + y^2)$ の偏導関数を求めよう．

$$f_x(x, y) = \frac{1}{x^2 + y^2} \cdot \frac{\partial}{\partial x}(x^2 + y^2) = \frac{2x}{x^2 + y^2}$$

$$f_y(x, y) = \frac{1}{x^2 + y^2} \cdot \frac{\partial}{\partial y}(x^2 + y^2) = \frac{2y}{x^2 + y^2}$$

例 8. $f(x, y) = \dfrac{2x}{x^2 + y^2}$ の偏導関数を求めよう．

$$f_x(x, y) = \frac{\frac{\partial}{\partial x}(2x) \cdot (x^2 + y^2) - 2x \cdot \frac{\partial}{\partial x}(x^2 + y^2)}{(x^2 + y^2)^2} = -\frac{2(x^2 - y^2)}{(x^2 + y^2)^2}$$

$$f_y(x, y) = \frac{\frac{\partial}{\partial y}(2x) \cdot (x^2 + y^2) - 2x \cdot \frac{\partial}{\partial y}(x^2 + y^2)}{(x^2 + y^2)^2} = -\frac{4xy}{(x^2 + y^2)^2}$$

§11 偏導関数

高階偏導関数　偏導関数 $f_x(x,y)$, $f_y(x,y)$ をさらに偏微分したものを **2階偏導関数**という．2変数関数の2階偏導関数は

$$f_{xx}(x,y) = \frac{\partial}{\partial x}f_x(x,y), \qquad f_{xy}(x,y) = \frac{\partial}{\partial y}f_x(x,y)$$

$$f_{yx}(x,y) = \frac{\partial}{\partial x}f_y(x,y), \qquad f_{yy}(x,y) = \frac{\partial}{\partial y}f_y(x,y)$$

の4種類が考えられる．

例 9.　$f(x,y) = x^3y + 5xy^2 + 4y^3 + 6$ の2階偏導関数を求めよう．まず，

$$f_x(x,y) = 3x^2y + 5y^2, \quad f_y(x,y) = x^3 + 10xy + 12y^2$$

であった．これらをさらに偏微分して

$$f_{xx}(x,y) = \frac{\partial}{\partial x}f_x(x,y) = \frac{\partial}{\partial x}\bigl(3x^2y + 5y^2\bigr) = 6xy$$

$$f_{xy}(x,y) = \frac{\partial}{\partial y}f_x(x,y) = \frac{\partial}{\partial y}\bigl(3x^2y + 5y^2\bigr) = 3x^2 + 10y$$

$$f_{yx}(x,y) = \frac{\partial}{\partial x}f_y(x,y) = \frac{\partial}{\partial x}\bigl(x^3 + 10xy + 12y^2\bigr) = 3x^2 + 10y$$

$$f_{yy}(x,y) = \frac{\partial}{\partial y}f_y(x,y) = \frac{\partial}{\partial y}\bigl(x^3 + 10xy + 12y^2\bigr) = 10x + 24y$$

である．

ここで，$f_{xy}(x,y)$ と $f_{yx}(x,y)$ は偏微分する順序が異なることに注意しよう．例9では $f_{xy}(x,y)$ と $f_{yx}(x,y)$ は一致しているが，一般には一致するとは限らない．次の定理が成り立つ．

定理 11.1 (偏微分の順序)　$f_{xy}(x,y), f_{yx}(x,y)$ が連続ならば

$$f_{xy}(x,y) = f_{yx}(x,y)$$

である．

注意　2変数関数の連続性については次の節で述べる．

2階偏導関数をさらに偏微分して3階偏導関数，4階偏導関数，… が考えられるが，これらについては省略する．容易に類推されるであろう．

演習問題

(解答 pp. 223–225)

問題 11.1 関数 $f(x,y) = x^2 - 2x + y^2 - 4y + 6$ について，次の問いに答えよ．

（1） $f(3,1), f(1,3)$ の値を求めよ．

（2） $f(x,y) = 2$ を満たす点 (x,y) 全体が表す図形を xy 平面に図示せよ．

（3） $z = f(x,1)$ のグラフを描け．また，$x = 3$ における微分係数を求めよ．

（4） $z = f(3,y)$ のグラフを描け．また，$y = 1$ における微分係数を求めよ．

（5） 偏導関数 $f_x(x,y) = \dfrac{\partial f}{\partial x}(x,y)$, $f_y(x,y) = \dfrac{\partial f}{\partial y}(x,y)$ を求めよ．

（6） $f_x(3,1), f_y(3,1)$ の値を求めよ．

問題 11.2 関数 $f(x,y) = \sqrt{13 - x^2 - y^2}$ について，前問と同じ設問に答えよ．

問題 11.3 次の関数の偏導関数 $z_x = \dfrac{\partial z}{\partial x}, z_y = \dfrac{\partial z}{\partial y}$ を求めよ．

（1） $z = 2x + 3y$

（2） $z = x^2 y^3$

（3） $z = xy + x + y + 1$

（4） $z = 2x^2 - 3xy + y^2$

（5） $z = 2x^3 y + 4xy^3$

（6） $z = x^3 y - 2xy^2 + xy + 3$

（7） $z = (3x - 4y)^2$

（8） $z = \dfrac{1}{2x + 3y}$

（9） $z = \dfrac{2x - y}{x + 2y}$

（10） $z = \dfrac{xy}{x^2 + y^2}$

（11） $z = \sqrt{x^2 + 2xy + 3y^2}$

（12） $z = y\sqrt{x^2 + y^2}$

（13） $z = \sin(2x + y)$

（14） $z = \cos(3x - 2y)$

（15） $z = \sin x \cos y$

（16） $z = \sin(xy^2)$

（17） $z = xe^y$

（18） $z = (x + 3y)e^{2x}$

（19） $z = e^{\frac{x}{y}}$

（20） $z = xe^{xy}$

（21） $z = e^y \sin(x + y)$

（22） $z = e^{x+2y} \cos(x + 2y)$

（23） $z = \log(2x + 3y)$

（24） $z = \log \sqrt{xy}$

§11 偏導関数

(25) $z = \log \sqrt{x^2 + y^2}$

(26) $z = \log(x^2 + xy + y^2)$

(27) $z = \arctan \dfrac{y}{x}$

(28) $z = \arcsin \dfrac{y}{x}$

問題 11.4 前問の関数の 2 階偏導関数 $z_{xx} = \dfrac{\partial^2 z}{\partial x^2},\ z_{xy} = \dfrac{\partial^2 z}{\partial y \partial x},\ z_{yy} = \dfrac{\partial^2 z}{\partial y^2}$ を求めよ．

問題 11.5 次の関数が偏微分方程式 $\dfrac{\partial^2 z}{\partial x^2} + \dfrac{\partial^2 z}{\partial y^2} = 0$ を満たすことを示せ．(この偏微分方程式を満たす関数を**調和関数**という．)

(1) $z = 3x^2 y - y^3$

(2) $z = e^x \cos y$

(3) $z = \log(x^2 + y^2)$

(4) $z = \arctan \dfrac{y}{x}$

問題 11.6 次の関数 $u = f(x, t)$ が偏微分方程式 $\dfrac{\partial^2 u}{\partial t^2} = 4 \dfrac{\partial^2 u}{\partial x^2}$ を満たすことを示せ．

(1) $u = \sin x \cdot \cos 2t$

(2) $u = \sin x \cdot \sin 2t$

(3) $u = \sin x \cdot (3 \cos 2t + 5 \sin 2t)$

(4) $u = \sin(x + 2t) + \cos(x - 2t)$

§12 全微分

2変数関数の極限　関数 $f(x,y)$ において点 (x,y) を点 (a,b) に限りなく近づける. (x,y) は平面上を動いて (a,b) に近づくので近づき方は無数にあるが, (x,y) を (a,b) に限りなく近づけるとは, これら2点間の距離を限りなく0に近づけることとする. すなわち

$$(x,y) \longrightarrow (a,b) \iff \sqrt{(x-a)^2+(y-b)^2} \longrightarrow 0$$

である. $(x,y) \longrightarrow (a,b)$ のとき $f(x,y)$ の値がある1つの有限な値 L に限りなく近づくならば, $f(x,y)$ は L に**収束**するといい,

$$\lim_{(x,y)\to(a,b)} f(x,y) = L$$

と表す.

例 1.　$f(x,y) = \dfrac{x^2y}{x^2+y^2}$ の $(x,y) \longrightarrow (0,0)$ のときの極限を調べよう.

$$x = t\cos\theta, \quad y = t\sin\theta$$

とおくと $x^2+y^2 = t^2\cos^2\theta + t^2\sin^2\theta = t^2$ であって

$$(x,y) \longrightarrow (0,0) \iff t \longrightarrow 0$$

であるから

$$\lim_{(x,y)\to(0,0)} \frac{x^2y}{x^2+y^2} = \lim_{t\to 0} \frac{t^2\cos^2\theta \cdot t\sin\theta}{t^2} = \lim_{t\to 0}(t\cos^2\theta\sin\theta) = 0$$

である.

2変数関数の連続性　2変数関数の極限を用いて2変数関数の連続性を定義することができる. 関数 $z = f(x,y)$ が点 $(x,y) = (a,b)$ で**連続**であるとは,

$$\lim_{(x,y)\to(a,b)} f(x,y) = f(a,b)$$

を満たすときにいう.

§12 全微分

1次式による近似 2変数関数 $f(x,y)$ の点 (a,b) の近くでの1次式による近似を考えよう. 2変数の1次式を $z = l + m(x-a) + n(y-b)$ (l, m, n は定数) と書いて, 近似式

$$f(x,y) \fallingdotseq l + m(x-a) + n(y-b)$$

が成り立っているとする. 近似の意味は次のように考える. (x,y) が (a,b) に近ければ近いほどこれら2点間の距離 $\sqrt{(x-a)^2 + (y-b)^2}$ は小さくなるが, 誤差

$$r(x,y) = f(x,y) - \{l + m(x-a) + n(y-b)\}$$

の値はそれよりもさらに小さくなる, すなわち

$$\lim_{(x,y) \to (a,b)} \frac{r(x,y)}{\sqrt{(x-a)^2 + (y-b)^2}} = 0$$

が成り立つこととする.

さて, ここで $y = b$ とおくと

$$f(x,b) = l + m(x-a) + r(x,b), \quad \lim_{x \to a} \frac{r(x,b)}{|x-a|} = 0$$

となるが, これは1変数関数 $f(x,b)$ の $x = a$ における1次近似式であるから

$$l = f(a,b), \quad m = f_x(a,b)$$

である. また, $x = a$ とおくと1変数関数 $f(a,y)$ の $y = b$ における1次近似式

$$f(a,y) = l + n(y-b) + r(a,y), \quad \lim_{y \to b} \frac{r(a,y)}{|y-b|} = 0$$

となるから

$$n = f_y(a,b)$$

である. したがって $f(x,y)$ の1次近似式は次のようになる.

$f(x,y)$ の $(x,y) = (a,b)$ における1次近似式

(12.1) $\quad f(x,y) = f(a,b) + f_x(a,b)(x-a) + f_y(a,b)(y-b) + r(x,y),$

$$\lim_{(x,y) \to (a,b)} \frac{r(x,y)}{\sqrt{(x-a)^2 + (y-b)^2}} = 0$$

全微分可能性　1次近似式 (12.1) は偏微分可能な関数すべてに対して成り立つわけではない．(12.1) が成り立つとき，関数 $f(x,y)$ は点 (a,b) で**全微分可能**であるという．次の定理は，全微分可能であるための一つの十分条件を与える．

定理 12.1 (全微分可能性)　偏導関数 $f_x(x,y)$, $f_y(x,y)$ がともに点 (a,b) で連続ならば $f(x,y)$ は (a,b) で全微分可能である．

図形的意味　近似関数の1次式 $z = f(a,b) + f_x(a,b)(x-a) + f_y(a,b)(y-b)$ のグラフは平面であるが，この平面は曲面 $z = f(x,y)$ 上の点 $(a,b,f(a,b))$ における**接平面**を表している．つまり，関数 $f(x,y)$ が点 (a,b) で全微分可能であるとは，曲面 $z = f(x,y)$ 上の点 $(a,b,f(a,b))$ において，接平面が存在することを意味している．

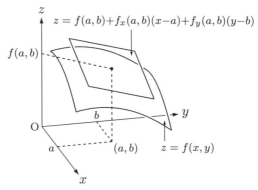

点 $(a,b,f(a,b))$ における接平面の方程式
$$z = f_x(a,b)(x-a) + f_y(a,b)(y-b) + f(a,b)$$

全微分　接平面の方程式において，$x-a$, $y-b$, $z-f(a,b)$ をそれぞれ dx, dy, dz で表し，$f_x(a,b)$, $f_y(a,b)$ の (a,b) を (x,y) にかえたもの，つまり

$$dz = f_x(x,y)\, dx + f_y(x,y)\, dy$$

を $z = f(x,y)$ の**全微分**という．

例 2.　$z = x^3 - 3xy^2$ のとき，$dz = z_x\, dx + z_y\, dy = 3(x^2 - y^2)\, dx - 6xy\, dy$．

§12 全微分

合成関数の微分法　2変数関数 $z = f(x, y)$ において x, y が u, v の関数 $x = \phi(u, v), y = \psi(u, v)$ ならば, z は u, v の2変数関数となる (合成関数).

$$z = F(u, v) = f(\phi(u, v), \psi(u, v))$$

例 3. $z = x^2 + 5xy + 4y^2, x = 3u + v, y = u - 2v$ のとき,

$$z = (3u + v)^2 + 5(3u + v)(u - 2v) + 4(u - 2v)^2 = 28u^2 - 35uv + 7v^2.$$

定理 12.2 (2変数関数の合成関数の微分法)　関数 $z = f(x, y), x = \phi(u, v), y = \psi(u, v)$ が全微分可能ならば合成関数 $z = F(u, v) = f(\phi(u, v), \psi(u, v))$ も全微分可能であり,

$$dz = (f_x \phi_u + f_y \psi_u)\, du + (f_x \phi_v + f_y \psi_v)\, dv$$

が成り立つ. したがって

$$\frac{\partial z}{\partial u} = \frac{\partial f}{\partial x}\frac{\partial \phi}{\partial u} + \frac{\partial f}{\partial y}\frac{\partial \psi}{\partial u}, \quad \frac{\partial z}{\partial v} = \frac{\partial f}{\partial x}\frac{\partial \phi}{\partial v} + \frac{\partial f}{\partial y}\frac{\partial \psi}{\partial v}$$

である. これを**連鎖律** (chain rule) という.

証明　$z = f(x, y)$ の全微分 $dz = f_x\, dx + f_y\, dy$ に $x = \phi(u, v), y = \psi(u, v)$ の全微分 $dx = \phi_u\, du + \phi_v\, dv, dy = \psi_u\, du + \psi_v\, dv$ を代入すると,

$$dz = f_x(\phi_u\, du + \phi_v\, dv) + f_y(\psi_u\, du + \psi_v\, dv)$$
$$= (f_x \phi_u + f_y \psi_u)\, du + (f_x \phi_v + f_y \psi_v)\, dv$$

である.

例 4. 前例において, $z_x = 2x + 5y, z_y = 5x + 8y, x_u = 3, x_v = 1, y_u = 1, y_v = -2$ であるから

$$z_u = z_x \cdot x_u + z_y \cdot y_u = (2x + 5y) \cdot 3 + (5x + 8y) \cdot 1 = 56u - 35v$$
$$z_v = z_x \cdot x_v + z_y \cdot y_v = (2x + 5y) \cdot 1 + (5x + 8y) \cdot (-2) = -35u + 14v$$

である. これらはもちろん, 前例の結果を直接微分したものと一致する.

注意　$z = f(x, y)$ において, x, y が1変数 t の関数 $x = \phi(t), y = \psi(t)$ のとき, 合成関数 $z = f(\phi(t), \psi(t))$ に対して次が成り立つ.

$$\frac{dz}{dt} = \frac{\partial f}{\partial x}\frac{d\phi}{dt} + \frac{\partial f}{\partial y}\frac{d\psi}{dt}$$

陰関数　2変数関数 $f(x,y)$ に対して関係式
$$f(x,y) = 0$$
を考える．これを y に関する方程式とみると解 y は x の関数 $y = y(x)$ となる．この関数を $f(x,y) = 0$ から定まる**陰関数**という．ただし，y に関して解けるためには，x または y の範囲に制限が必要になることもある．

例 5. $f(x,y) = x^2 + y^2 - 9$ とする．方程式
$$x^2 + y^2 - 9 = 0$$
は $-3 \leqq x \leqq 3$ のとき y について実数の範囲で解くことができて
$$y^2 = 9 - x^2 \quad \text{より} \quad y = \pm\sqrt{9-x^2}$$
となる．さらに $y \geqq 0$ とすると関数
$$y = \sqrt{9-x^2}$$
が決まる．

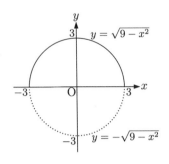

陰関数 $y = y(x)$ の導関数を求めるには $y = \cdots$ の形にしてから微分してもよいが，関係式 $f(x,y) = 0$ から直接求めることもできる．

定理 12.3 (陰関数の微分法)　関数 $f(x,y)$ は全微分可能とする．$f_y(x,y) \neq 0$ ならば $f(x,y) = 0$ から決まる陰関数 $y = y(x)$ に対して
$$y'(x) = -\frac{f_x(x,y(x))}{f_y(x,y(x))}$$
が成り立つ．

証明　$f(x,y)$ において，$x(t) = t, y = y(t)$ として前ページの注意を用いると
$$\frac{d}{dt}\{f(t,y(t))\} = f_x(t,y(t)) + f_y(t,y(t))y'(t)$$
となる ($x'(t) = 1$ である)．t を x に書き換え，$f(x,y(x)) = 0$ であることに注意すると，$f_x(x,y(x)) + f_y(x,y(x))y'(x) = 0$ が得られる．これを $y'(x)$ について解けば，定理の式となる．

§12 全微分

例 6. $f(x,y) = x^2 + y^2 - 9$ とする. $x^2 + y^2 - 9 = 0$ の両辺を x で微分して

$$2x + 2y \cdot y' = 0 \quad \text{したがって} \quad y' = -\frac{x}{y}$$

である. または, $z = x^2 + y^2 - 9$ の全微分 $dz = 2x\,dx + 2y\,dy$ において, $z = 0$ ならば $dz = 0$ であり,

$$2x\,dx + 2y\,dy = 0 \quad \text{したがって} \quad \frac{dy}{dx} = -\frac{x}{y}$$

と考えてもよい. なお, $y = \sqrt{9 - x^2}$ を微分すると

$$y' = \frac{1}{2\sqrt{9-x^2}} \cdot (9-x^2)' = -\frac{x}{\sqrt{9-x^2}} = -\frac{x}{y}$$

であり, $f(x,y) = 0$ から陰関数の微分法を用いて求めたものと一致している.

2 変数の陰関数について, 例を一つあげておこう.

例 7. $x^2 - 6xy - 4y^2 - z^2 + 9 = 0$ から定まる z について, z_x と z_y を求めよう. 両辺を x で偏微分すると

$$2x - 6y - 2z \cdot z_x = 0 \quad \text{より} \quad z_x = \frac{x - 3y}{z}$$

である. y で偏微分すると, $z_y = -\dfrac{3x + 4y}{z}$ を得る. または, 全微分を考えると

$$(2x - 6y)\,dx - (6x + 8y)\,dy - 2z\,dz = 0 \quad \text{より} \quad dz = \frac{x-3y}{z}\,dx - \frac{3x+4y}{z}\,dy$$

であるから,

$$\frac{\partial z}{\partial x} = \frac{x-3y}{z}, \qquad \frac{\partial z}{\partial y} = -\frac{3x+4y}{z}$$

である.

注意 3 変数関数 $w = f(x,y,z)$ の全微分は

$$dw = f_x(x,y,z)\,dx + f_y(x,y,z)\,dy + f_z(x,y,z)\,dz$$

である.

############# 演習問題 #############

(解答 pp. 225–226)

問題 12.1 次の曲面の，与えられた点における接平面の方程式を求めよ．

(1) $z = x^2 + y^2$,　　$(x, y, z) = (1, 2, 5)$

(2) $z = \dfrac{1}{x+y}$,　　$(x, y, z) = (2, -1, 1)$

(3) $z = e^{xy}$,　　$(x, y, z) = (1, \log 2, 2)$

(4) $z = \dfrac{1}{x^2 + y^2}$,　　$(x, y, z) = \left(1, 1, \dfrac{1}{2}\right)$

(5) $z = \sqrt{9 - x^2 - y^2}$,　　$(x, y, z) = (1, 2, 2)$

(6) $z = x\sin(x+y)$,　　$(x, y, z) = \left(\dfrac{\pi}{2}, \dfrac{\pi}{3}, \dfrac{\pi}{4}\right)$

問題 12.2 次の関数の，与えられた点における 1 次近似式を求めよ．

(1) $f(x, y) = \sqrt{1 + 2x + 3y}$,　　$(x, y) = (0, 0)$

(2) $f(x, y) = y^2 e^{x+2y}$,　　$(x, y) = \left(1, -\dfrac{1}{2}\right)$

問題 12.3 次の関数の全微分を求めよ．

(1) $z = 3x^2 y - y^3$　　　　(2) $z = \dfrac{x}{y}$

(3) $z = \log(x - y)$　　　　(4) $z = \log \dfrac{x}{y}$

問題 12.4 次の合成関数について，連鎖律によって $\dfrac{dz}{dt}$ を求めよ．

(1) $z = \cos(xy^2)$,　$x = 3t + 1$,　$y = 4t + 1$

(2) $z = \sin(x^2 y)$,　$x = t + 1$,　$y = t^2 + 1$

(3) $z = 2x^2 + 3y^2$,　$x = \cos t$,　$y = \sin t$

(4) $z = \log(x + y)$,　$x = \dfrac{1}{\cos t}$,　$y = \tan t$

(5) $z = \arctan(xy)$,　$x = 2t + 1$,　$y = 3t + 1$

(6) $z = \dfrac{1}{2x + 3y}$,　$x = \dfrac{1}{t+1}$,　$y = 2t + 1$

§12 全微分

問題 12.5 次の合成関数について，連鎖律によって $\dfrac{\partial z}{\partial u}, \dfrac{\partial z}{\partial v}$ を求めよ．

(1) $z = 2x^2y + xy^2, \quad x = u + 3v, \quad y = 2u + v$

(2) $z = \sqrt{x^2 + y^2}, \quad x = u + 2v + 3, \quad y = 2u + 3v + 1$

(3) $z = \sin(x^2 y), \quad x = u^2 + v^2, \quad y = 2uv$

(4) $z = \cos(2x - 3y), \quad x = e^u, \quad y = ue^v$

(5) $z = \dfrac{2x - y}{x + 2y}, \quad x = u - v, \quad y = \dfrac{u}{v}$

(6) $z = \arcsin(x + y), \quad x = u^2 v, \quad y = 2u - v^2$

問題 12.6 関数 $z = f(x, y)$ において， $x = u\cos\alpha - v\sin\alpha, \quad y = u\sin\alpha + v\cos\alpha$ (α は定数) のとき，次の等式が成り立つことを証明せよ．

(1) ${z_x}^2 + {z_y}^2 = {z_u}^2 + {z_v}^2$ 　　　　(2) $z_{xx} + z_{yy} = z_{uu} + z_{vv}$

問題 12.7 関数 $z = f(x, y)$ において，$x = r\cos\theta, y = r\sin\theta$ のとき，次の等式が成り立つことを証明せよ．

(1) ${z_x}^2 + {z_y}^2 = {z_r}^2 + \dfrac{1}{r^2}{z_\theta}^2$ 　　　　(2) $z_{xx} + z_{yy} = z_{rr} + \dfrac{1}{r}z_r + \dfrac{1}{r^2}z_{\theta\theta}$

問題 12.8 次の方程式で定義される関数 $y = y(x)$ について，$\dfrac{dy}{dx}$ を求めよ．

(1) $xy + x + y + 1 = 0$ 　　　　(2) $x^2 + xy + y^2 - 1 = 0$

(3) $\log(x + y) - e^{xy} = 0$ 　　　　(4) $\arctan\dfrac{y}{x} - x^2 - y^2 = 0$

問題 12.9 次の方程式で定義される関数 $z = z(x, y)$ について，偏導関数 $\dfrac{\partial z}{\partial x}, \dfrac{\partial z}{\partial y}$ を求めよ．

(1) $x^2 - 2xy + y^2 - z^2 = 0$ 　　　　(2) $x^2 + 2yz + z^2 - 1 = 0$

(3) $x^2 + y^2 + z^2 = 25$ 　　　　(4) $xy + yz + zx = 16$

§13　2変数関数のテイラー近似式

原点における2次近似式　　まず，$(x,y)=(0,0)$ における2次近似式を考えよう．1変数関数の場合と同様に，1次近似式に2次の項を付け加えて2次近似式

$$f(x,y) = f(0,0) + f_x(0,0)x + f_y(0,0)y + c_{20}x^2 + c_{11}xy + c_{02}y^2 + r(x,y)$$

をつくろう．ここで，誤差項 $r(x,y)$ は

(13.1) $$\lim_{(x,y)\to(0,0)} \frac{r(x,y)}{\left(\sqrt{x^2+y^2}\right)^2} = \lim_{(x,y)\to(0,0)} \frac{r(x,y)}{x^2+y^2} = 0$$

を満たすものとする．いま，$x = t\cos\theta, y = t\sin\theta$ とおくと

(13.2) $$\begin{aligned}f(t\cos\theta, t\sin\theta) = &\, f(0,0) + \{f_x(0,0)\cos\theta + f_y(0,0)\sin\theta\}t \\ &+ \{c_{20}\cos^2\theta + c_{11}\cos\theta\sin\theta + c_{02}\sin^2\theta\}t^2 \\ &+ r(t\cos\theta, t\sin\theta)\end{aligned}$$

であり，$\dfrac{r(x,y)}{x^2+y^2} = \dfrac{r(t\cos\theta, t\sin\theta)}{t^2}$ であるから，

$$\begin{aligned}(13.1)\text{ が成り立つ} &\Leftrightarrow \lim_{t\to 0}\frac{r(t\cos\theta, t\sin\theta)}{t^2} = 0 \\ &\Leftrightarrow (13.2)\text{ が }f(t\cos\theta, t\sin\theta)\text{ の，}t\text{ の関数としての2次近似式である} \\ &\Leftrightarrow c_{20}\cos^2\theta + c_{11}\cos\theta\sin\theta + c_{02}\sin^2\theta = \frac{1}{2}\frac{\partial^2}{\partial t^2}f(t\cos\theta, t\sin\theta)\bigg|_{t=0}\end{aligned}$$

となる．最後の2階偏導関数を計算すると

$$\begin{aligned}\frac{1}{2}\frac{\partial^2}{\partial t^2}f(t\cos\theta, t\sin\theta) = &\, \frac{1}{2}f_{xx}(t\cos\theta, t\sin\theta)\cos^2\theta \\ &+ f_{xy}(t\cos\theta, t\sin\theta)\cos\theta\sin\theta \\ &+ \frac{1}{2}f_{yy}(t\cos\theta, t\sin\theta)\sin^2\theta\end{aligned}$$

であり，

$$c_{20} = \frac{1}{2}f_{xx}(0,0), \quad c_{11} = f_{xy}(0,0), \quad c_{02} = \frac{1}{2}f_{yy}(0,0)$$

となる．以上を公式としてまとめておこう．

§13　2変数関数のテイラー近似式

$f(x,y)$ の $(x,y)=(0,0)$ における 2 次近似式

$$f(x,y) = f(0,0) + f_x(0,0)x + f_y(0,0)y$$
$$+ \frac{1}{2}f_{xx}(0,0)x^2 + f_{xy}(0,0)xy + \frac{1}{2}f_{yy}(0,0)y^2 + r(x,y),$$
$$\lim_{(x,y)\to(0,0)} \frac{r(x,y)}{x^2+y^2} = 0$$

例 1. 関数 $f(x,y) = e^x \cos(x-y)$ の $(x,y)=(0,0)$ における 2 次近似式を求めよう.

$$f(x,y) = e^x \cos(x-y) \qquad より \qquad f(0,0) = 1$$
$$f_x(x,y) = e^x(\cos(x-y) - \sin(x-y)) \qquad より \qquad f_x(0,0) = 1$$
$$f_y(x,y) = e^x \sin(x-y) \qquad より \qquad f_y(0,0) = 0$$
$$f_{xx}(x,y) = -2e^x \sin(x-y) \qquad より \qquad f_{xx}(0,0) = 0$$
$$f_{xy}(x,y) = e^x(\sin(x-y) + \cos(x-y)) \qquad より \qquad f_{xy}(0,0) = 1$$
$$f_{yy}(x,y) = -e^x \cos(x-y) \qquad より \qquad f_{yy}(0,0) = -1$$

であるから

$$e^x \cos(x-y) \fallingdotseq 1 + x + xy - \frac{1}{2}y^2$$

である.

点 (a,b) における 2 次近似式　　原点以外の点における 2 次近似式は, 次のようである.

$f(x,y)$ の $(x,y)=(a,b)$ における 2 次近似式

$$f(x,y) = f(a,b) + f_x(a,b)(x-a) + f_y(a,b)(y-b) + \frac{1}{2}f_{xx}(a,b)(x-a)^2$$
$$+ f_{xy}(a,b)(x-a)(y-b) + \frac{1}{2}f_{yy}(a,b)(y-b)^2 + r(x,y),$$
$$\lim_{(x,y)\to(a,b)} \frac{r(x,y)}{(x-a)^2+(y-b)^2} = 0$$

演習問題

(解答 pp. 226–227)

問題 13.1 次の関数の $(x,y) = (0,0)$ における 2 次近似式を求めよ.

(1) $f(x,y) = e^{x+2y}$

(2) $f(x,y) = (3 + 2x + y)e^{xy}$

(3) $f(x,y) = x \sin y$

(4) $f(x,y) = y^2 \cos(2x + y)$

(5) $f(x,y) = e^x \sin y$

(6) $f(x,y) = e^{2x} \cos 3y$

(7) $f(x,y) = \dfrac{1}{1 - x - 2y}$

(8) $f(x,y) = \sqrt{1 - 2x - 3y}$

(9) $f(x,y) = \log(1 + x + y)$

(10) $f(x,y) = \arctan \dfrac{y}{1 + x}$

問題 13.2 関数 $f(x,y)$ の $(x,y) = (0,0)$ における 3 次近似式は

$$f(x,y) = f(0,0) + f_x(0,0)x + f_y(0,0)y$$
$$+ \frac{1}{2}f_{xx}(0,0)x^2 + f_{xy}(0,0)xy + \frac{1}{2}f_{yy}(0,0)y^2$$
$$+ \frac{1}{6}f_{xxx}(0,0)x^3 + \frac{1}{2}f_{xxy}(0,0)x^2y + \frac{1}{2}f_{xyy}(0,0)xy^2 + \frac{1}{6}f_{yyy}(0,0)y^3$$
$$+ r(x,y), \qquad \lim_{(x,y) \to (0,0)} \frac{r(x,y)}{\sqrt{x^2 + y^2}^3} = 0$$

であることを示せ.

問題 13.3 関数 $z = f(x,y)$ において, $x = at, y = bt$ (a, b は定数) とするとき

$$\frac{d^n z}{dt^n} = \sum_{k=0}^{n} {}_n\mathrm{C}_k \, a^k b^{n-k} \frac{\partial^n f}{\partial x^k \partial y^{n-k}}(at, bt)$$

が成り立つことを示せ. ここで, ${}_n\mathrm{C}_k$ は 2 項係数 $\dfrac{n!}{k!(n-k)!}$ である.

§14　2変数関数の極値

2変数関数の極値　左下図のように, 点 $(x,y) = (a,b)$ の近くで $f(x,y) > f(a,b)$ $((x,y) \neq (a,b))$ が成り立つとき, $f(x,y)$ は (a,b) で**極小**であるという. また, 右下図のように, $f(x,y) < f(a,b)$ $((x,y) \neq (a,b))$ が成り立つとき, $f(x,y)$ は (a,b) で**極大**であるという. 極小または極大のとき, **極値をとる**という.

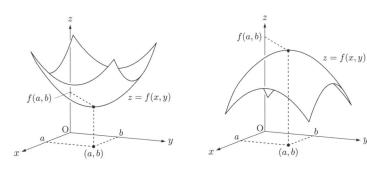

定理 14.1 (極値をとるための必要条件)　関数 $f(x,y)$ が点 (a,b) で極値をとるとき,
$$f_x(a,b) = f_y(a,b) = 0$$
が成り立つ.

証明　$y = b$ として得られる x の関数 $z = f(x,b)$ は $x = a$ で極値をとる. よって
$$f_x(a,b) = 0$$
である. 同様に $z = f(a,y)$ を考えて $f_y(a,b) = 0$ である.

注意　$f_x(a,b) = f_y(a,b) = 0$ であっても点 (a,b) で極値をとるとは限らない.

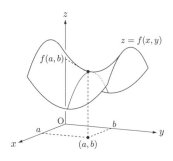

2 次関数の極値　　2 変数 x, y の 2 次関数

$$f(x,y) = \alpha x^2 + \beta xy + \gamma y^2 + \delta$$

の極値について考える．$f_x(0,0) = f_y(0,0) = 0$ であるから，$f(x,y)$ は原点で極値をとる可能性がある．

定理 14.2 (2 変数 2 次関数の極値の判定 1)　　関数

$$f(x,y) = \alpha x^2 + \beta xy + \gamma y^2 + \delta$$

の極値について，次が成り立つ．

(1) $4\alpha\gamma - \beta^2 > 0$ のとき

　　(i) $\alpha > 0$ ならば，原点で極小，　(ii) $\alpha < 0$ ならば，原点で極大

(2) $4\alpha\gamma - \beta^2 < 0$ のとき　　原点で極値をとらない．

証明　(1) $4\alpha\gamma - \beta^2 > 0$ のとき，$\alpha \neq 0$ であるから $f(x,y)$ を

$$f(x,y) = \alpha\left(x + \frac{\beta}{2\alpha}y\right)^2 + \varepsilon y^2 + \delta \quad \text{ここで，} \quad \varepsilon = \frac{4\alpha\gamma - \beta^2}{4\alpha}$$

と変形することができる．

(i) $\alpha > 0$ ならば $\varepsilon > 0$ であるから

$$f(x,y) = \alpha\left(x + \frac{\beta}{2\alpha}y\right)^2 + \varepsilon y^2 + \delta \geqq \delta = f(0,0)$$

が成り立つ．等号が成立するのは $(x,y) = (0,0)$ のときであるから，$f(x,y)$ は原点で極小である．

(ii) $\alpha < 0$ ならば $\varepsilon < 0$ であるから，不等号が逆向きとなり，極大である．

(2) $4\alpha\gamma - \beta^2 < 0$ のとき，$\alpha > 0$ であれば $\varepsilon = \dfrac{4\alpha\gamma - \beta^2}{4\alpha} < 0$ であり，

$x + \dfrac{\beta}{2\alpha}y = 0$ かつ $y \neq 0$ のとき，$f(x,y) = \varepsilon y^2 + \delta < \delta = f(0,0)$

$y = 0$ かつ $x \neq 0$ のとき，　　　$f(x,y) = \alpha x^2 + \delta > \delta = f(0,0)$

となるから，$f(x,y)$ は原点で極大でも極小でもない．$\alpha < 0$ のときは $\varepsilon > 0$ となり同様に極値をとらない．$\alpha = 0$ のときは $f(x,0) = \delta$ (定数) であり，極値をとらない．

例 1. $f(x,y) = 3x^2 + 2xy + 5y^2$
$4\alpha\gamma - \beta^2 = 4\cdot 3 \cdot 5 - 2^2 = 56 > 0, \alpha = 3 > 0$ より，原点で極小．

$f(x,y) = -2x^2 + 3xy - 4y^2$
$4\alpha\gamma - \beta^2 = 4\cdot(-2)\cdot(-4) - 3^2 = 23 > 0, \alpha = -2 < 0$ より，原点で極大．

$f(x,y) = 3x^2 + 5xy + 2y^2$
$4\alpha\gamma - \beta^2 = 4\cdot 3 \cdot 2 - 5^2 = -1 < 0$ より，原点で極値をとらない．

例 2. $f(x,y) = 2x^2 + 3xy + 5y^2 - 10x - 23y + 20$ の極値を調べよう．

$$\begin{cases} f_x(x,y) = 4x + 3y - 10 = 0 \\ f_y(x,y) = 3x + 10y - 23 = 0 \end{cases}$$

を解くと $x = 1, y = 2$ である．$f(x,y)$ において $x = X+1, y = Y+2$ とおくと

$$f(x,y) = 2X^2 + 3XY + 5Y^2 - 8$$

と変形できる．$\alpha = 2, \beta = 3, \gamma = 5$ として定理 14.2 を適用すると

$$4\alpha\gamma - \beta^2 = 4\cdot 2 \cdot 5 - 3^2 = 31 > 0, \quad \alpha = 2 > 0$$

であるから，$f(x,y)$ は $(X,Y) = (0,0)$，つまり $(x,y) = (1,2)$ で極小であり，極小値は -8 である．

一般には，次が成り立つ．

定理 14.3 (2 変数 2 次関数の極値の判定 2) 関数

$$f(x,y) = \alpha x^2 + \beta xy + \gamma y^2 + \lambda x + \mu y + \nu$$

が $f_x(a,b) = 0$ かつ $f_y(a,b) = 0$ を満たすならば

$$f(x,y) = \alpha(x-a)^2 + \beta(x-a)(y-b) + \gamma(y-b)^2 + \delta$$

と変形できて，
(1) $4\alpha\gamma - \beta^2 > 0$ のとき
　　(i) $\alpha > 0$ ならば，(a,b) で極小，　(ii) $\alpha < 0$ ならば，(a,b) で極大．
(2) $4\alpha\gamma - \beta^2 < 0$ のとき　(a,b) で極値をとらない．

2変数関数の極値の判定　　一般の関数 $f(x,y)$ については次が成り立つ.

定理 14.4 (2変数関数の極値の判定)　　関数 $f(x,y)$ は点 (a,b) において
$$f_x(a,b) = 0, \quad f_y(a,b) = 0$$
を満たしているとする.

(1) $f_{xx}(a,b)f_{yy}(a,b) - f_{xy}(a,b)^2 > 0$ のとき

　　(i)　$f_{xx}(a,b) > 0$ ならば, $f(x,y)$ は (a,b) で極小である.

　　(ii)　$f_{xx}(a,b) < 0$ ならば, $f(x,y)$ は (a,b) で極大である.

(2) $f_{xx}(a,b)f_{yy}(a,b) - f_{xy}(a,b)^2 < 0$ のとき

　　$f(x,y)$ は (a,b) で極値をとらない.

証明　記号の簡潔のため
$$A = f_{xx}(a,b), \quad B = f_{xy}(a,b), \quad C = f_{yy}(a,b)$$
とおく. $f_x(a,b) = f_y(a,b) = 0$ より (a,b) の近くで近似式
$$f(x,y) \fallingdotseq f(a,b) + \frac{A}{2}(x-a)^2 + B(x-a)(y-b) + \frac{C}{2}(y-b)^2$$
が成り立つ. この近似式は $z = f(x,y)$ のグラフと2次関数
$$z = f(a,b) + \frac{A}{2}(x-a)^2 + B(x-a)(y-b) + \frac{C}{2}(y-b)^2$$
のグラフが (a,b) の近くでほとんど同じ形であることを意味している. この2次関数に $\alpha = \dfrac{A}{2}, \beta = B, \gamma = \dfrac{C}{2}$ として定理 14.3 を適用すると

(1) $4 \cdot \dfrac{A}{2} \cdot \dfrac{C}{2} - B^2 = AC - B^2 > 0$ のとき極値をとり,

　　$\dfrac{A}{2} > 0$ (つまり $A > 0$) ならば極小, $\dfrac{A}{2} < 0$ (つまり $A < 0$) ならば極大

(2) $4 \cdot \dfrac{A}{2} \cdot \dfrac{C}{2} - B^2 = AC - B^2 < 0$ のとき極値をとらない

となり, 定理が得られる.

§14　2変数関数の極値

注意 (1) のとき
$$f_{xx}(a,b)f_{yy}(a,b) > f_{xy}(a,b)^2 \geqq 0$$
であるから $f_{xx}(a,b)$ と $f_{yy}(a,b)$ は同符号である．よって $f_{xx}(a,b)$ ではなく $f_{yy}(a,b)$ の符号を調べてもよい．

注意 $f_{xx}(a,b)f_{yy}(a,b) - f_{xy}(a,b)^2 = 0$ のときは極値をとることもあり，とらないこともある．2階導関数による判定はできない．

例3. $f(x,y) = 4x^3 - 2x^2y - 4x^2 + y^2$ の極値を調べよう．まず，
$$\begin{cases} f_x(x,y) = 12x^2 - 4xy - 8x = 0 \\ f_y(x,y) = -2x^2 + 2y = 0 \end{cases}$$
を解く．下の式より $y = x^2$ であり，これを上の式に代入して x の方程式
$$x^3 - 3x^2 + 2x = 0$$
が得られる．この方程式の解は $x = 0, 1, 2$ であるから $f(x,y)$ は3点
$$(0,0), \quad (1,1), \quad (2,4)$$
で極値をとる可能性がある．$f(x,y)$ の2階偏導関数は
$$f_{xx}(x,y) = 24x - 4y - 8, \quad f_{xy}(x,y) = -4x, \quad f_{yy}(x,y) = 2$$
であるから

(a,b)	$(0,0)$	$(1,1)$	$(2,4)$
$A = f_{xx}(a,b)$	-8	12	24
$B = f_{xy}(a,b)$	0	-4	-8
$C = f_{yy}(a,b)$	2	2	2
$AC - B^2$	-16	8	-16

となり，点 $(1,1)$ のみで極値をとる．点 $(1,1)$ では極小で，極小値は $f(1,1) = -1$ である．

演習問題

(解答 pp. 227–228)

問題 14.1 次の関数が原点で極値をとるか調べよ．

(1) $f(x,y) = x^2 + 2xy + 3y^2$

(2) $f(x,y) = x^2 - 3xy - 2y^2$

(3) $f(x,y) = 4xy - x^2 - y^2$

(4) $f(x,y) = 4xy - x^2 - 5y^2$

問題 14.2 次の関数の極値を調べよ．

(1) $f(x,y) = x^2 + 3xy + 3y^2 - 8x - 15y + 20$

(2) $f(x,y) = x^2 - 2xy - y^2 - 10x - 2y + 5$

(3) $f(x,y) = x^2 - 4xy + 3y^2 + 6x - 10y + 15$

(4) $f(x,y) = 2 + x + 5y - xy - x^2 - y^2$

問題 14.3 次の関数の極値を調べよ．

(1) $f(x,y) = x^3 - 3xy - 3y$

(2) $f(x,y) = x^3 + 2xy - x - 2y$

(3) $f(x,y) = 2x^3 - 4x^2 + 2xy - y^2$

(4) $f(x,y) = 2x^3 + x^2y + 2x^2 - \dfrac{1}{2}y^2$

(5) $f(x,y) = x^3 + y^3 - \dfrac{3}{2}x^2 - 3xy - \dfrac{3}{2}y^2$

(6) $f(x,y) = x^4 + 2x^2 + y^2 - 4xy$

問題 14.4 次の関数の極値を調べよ．

(1) $f(x,y) = e^{-x^2-y^2}$

(2) $f(x,y) = (x^2 + 4y^2)e^{-x^2-y^2}$

(3) $f(x,y) = xy + \dfrac{1}{x} + \dfrac{1}{y} \quad (x > 0,\ y > 0)$

(4) $f(x,y) = \sin\left(x + \dfrac{\pi}{3}\right) + \cos\left(y + \dfrac{\pi}{4}\right) \quad (0 \leqq x \leqq 2\pi,\ 0 \leqq y \leqq 2\pi)$

第5章
不 定 積 分

§15 不定積分

原始関数　x の関数 $f(x)$ に対して,
$$F'(x) = f(x)$$
を満たす関数 $F(x)$ を $f(x)$ の**原始関数**という.

たとえば,
$$(x^3 - 2x)' = 3x^2 - 2, \qquad (x^3 - 2x + 5)' = 3x^2 - 2$$
であるから, $x^3 - 2x$, $x^3 - 2x + 5$ はともに $3x^2 - 2$ の原始関数である. この例からわかるとおり, 原始関数は一通りには決まらない.

一般に, $F(x)$ が $f(x)$ の原始関数の 1 つであるとき, 任意の定数 C に対して,
$$\{F(x) + C\}' = F'(x) + 0 = f(x)$$
が成り立つから, $F(x) + C$ も $f(x)$ の原始関数である.

また逆に, $f(x)$ の任意の原始関数 $G(x)$ に対して,
$$\{G(x) - F(x)\}' = G'(x) - F'(x) = f(x) - f(x) = 0$$
が成り立つから, 定理 8.3 より

(15.1) 　　$G(x) - F(x) = C$　つまり　$G(x) = F(x) + C$　（C は定数）

の関係が成り立つ.

不定積分　　$F(x)$ が $f(x)$ の原始関数の 1 つであるとき, (15.1) から, $f(x)$ の原始関数はすべて $F(x)+C$ (C は定数) の形で表されることがわかったが, これを $f(x)$ の**不定積分**といい, $\int f(x)\,dx$ で表す. つまり

$$\int f(x)\,dx = F(x)+C \qquad (C \text{ は任意の定数})$$

である. ここに現れる定数 C を**積分定数**とよぶ.

例 1. $\int (3x^2-2)\,dx = x^3-2x+C$ (C は積分定数)

不定積分の定義から, 関数 $f(x)$ に対して次のことが成り立つ.

定理 15.1 (不定積分と微分の関係)

$$\frac{d}{dx}\int f(x)\,dx = f(x)$$

$$\int f'(x)\,dx = f(x)+C \quad (C \text{ は積分定数})$$

基本的な積分公式　　関数 $f(x)$ の不定積分を既知の関数で具体的に表すことを, $f(x)$ を**積分する**, または $f(x)$ の**積分を求める**という.

定理 15.1 からわかるとおり, 微分と積分はちょうど「逆」の関係にあるから, 第 1, 2 章で学んだ微分公式からただちに求まる不定積分を考えてみよう.

最初に, 例を一つ取り上げてみよう. α を定数とするとき, ベキ乗関数の導関数の公式 (p. 10, p. 41) から

$$(x^{\alpha+1})' = (\alpha+1)x^\alpha$$

であるが, $\alpha \neq -1$ のもとで, この両辺を定数 $\alpha+1$ で割ると

$$\left(\frac{1}{\alpha+1}x^{\alpha+1}\right)' = x^\alpha$$

となる. したがって, 不定積分の定義より, ベキ乗関数の積分公式

$$\int x^\alpha\,dx = \frac{1}{\alpha+1}x^{\alpha+1}+C \qquad (\text{ただし}, \alpha \neq -1)$$

が得られる. ここを含め, これからは特に断らない限り, C は積分定数とする.

§15 不定積分

以下に, 微分公式から得られる基本的な積分をまとめて示しておく.

基本的な不定積分

$(x^{\alpha+1})' = (\alpha+1)x^\alpha$ から $\displaystyle\int x^\alpha \, dx = \dfrac{1}{\alpha+1}x^{\alpha+1} + C \quad (\alpha \neq -1)$

$(\cos x)' = -\sin x$ から $\displaystyle\int \sin x \, dx = -\cos x + C$

$(\sin x)' = \cos x$ から $\displaystyle\int \cos x \, dx = \sin x + C$

$(\tan x)' = \dfrac{1}{\cos^2 x}$ から $\displaystyle\int \dfrac{1}{\cos^2 x} \, dx = \tan x + C$

$\left(\dfrac{1}{\tan x}\right)' = -\dfrac{1}{\sin^2 x}$ から $\displaystyle\int \dfrac{1}{\sin^2 x} \, dx = -\dfrac{1}{\tan x} + C$

$(e^x)' = e^x$ から $\displaystyle\int e^x \, dx = e^x + C$

$(a^x)' = (\log a)a^x$ から $\displaystyle\int a^x \, dx = \dfrac{a^x}{\log a} + C \quad (a > 0, \ a \neq 1)$

$(\log|x|)' = \dfrac{1}{x}$ から $\displaystyle\int \dfrac{1}{x} \, dx = \log|x| + C$

$(\log|x-a|)' = \dfrac{1}{x-a}$ から $\displaystyle\int \dfrac{1}{x-a} \, dx = \log|x-a| + C$

$(\arcsin x)' = \dfrac{1}{\sqrt{1-x^2}}$ から $\displaystyle\int \dfrac{1}{\sqrt{1-x^2}} \, dx = \arcsin x + C$

$(\arctan x)' = \dfrac{1}{1+x^2}$ から $\displaystyle\int \dfrac{1}{1+x^2} \, dx = \arctan x + C$

定数倍と和・差の積分 $f(x), g(x)$ の原始関数の1つをそれぞれ $F(x), G(x)$ とし, c を定数とすると, 関数の定数倍と和・差の微分公式より,

$$\{cF(x)\}' = cF'(x) = cf(x)$$

$$\{F(x) \pm G(x)\}' = F'(x) \pm G'(x) = f(x) \pm g(x) \quad (\text{複号同順})$$

が成り立つから, $cF(x), F(x) \pm G(x)$ はそれぞれ $cf(x), f(x) \pm g(x)$ の原始関数である. これより, 関数の定数倍と和・差の不定積分に関して次が成り立つ.

定理 15.2 (定数倍と和・差の積分)

$$\int cf(x)\,dx = c\int f(x)\,dx \qquad (c \text{ は定数})$$

$$\int \{f(x) \pm g(x)\}\,dx = \int f(x)\,dx \pm \int g(x)\,dx \quad (\text{複号同順})$$

$f(ax)$ の不定積分　a を定数とするとき, §3, §4 で学んだ三角関数 $\cos ax$, $\sin ax$, $\tan ax$, 指数関数 e^{ax} の微分公式から得られる不定積分を考えてみよう.

三角関数の導関数 (続) (p. 23) の公式から

$$(\sin ax)' = a\cos ax$$

であるが, $a \neq 0$ のとき, この両辺を a で割ると

$$\left(\frac{1}{a}\sin ax\right)' = \cos ax$$

となる. したがって, 不定積分の定義より,

$$\int \cos ax\,dx = \frac{1}{a}\sin ax + C$$

である. これらの積分公式についてもまとめておこう.

$f(ax)$ の不定積分

$a\,(\neq 0)$ を定数とするとき

$(\cos ax)' = -a\sin ax$　から　$\displaystyle\int \sin ax\,dx = -\frac{1}{a}\cos ax + C$

$(\sin ax)' = a\cos ax$　から　$\displaystyle\int \cos ax\,dx = \frac{1}{a}\sin ax + C$

$\displaystyle(\tan ax)' = \frac{a}{\cos^2 ax}$　から　$\displaystyle\int \frac{1}{\cos^2 ax}\,dx = \frac{1}{a}\tan ax + C$

$(e^{ax})' = ae^{ax}$　から　$\displaystyle\int e^{ax}\,dx = \frac{1}{a}e^{ax} + C$

例 2.　$\displaystyle\int \cos 3x\,dx = \frac{1}{3}\sin 3x + C,\qquad \int e^{\frac{x}{3}}\,dx = 3e^{\frac{x}{3}} + C$

§15 不定積分

|||||||||| 演習問題 ||||||||||

(解答 pp. 228–229)

問題 15.1 次の不定積分を求めよ．

(1) $\int x^4\,dx$ (2) $\int x^{-\frac{2}{3}}\,dx$ (3) $\int 4\sqrt[5]{x^3}\,dx$ (4) $\int \dfrac{1}{2\sqrt[4]{x^3}}\,dx$

(5) $\int \dfrac{2}{x^2}\,dx$ (6) $\int \dfrac{6}{x^3}\,dx$ (7) $\int x\sqrt{x}\,dx$ (8) $\int \dfrac{\sqrt{x}}{x}\,dx$

問題 15.2 次の不定積分を求めよ．

(1) $\int (3x^3 - 2x^2)\,dx$ (2) $\int (x+2)^2\,dx$

(3) $\int \dfrac{x+2}{x^3}\,dx$ (4) $\int \dfrac{x+2}{\sqrt{x}}\,dx$

(5) $\int x(\sqrt{x}+1)^2\,dx$ (6) $\int x(2\sqrt{x}-3)^2\,dx$

(7) $\int \left(\sqrt{x}+\dfrac{1}{x}\right)^2\,dx$ (8) $\int \sqrt{x}(x+1)^2\,dx$

問題 15.3 次の不定積分を求めよ．

(1) $\int \dfrac{2}{x}\,dx$ (2) $\int \dfrac{1}{2x}\,dx$ (3) $\int \dfrac{1}{x-2}\,dx$ (4) $\int \dfrac{2}{x+3}\,dx$

(5) $\int \dfrac{x+3}{x}\,dx$ (6) $\int \dfrac{x+2}{x+1}\,dx$ (7) $\int \dfrac{x}{x+1}\,dx$ (8) $\int \dfrac{2x+1}{x+2}\,dx$

問題 15.4 次の不定積分を求めよ．

(1) $\int \dfrac{1}{2x+3}\,dx$ (2) $\int \dfrac{x^2+1}{2x}\,dx$

(3) $\int \dfrac{(x-1)^2}{x^2}\,dx$ (4) $\int \left(\sqrt{x}+\dfrac{1}{\sqrt{x}}\right)^2\,dx$

問題 15.5 次の不定積分を求めよ．

(1) $\int \sin 3x\,dx$ (2) $\int \cos 4x\,dx$ (3) $\int \sin \dfrac{x}{3}\,dx$

(4) $\int \cos \dfrac{3}{2}x\,dx$ (5) $\int \sin \dfrac{3\pi}{2}x\,dx$ (6) $\int \cos \dfrac{2\pi}{3}x\,dx$

問題 15.6 次の不定積分を求めよ.

(1) $\displaystyle\int (x + 2\sin x)\, dx$

(2) $\displaystyle\int \frac{\cos x - 2x}{3}\, dx$

(3) $\displaystyle\int (2\cos x - 4\sin x)\, dx$

(4) $\displaystyle\int \left(3\sin\frac{\pi x}{2} - \cos\frac{\pi x}{2}\right) dx$

(5) $\displaystyle\int \frac{1}{\cos^2 3x}\, dx$

(6) $\displaystyle\int \frac{1}{\cos^2 \frac{\pi x}{4}}\, dx$

(7) $\displaystyle\int \frac{1 - 2\cos^2 x}{\cos^2 x}\, dx$

(8) $\displaystyle\int \frac{3\sin^2 x + 4}{\sin^2 x}\, dx$

(9) $\displaystyle\int \frac{3\cos^3 x + 2}{\cos^2 x}\, dx$

(10) $\displaystyle\int \frac{1 - 2\sin^3 x}{\sin^2 x}\, dx$

問題 15.7 次の不定積分を求めよ.

(1) $\displaystyle\int (3e^x + 2)\, dx$

(2) $\displaystyle\int (2e^x + 3)\, dx$

(3) $\displaystyle\int (e^{3x} - 4e^{\frac{x}{2}})\, dx$

(4) $\displaystyle\int (3e^{\frac{x}{3}} - 2e^{-\frac{x}{4}})\, dx$

(5) $\displaystyle\int \sqrt{e^x}\, dx$

(6) $\displaystyle\int \sqrt{e^{3x}}\, dx$

(7) $\displaystyle\int \frac{3}{e^{2x}}\, dx$

(8) $\displaystyle\int \frac{2e^{2x} - 3}{e^{2x}}\, dx$

(9) $\displaystyle\int (3e^x - 4)^2\, dx$

(10) $\displaystyle\int (e^{3x} + 2)^2\, dx$

(11) $\displaystyle\int \frac{(\sqrt{e^x} + 2)^2}{e^{2x}}\, dx$

(12) $\displaystyle\int \frac{(3e^x + 1)^2}{\sqrt{e^x}}\, dx$

(13) $\displaystyle\int (2^x - 3^x)\, dx$

(14) $\displaystyle\int \frac{2^x - 3^x}{6^x}\, dx$

問題 15.8 次の不定積分を求めよ.

(1) $\displaystyle\int \frac{3}{\sqrt{1 - x^2}}\, dx$

(2) $\displaystyle\int \sqrt{\frac{5}{1 - x^2}}\, dx$

(3) $\displaystyle\int \frac{4}{1 + x^2}\, dx$

(4) $\displaystyle\int \frac{2 + x^2}{1 + x^2}\, dx$

(5) $\displaystyle\int \frac{x^2}{1 + x^2}\, dx$

(6) $\displaystyle\int \frac{1 - x^2}{1 + x^2}\, dx$

§16 置換積分法

置換積分法　不定積分のなかには, 微分公式の逆として得られる基本的な積分からすぐには求まらないが, 少し工夫をすることによって基本的な積分に帰着できるものもある. そのような工夫として, まず置換積分法を学ぼう.

x の不定積分 $F(x) = \int f(x)\,dx$ において, x が t の関数であって $x = g(t)$ と表されるとき, $F(x)$ は t の関数となるが, 合成関数の微分法によると

$$\frac{d}{dt}F(x) = \frac{d}{dx}F(x) \cdot \frac{dx}{dt} = f(x)g'(t) = f(g(t))g'(t)$$

となる. これより, $F(x) = \int f(x)\,dx$ は t の関数とみなしたとき, $f(g(t))g'(t)$ の原始関数の1つであるから, 次の公式が得られる.

定理 16.1 (不定積分の置換積分法)

$$x = g(t) \text{ のとき } \quad \int f(x)\,dx = \int f(g(t))g'(t)\,dt$$

$x = g(t)$ のとき $\dfrac{dx}{dt} = g'(t)$ であり, 形式的に分母を払うと, $dx = g'(t)\,dt$ となる. 上の公式は, 左辺の積分に現れる x, dx をそれぞれ単に $g(t), g'(t)\,dt$ と置き換えて得られる右辺の積分がもとの積分に等しいことを意味している.

また, 置換積分法の公式は次のように表すこともできる.

$$\int f(x)\,dx = \int f(x)\frac{dx}{dt}\,dt$$

例1. $I_1 = \displaystyle\int x\sqrt{2x-3}\,dx$

$2x - 3 = t$ つまり $x = \dfrac{t+3}{2}$ とおくと, $\dfrac{dx}{dt} = \dfrac{1}{2}$ より $dx = \dfrac{1}{2}dt$ であるから,

$$\begin{aligned}
I_1 &= \int \frac{t+3}{2} \cdot \sqrt{t} \cdot \frac{1}{2}\,dt = \int \frac{1}{4}\left(t^{\frac{3}{2}} + 3t^{\frac{1}{2}}\right)dt \\
&= \frac{1}{4}\left(\frac{2}{5}t^{\frac{5}{2}} + 3 \cdot \frac{2}{3}t^{\frac{3}{2}}\right) + C = \frac{1}{10}(t+5)t^{\frac{3}{2}} + C \\
&= \frac{1}{5}(x+1)(2x-3)^{\frac{3}{2}} + C
\end{aligned}$$

となる. この他にも, $u = \sqrt{2x-3}$ と置換して, I_1 を求めることもできる.

例 2. $I_2 = \displaystyle\int \frac{1}{\sqrt{a^2 - x^2}} \, dx$　（a は正の定数）

$x = at$ とおくと $\dfrac{dx}{dt} = a$ であるから

$$I_2 = \int \frac{1}{\sqrt{a^2 - (at)^2}} \cdot a \, dt = \int \frac{1}{a\sqrt{1 - t^2}} \cdot a \, dt$$

$$= \int \frac{1}{\sqrt{1 - t^2}} \, dt = \arcsin t + C = \arcsin \frac{x}{a} + C$$

となる. 同じ置換積分によって, $\displaystyle\int \frac{1}{a^2 + x^2} \, dx$ を求めることもできる (問題 16.6).

基本的な不定積分の公式 (続)

a を正の定数とするとき

$$\int \frac{1}{\sqrt{a^2 - x^2}} \, dx = \arcsin \frac{x}{a} + C, \quad \int \frac{1}{a^2 + x^2} \, dx = \frac{1}{a} \arctan \frac{x}{a} + C$$

$f(ax + b)$ の不定積分　　$f(x)$ の原始関数の 1 つを $F(x)$ とし, $a \, (\neq 0), b$ を定数とするとき, $\displaystyle\int f(ax + b) \, dx$ において, $t = ax + b$ つまり $x = \dfrac{t - b}{a}$ と置換すると, $\dfrac{dx}{dt} = \dfrac{1}{a}$ であるから,

$$\int f(ax + b) \, dx = \int f(t) \cdot \frac{1}{a} \, dt = \frac{1}{a} F(t) + C = \frac{1}{a} F(ax + b) + C$$

となる. この結果, 次の公式が得られる.

$f(ax + b)$ の不定積分

$\displaystyle\int f(x) \, dx = F(x) + C$ のとき

$$\int f(ax + b) \, dx = \frac{1}{a} F(ax + b) + C, \quad 特に \quad \int f(ax) \, dx = \frac{1}{a} F(ax) + C$$

例 3. $a \, (\neq 0), b, n \, (\neq -1)$ を定数とするとき,

$$\int x^n \, dx = \frac{x^{n+1}}{n + 1} + C \quad から \quad \int (ax + b)^n \, dx = \frac{(ax + b)^{n+1}}{(n + 1)a} + C$$

が成り立つ.

§16 置換積分法

$\int f(g(x))g'(x)\,dx$ **型の不定積分**　x の不定積分において, x の式の1つのまとまりを $g(x)$ とみなすと,

(16.1) $$\int f(g(x))g'(x)\,dx$$

の形になっている場合がある. このような積分の求め方を考えてみよう.

$u = g(x)$ とおき, 定理 16.1 の置換積分法の公式で文字 x を u に, また t を x に置き換えたと考えると,

$$\int f(g(x))g'(x)\,dx = \int f(u)\,du$$

となるから, 右辺の u の積分を計算すると, もとの積分が求まることになる.

どのような積分が (16.1) の形になっているかを見抜くには, 慣れが必要である. 以下に, いくつかの例を取り上げてみよう.

例 4. $I_4 = \int (2x+1)(x^2+x+1)^2\,dx$

$(x^2+x+1)' = 2x+1$ であるから, $u = x^2+x+1$ とおくと,

$$I_4 = \int (x^2+x+1)^2(x^2+x+1)'\,dx = \int u^2\,du$$
$$= \frac{1}{3}u^3 + C = \frac{1}{3}(x^2+x+1)^3 + C$$

となる. この計算は, $\dfrac{du}{dx} = 2x+1$ から $du = (2x+1)\,dx$ と考えて, I_4 において $(2x+1)\,dx$ を du で置き換えただけとみることもできる.

例 5. $I_5 = \int \dfrac{2\log x + 5}{x}\,dx$

$(\log x)' = \dfrac{1}{x}$ であるから, $u = \log x$ とおくと,

$$I_5 = \int (2\log x + 5)(\log x)'\,dx = \int (2u+5)\,du$$
$$= u^2 + 5u + C = (\log x)^2 + 5\log x + C$$

となる.

最後に，この種の積分の典型的な例として，

$$\int \frac{g'(x)}{g(x)} dx = \int \frac{1}{g(x)} \cdot g'(x) dx$$

をあげておこう．$u = g(x)$ とすると，

$$\int \frac{1}{g(x)} \cdot g'(x) dx = \int \frac{1}{u} du$$
$$= \log|u| + C = \log|g(x)| + C$$

となるから，次の公式が得られる．

不定積分 $\int \dfrac{g'(x)}{g(x)} dx$

(16.2) $$\int \frac{g'(x)}{g(x)} dx = \log|g(x)| + C$$

これは，$\log g(x)$ の導関数の公式 (p. 38, p. 47) の「逆」の公式である．

例 6. $\displaystyle \int \frac{x}{x^2+1} dx = \frac{1}{2} \int \frac{(x^2+1)'}{x^2+1} dx = \frac{1}{2} \log(x^2+1) + C$

例 7. $\displaystyle \int \frac{e^x - e^{-x}}{e^x + e^{-x}} dx = \int \frac{(e^x + e^{-x})'}{e^x + e^{-x}} dx = \log(e^x + e^{-x}) + C$

次のような積分にも，やはり上の公式 (16.2) が適用できる．

例 8. $\displaystyle \int \tan x \, dx = \int \frac{\sin x}{\cos x} dx = -\int \frac{(\cos x)'}{\cos x} dx = -\log|\cos x| + C$

例 9. $\displaystyle \int \frac{1}{(\tan x + 4)\cos^2 x} dx = \int \frac{(\tan x + 4)'}{\tan x + 4} dx = \log|\tan x + 4| + C$

§16 置換積分法

================ 演習問題 ================

(解答 pp. 229–231)

問題 16.1 次の不定積分を求めよ.

(1) $\displaystyle\int (2x+1)^3\,dx$ (2) $\displaystyle\int (2x+5)^7\,dx$ (3) $\displaystyle\int \sqrt{2x+1}\,dx$

(4) $\displaystyle\int \sqrt{\dfrac{1}{2}x+1}\,dx$ (5) $\displaystyle\int \dfrac{1}{\sqrt{2x-1}}\,dx$ (6) $\displaystyle\int \dfrac{1}{\sqrt{1-x}}\,dx$

(7) $\displaystyle\int (3x+2)^{\frac{3}{2}}\,dx$ (8) $\displaystyle\int \sqrt[3]{2x+3}\,dx$ (9) $\displaystyle\int \dfrac{1}{3x+4}\,dx$

(10) $\displaystyle\int \dfrac{1}{2x-3}\,dx$ (11) $\displaystyle\int \cos(\pi x+1)\,dx$ (12) $\displaystyle\int \sin\left(\dfrac{x}{6}+5\right)\,dx$

(13) $\displaystyle\int \dfrac{1}{\sqrt{1-4x^2}}\,dx$ (14) $\displaystyle\int \dfrac{1}{1+9x^2}\,dx$

問題 16.2 次の不定積分を求めよ. [ ] が記されたものは, [ ] 内の置換で求めよ.

(1) $\displaystyle\int x(x+1)^3\,dx$ (2) $\displaystyle\int x(2x-1)^3\,dx$

(3) $\displaystyle\int (x-2)(2x+3)^4\,dx$ (4) $\displaystyle\int (6x-1)(2x-3)^4\,dx$

(5) $\displaystyle\int \dfrac{x+4}{(x+2)^2}\,dx$ (6) $\displaystyle\int \dfrac{4x}{(2x-1)^2}\,dx$

(7) $\displaystyle\int x\sqrt{x-2}\,dx$ $[x-2=t]$ (8) $\displaystyle\int x\sqrt{2x+3}\,dx$ $[2x+3=t]$

(9) $\displaystyle\int x\sqrt{x-2}\,dx$ $[\sqrt{x-2}=t]$ (10) $\displaystyle\int x\sqrt{2x+3}\,dx$ $[\sqrt{2x+3}=t]$

(11) $\displaystyle\int (x+1)\sqrt{1-x}\,dx$ (12) $\displaystyle\int \dfrac{x+2}{\sqrt{x-2}}\,dx$

問題 16.3 置換 $t=e^x$ によって, 次の不定積分を求めよ.

(1) $\displaystyle\int (e^x+1)^4 e^x\,dx$ (2) $\displaystyle\int e^x\sqrt{e^x+1}\,dx$

(3) $\displaystyle\int \dfrac{1}{3+e^{-x}}\,dx$ (4) $\displaystyle\int \sqrt{\dfrac{e^x}{2+3e^{-x}}}\,dx$

問題 16.4 次の不定積分を求めよ．

(1) $\displaystyle\int (x+1)(x^2+2x-3)^2\,dx$

(2) $\displaystyle\int (2x+1)(x^2+x+1)^3\,dx$

(3) $\displaystyle\int 2x\sqrt{x^2+3}\,dx$

(4) $\displaystyle\int x^2\sqrt[3]{x^3+1}\,dx$

(5) $\displaystyle\int x\sin(x^2+3)\,dx$

(6) $\displaystyle\int x^2\cos(x^3+2)\,dx$

(7) $\displaystyle\int (e^x+2)^5 e^x\,dx$

(8) $\displaystyle\int e^{2x}(e^x+1)^3\,dx$

(9) $\displaystyle\int \frac{\log x}{x}\,dx$

(10) $\displaystyle\int \frac{1}{x}(\log x)^3\,dx$

(11) $\displaystyle\int \frac{1}{x(\log x+1)^2}\,dx$

(12) $\displaystyle\int \frac{2}{x(\log x+2)^3}\,dx$

(13) $\displaystyle\int \frac{x}{x^4+1}\,dx$

(14) $\displaystyle\int \frac{x^2}{\sqrt{1-x^6}}\,dx$

問題 16.5 公式 $\displaystyle\int \frac{g'(x)}{g(x)}\,dx = \log|g(x)| + C$ を利用して，次の不定積分を求めよ．

(1) $\displaystyle\int \frac{3}{3x+2}\,dx$

(2) $\displaystyle\int \frac{2x}{x^2+2}\,dx$

(3) $\displaystyle\int \frac{x+1}{x^2+2x+3}\,dx$

(4) $\displaystyle\int \frac{e^x}{2e^x+1}\,dx$

(5) $\displaystyle\int 2\tan 2x\,dx$

(6) $\displaystyle\int \frac{1}{\tan 2x}\,dx$

問題 16.6 a を正の定数とするとき，次の公式を証明せよ．

$$\int \frac{1}{x^2+a^2}\,dx = \frac{1}{a}\arctan\frac{x}{a} + C$$

問題 16.7 次の不定積分を求めよ．

(1) $\displaystyle\int \frac{1}{(x+1)^2+4}\,dx$

(2) $\displaystyle\int \frac{1}{(x-3)^2+5}\,dx$

(3) $\displaystyle\int \frac{1}{x^2+4x+13}\,dx$

(4) $\displaystyle\int \frac{1}{x^2+x+1}\,dx$

問題 16.8 $\displaystyle K_m = \int \frac{1}{(x^2+1)^m}\,dx,\ J_n = \int \cos^n\theta\,d\theta\ (m, n = 0, 1, 2, \cdots)$ とする．$x = \tan\theta$ と置換して，K_m を J_n を用いて表せ．

§17 部分積分法

部分積分法　積の微分法の公式 (p. 35)
$$\{f(x)g(x)\}' = f'(x)g(x) + f(x)g'(x)$$
から, $f(x)g(x)$ が右辺の関数の原始関数であることがわかる. したがって,
$$\int \{f'(x)g(x) + f(x)g'(x)\}\,dx = f(x)g(x) + C$$
であるが,
$$\int f'(x)g(x)\,dx + \int f(x)g'(x)\,dx = f(x)g(x) + C$$
となるので, 左辺の積分の 1 つを移項すると次の公式が得られる.

定理 17.1 (不定積分の部分積分法)
$$\int f(x)g'(x)\,dx = f(x)g(x) - \int f'(x)g(x)\,dx$$

部分積分法によって求める不定積分の例をいくつか示そう.

例 1.
$$\begin{aligned}
\int x\cos x\,dx &= \int x\cdot(\sin x)'\,dx \\
&= x\sin x - \int (x)'\cdot \sin x\,dx \\
&= x\sin x - \int \sin x\,dx = x\sin x + \cos x + C
\end{aligned}$$

例 2.
$$\begin{aligned}
\int (4x+6)e^{2x}\,dx &= \int (4x+6)\cdot\left(\frac{1}{2}e^{2x}\right)'\,dx \\
&= (4x+6)\cdot\frac{1}{2}e^{2x} - \int (4x+6)'\cdot\frac{1}{2}e^{2x}\,dx \\
&= (2x+3)e^{2x} - \int 2e^{2x}\,dx = (2x+2)e^{2x} + C
\end{aligned}$$

例 1, 2 のように,
$$\int (x\ の多項式)\cdot(\sin ax,\ \cos ax\ または\ e^{ax})\,dx \quad (a\ は定数)$$
においては, $(x\ の多項式)$ の次数を下げるように部分積分を繰り返すとよい.

例 3. $\displaystyle\int e^x \sin 2x\, dx = \int (e^x)' \sin 2x\, dx = e^x \sin 2x - \int e^x (\sin 2x)'\, dx$

$\displaystyle\qquad = e^x \sin 2x - 2\int e^x \cos 2x\, dx = e^x \sin 2x - 2\int (e^x)' \cos 2x\, dx$

$\displaystyle\qquad = e^x \sin 2x - 2\Big\{ e^x \cos 2x - \int e^x (\cos 2x)'\, dx \Big\}$

$\displaystyle\qquad = e^x \sin 2x - 2e^x \cos 2x - 4\int e^x \sin 2x\, dx$

最後の式に求めたい積分が再び現れたので，これを左辺に移項して整理すると，次の結果が得られる．

$$\int e^x \sin 2x\, dx = \frac{1}{5} e^x (\sin 2x - 2\cos 2x) + C$$

例 3 のように，

$$\int e^{ax}(\sin bx\ \text{または}\ \cos bx)\, dx \quad (a, b\ \text{は}\ 0\ \text{以外の定数})$$

においては，$e^{ax} = \left(\dfrac{1}{a} e^{ax}\right)'$ とする部分積分を 2 度繰り返すと，求めたい積分が再び現れるので，それを移項して整理するとよい．あるいは

$$I = \int e^{ax} \sin bx\, dx, \qquad J = \int e^{ax} \cos bx\, dx$$

とおいて，I, J を次のように同時に求めることもできる．

$$I = \int \left(\frac{1}{a} e^{ax}\right)' \sin bx\, dx = \frac{1}{a} e^{ax} \sin bx - \frac{b}{a} \int e^{ax} \cos bx\, dx$$

$$J = \int \left(\frac{1}{a} e^{ax}\right)' \cos bx\, dx = \frac{1}{a} e^{ax} \cos bx + \frac{b}{a} \int e^{ax} \sin bx\, dx$$

より

$$\begin{cases} I = \dfrac{1}{a} e^{ax} \sin bx - \dfrac{b}{a} J \\ J = \dfrac{1}{a} e^{ax} \cos bx + \dfrac{b}{a} I \end{cases} \quad \text{つまり} \quad \begin{cases} aI + bJ = e^{ax} \sin bx \\ -bI + aJ = e^{ax} \cos bx \end{cases}$$

が成り立つ．これを I, J の連立方程式として解くと，次の結果が得られる．

$$\begin{cases} I = \dfrac{1}{a^2 + b^2} e^{ax}(a \sin bx - b \cos bx) + C \\ J = \dfrac{1}{a^2 + b^2} e^{ax}(b \sin bx + a \cos bx) + C \end{cases}$$

§17 部分積分法

例 4. $\displaystyle\int (2x+3)\log x\,dx = \int (x^2+3x)'\log x\,dx$

$\displaystyle\qquad\qquad = (x^2+3x)\log x - \int (x^2+3x)(\log x)'\,dx$

$\displaystyle\qquad\qquad = (x^2+3x)\log x - \int (x^2+3x)\cdot\frac{1}{x}\,dx$

$\displaystyle\qquad\qquad = (x^2+3x)\log x - \int (x+3)\,dx$

$\displaystyle\qquad\qquad = (x^2+3x)\log x - \frac{1}{2}x^2 - 3x + C$

例 4 のように，

$$\int (x\text{ の多項式})\cdot\{\log x \text{ または } (\log x)^n\}\,dx \quad (n\text{ は正の整数})$$

においては，$(x\text{ の多項式})$ の原始関数を用いて，微分 $'$ を $\log x$ または $(\log x)^n$ に移すように部分積分を繰り返すとよい．

積分 $\int f(x)\,dx$ において，$f(x)$ をわざわざ $1\cdot f(x)$ と考え，さらに 1 を $(x)'$ と置き換えて

$$\int f(x)\,dx = \int 1\cdot f(x)\,dx = \int (x)'\cdot f(x)\,dx = xf(x) - \int x\cdot f'(x)\,dx$$

と部分積分するとうまく求まる場合がある．

例 5. $\displaystyle\int \log x\,dx = \int (x)'\cdot \log x\,dx = x\log x - \int x\cdot(\log x)'\,dx$

$\displaystyle\qquad\quad = x\log x - \int x\cdot\frac{1}{x}\,dx = x\log x - \int 1\,dx$

$\displaystyle\qquad\quad = x\log x - x + C$

例 6. $\displaystyle\int \arctan x\,dx = \int (x)'\cdot\arctan x\,dx = x\arctan x - \int x\cdot(\arctan x)'\,dx$

$\displaystyle\qquad\quad = x\arctan x - \int x\cdot\frac{1}{1+x^2}\,dx$

$\displaystyle\qquad\quad = x\arctan x - \frac{1}{2}\int \frac{(1+x^2)'}{1+x^2}\,dx$

$\displaystyle\qquad\quad = x\arctan x - \frac{1}{2}\log(1+x^2) + C$

演習問題

(解答 pp. 231–232)

問題 17.1 次の不定積分について，空欄に適する式を求め，部分積分により求めよ．

(1) $\int (6x-1)e^{3x}\,dx = \int (6x-1)(\quad)'\,dx$

(2) $\int (3x+2)\sin x\,dx = \int (3x+2)(\quad)'\,dx$

(3) $\int (4x-3)\cos 2x\,dx = \int (4x-3)(\quad)'\,dx$

(4) $\int (4x+6)\log x\,dx = \int (\quad)' \log x\,dx$

(5) $\int x(2x+1)^4\,dx = \int x(\quad)'\,dx$

問題 17.2 次の不定積分を求めよ．

(1) $\int (x+1)e^x\,dx$

(2) $\int xe^{2x}\,dx$

(3) $\int (2x+1)e^{-x}\,dx$

(4) $\int (2x+1)e^{\frac{x}{2}}\,dx$

(5) $\int x\sin x\,dx$

(6) $\int x\sin\frac{x}{2}\,dx$

(7) $\int (2x+1)\cos 2x\,dx$

(8) $\int \frac{2x+5}{3}\cos\frac{x}{3}\,dx$

(9) $\int \log 2x\,dx$

(10) $\int (2x+1)\log x\,dx$

(11) $\int x^2 \log x\,dx$

(12) $\int \sqrt{x}\log x\,dx$

(13) $\int x(x-3)^4\,dx$

(14) $\int (2x-5)(x+1)^3\,dx$

(15) $\int x(2x+3)^5\,dx$

(16) $\int \frac{4x+2}{(3x-1)^3}\,dx$

問題 17.3 次の不定積分を求めよ．

(1) $\int x^2 \cos x\,dx$

(2) $\int x^2 \sin 2x\,dx$

(3) $\int (2x^2-6x)e^{2x}\,dx$

(4) $\int x(\log x)^2\,dx$

§17 部分積分法

問題 17.4 次の不定積分を求めよ.

(1) $I = \displaystyle\int e^x \sin x \, dx, \ J = \displaystyle\int e^x \cos x \, dx$

(2) $I = \displaystyle\int e^{3x} \sin x \, dx, \ J = \displaystyle\int e^{3x} \cos x \, dx$

(3) $I = \displaystyle\int e^{-x} \sin 3x \, dx, \ J = \displaystyle\int e^{-x} \cos 3x \, dx$

(4) $I = \displaystyle\int e^{-2x} \sin \dfrac{3x}{2} \, dx, \ J = \displaystyle\int e^{-2x} \cos \dfrac{3x}{2} \, dx$

問題 17.5 次の不定積分を求めよ.

(1) $\displaystyle\int \log(x+3) \, dx$

(2) $\displaystyle\int \log(x^2+1) \, dx$

(3) $\displaystyle\int x \arctan x \, dx$

(4) $\displaystyle\int \arcsin x \, dx$

問題 17.6 $I = \displaystyle\int \sin(\log x) \, dx, \ J = \displaystyle\int \cos(\log x) \, dx$ について, 次の問いに答えよ.

(1) $I = \displaystyle\int (x)' \sin(\log x) \, dx$ として部分積分を行い, I を J を用いて表せ.

(2) $J = \displaystyle\int (x)' \cos(\log x) \, dx$ として部分積分を行い, J を I を用いて表せ.

(3) I, J を求めよ.

問題 17.7 $I_n = \displaystyle\int \dfrac{1}{(x^2+1)^n} \, dx \ (n=1,2,3,\cdots)$ とする.

(1) $I_1 = \displaystyle\int (x)' \cdot \dfrac{1}{x^2+1} \, dx$ として部分積分を行い, $I_2 = \dfrac{x}{2(x^2+1)} + \dfrac{1}{2} I_1$ が成り立つことを示せ. [ヒント: $\dfrac{x^2}{(x^2+1)^2} = \dfrac{x^2+1-1}{(x^2+1)^2} = \dfrac{1}{x^2+1} - \dfrac{1}{(x^2+1)^2}$]

(2) $I_{n+1} = \dfrac{x}{2n(x^2+1)^n} + \dfrac{2n-1}{2n} I_n$ が成り立つことを示せ.

(3) I_1, I_2, I_3, I_4 を求めよ.

§18 有理関数の不定積分

有理関数 分子，分母がともに，x の多項式である分数式で表される関数を x の**有理関数**という．ここでは有理関数の不定積分

$$\int \frac{f(x)}{g(x)} dx \qquad (f(x), g(x) \text{ は } x \text{ の多項式})$$

を考えてみよう．

例1. $2x^2 + x = (2x+3)(x-1) + 3$ より

$$\int \frac{2x^2 + x}{x - 1} dx = \int \frac{(2x+3)(x-1) + 3}{x - 1} dx = \int \left(2x + 3 + \frac{3}{x - 1}\right) dx$$
$$= x^2 + 3x + 3 \log|x - 1| + C.$$

$3x^4 + 3x^2 + 2x = 3x^2(x^2 + 1) + 2x$ より

$$\int \frac{3x^4 + 3x^2 + 2x}{x^2 + 1} dx = \int \frac{3x^2(x^2 + 1) + 2x}{x^2 + 1} dx = \int \left(3x^2 + \frac{2x}{x^2 + 1}\right) dx$$
$$= x^3 + \log(x^2 + 1) + C.$$

これらの例のように，[分子の次数] $\geqq$ [分母の次数] のときには，分子 $f(x)$ を分母 $g(x)$ で割ったときの商を $q(x)$，余りを $r(x)$ とすると

$$\frac{f(x)}{g(x)} = \frac{q(x)g(x) + r(x)}{g(x)} = q(x) + \frac{r(x)}{g(x)} \qquad ([r(x) \text{ の次数}] < [g(x) \text{ の次数}])$$

となるが，多項式 $q(x)$ は簡単に積分できるので，あとは $\frac{r(x)}{g(x)}$ の積分だけを考えるとよい．したがって，これからは

(18.1) $$[f(x) \text{ の次数}] < [g(x) \text{ の次数}]$$

として話を進める．

条件 (18.1) を満たす有理関数の積分，たとえば

$$\int \frac{2x + 5}{x^2 - x - 2} dx, \qquad \int \frac{x - 7}{x^3 - 3x + 2} dx, \qquad \int \frac{7x + 5}{(x - 3)(x^2 + 4)} dx$$

などは，基本的な積分公式からすぐには求まらない．これらの積分をいかに計算するかをこれから説明しよう．

§18 有理関数の不定積分

部分分数展開　最初に, 有理関数 $\dfrac{f(x)}{g(x)}$ を次のような分数式

$$\frac{A_1}{x-a}, \quad \frac{A_2}{(x-a)^2}, \quad \cdots, \quad \frac{B_1 x + C_1}{(x-p)^2 + q^2}, \quad \frac{B_2 x + C_2}{\{(x-p)^2+q^2\}^2}, \quad \cdots$$

($a, p, q, A_1, B_1, C_1, \cdots$ は実数の定数, $q \neq 0$) の和で表すことを考える.

そのためには, まず分母 $g(x)$ を因数分解する必要がある. 因数定理より, 実数 a が方程式 $g(x) = 0$ の解のとき, $g(x)$ は1次式 $x - a$ を因数にもつ. また, $g(x)$ は実数係数であるから, 虚数 $p + qi$ ($q \neq 0$) が解のとき, その共役複素数 $p - qi$ も解であり, $g(x)$ は実数係数の2次式

$$\{x - (p+qi)\}\{x - (p-qi)\} = (x-p)^2 + q^2$$

を因数にもつ. したがって, $g(x)$ はいくつかの $x - a$ 型の1次式, および実数係数の範囲では因数分解できない $(x-p)^2 + q^2$ 型の2次式により

$$g(x) = A(x-a)^m \cdots \{(x-p)^2 + q^2\}^n \cdots \quad (A \text{ は定数}, m, n \text{ は正の整数})$$

の形に因数分解される.

このとき, 有理関数 $\dfrac{f(x)}{g(x)}$ は

(18.2) $$\frac{A_1}{x-a}, \quad \frac{A_2}{(x-a)^2}, \quad \cdots, \quad \frac{A_m}{(x-a)^m}$$

および

(18.3) $$\frac{B_1 x + C_1}{(x-p)^2 + q^2}, \quad \frac{B_2 x + C_2}{\{(x-p)^2+q^2\}^2}, \quad \cdots, \quad \frac{B_n x + C_n}{\{(x-p)^2+q^2\}^n}$$

の形の分数式の和で表されることがわかっている. 有理関数をこのような分数式の和に分解することを**部分分数展開**という.

部分分数展開をしようとするときには, 分母が $(x-a)^m$ を因数にもつならば, (18.2) のように分子が定数である m 個の分数式を, また分母が2次式 $(x-p)^2+q^2$ を因数にもつならば, (18.3) のように分子が x の1次式である分数式を用意する必要がある.

例 2. $I_2 = \displaystyle\int \frac{2x+5}{x^2-x-2}\,dx$

分母 $x^2 - x - 2 = (x-2)(x+1)$ であるから,
$$\frac{2x+5}{(x-2)(x+1)} = \frac{A}{x-2} + \frac{B}{x+1}$$
と展開できる. 両辺に $(x-2)(x+1)$ をかけて分母を払うと
$$2x + 5 = A(x+1) + B(x-2)$$
となる. 右辺 $= (A+B)x + A - 2B$ であり, 両辺の係数を比較して
$$A + B = 2, \quad A - 2B = 5$$
から, $A = 3, B = -1$ を得る.

この結果は, 分母を払った式の両辺で $x = 2, x = -1$ とおいた式
$$9 = 3A + 0 \cdot B, \quad 3 = 0 \cdot A - 3B$$
から導くこともできる.
$$\begin{aligned}I_2 &= \int \frac{2x+5}{(x-2)(x+1)}\,dx = \int \left(\frac{3}{x-2} - \frac{1}{x+1}\right)dx \\ &= 3\log|x-2| - \log|x+1| + C \\ &= \log\left|\frac{(x-2)^3}{x+1}\right| + C\end{aligned}$$

例 3. $I_3 = \displaystyle\int \frac{x-7}{x^3-3x+2}\,dx$

分母 $x^3 - 3x + 2 = (x+2)(x-1)^2$ であるから,
$$\frac{x-7}{(x+2)(x-1)^2} = \frac{A}{x+2} + \frac{B}{x-1} + \frac{C}{(x-1)^2}$$
と展開できる. 両辺に $(x+2)(x-1)^2$ をかけて分母を払うと
$$x - 7 = A(x-1)^2 + B(x+2)(x-1) + C(x+2)$$
となる. 右辺 $= (A+B)x^2 + (-2A+B+C)x + A - 2B + 2C$ であり, 両辺の係数を比較して
$$A + B = 0, \quad -2A + B + C = 1, \quad A - 2B + 2C = -7$$
から, $A = -1, B = 1, C = -2$ を得る.

§18 有理関数の不定積分

この結果は，分母を払った式の両辺で $x = -2, x = 1$ とおいた式からまず $A = -1, C = -2$ を導き，次に x^2 の係数から $B = 1$ と求めることもできる．

$$I_3 = \int \frac{x-7}{(x+2)(x-1)^2}\,dx = \int \left(-\frac{1}{x+2} + \frac{1}{x-1} - \frac{2}{(x-1)^2}\right) dx$$

$$= -\log|x+2| + \log|x-1| + \frac{2}{x-1} + C$$

$$= \log\left|\frac{x-1}{x+2}\right| + \frac{2}{x-1} + C$$

例 4. $I_4 = \displaystyle\int \frac{7x+5}{(x-3)(x^2+4)}\,dx$

この分数式は

$$\frac{7x+5}{(x-3)(x^2+4)} = \frac{A}{x-3} + \frac{Bx+C}{x^2+4}$$

と展開できる．両辺に $(x-3)(x^2+4)$ をかけて分母を払うと

$$7x+5 = A(x^2+4) + (Bx+C)(x-3)$$

となる．右辺 $= (A+B)x^2 + (-3B+C)x + 4A - 3C$ であり，両辺の係数を比較して

$$A + B = 0, \quad -3B + C = 7, \quad 4A - 3C = 5$$

から，$A = 2, B = -2, C = 1$ を得る．

ここでもやはり，分母を払った式の両辺で $x = 3, x = 2i\ (i^2 = -1)$ とおいた式から，A, B, C の値を求めることもできる．

$$I_4 = \int \left(\frac{2}{x-3} + \frac{-2x+1}{x^2+4}\right) dx$$

$$= \int \left(\frac{2}{x-3} - \frac{(x^2+4)'}{x^2+4} + \frac{1}{x^2+2^2}\right) dx$$

$$= 2\log|x-3| - \log(x^2+4) + \frac{1}{2}\arctan\frac{x}{2} + C$$

$$= \log\frac{(x-3)^2}{x^2+4} + \frac{1}{2}\arctan\frac{x}{2} + C$$

演習問題

(解答 pp. 233–234)

問題 18.1 次の不定積分を求めよ.

(1) $\displaystyle\int \frac{x}{x-1}\,dx$ 　　(2) $\displaystyle\int \frac{2x-3}{x-2}\,dx$ 　　(3) $\displaystyle\int \frac{4x-1}{2x+1}\,dx$

(4) $\displaystyle\int \frac{3x-1}{2x+1}\,dx$ 　　(5) $\displaystyle\int \frac{x^2+1}{x+1}\,dx$ 　　(6) $\displaystyle\int \frac{2x^2-x+1}{2x+1}\,dx$

(7) $\displaystyle\int \frac{3x^2-x-3}{3x+5}\,dx$ 　　(8) $\displaystyle\int \frac{x^2+x+1}{2x+1}\,dx$ 　　(9) $\displaystyle\int \frac{2x^2-3}{x^2+1}\,dx$

(10) $\displaystyle\int \frac{1-x^2}{1+x^2}\,dx$ 　　(11) $\displaystyle\int \frac{x^4}{x^2+1}\,dx$ 　　(12) $\displaystyle\int \frac{x^3}{x^2+1}\,dx$

(13) $\displaystyle\int \frac{3x^2+4x+2}{x^2+1}\,dx$ 　　(14) $\displaystyle\int \frac{x^3+1}{x^2+1}\,dx$

問題 18.2 次の不定積分を求めよ.

(1) $\displaystyle\int \frac{x+1}{x^2+4}\,dx$ 　　(2) $\displaystyle\int \frac{4x+3}{x^2+9}\,dx$

(3) $\displaystyle\int \frac{2x+3}{x^2+2x+5}\,dx$ 　　(4) $\displaystyle\int \frac{x+5}{x^2+4x+13}\,dx$

問題 18.3 次の等式を満たす定数 A, B, C, D をそれぞれ求めよ.

(1) $\displaystyle\frac{x+6}{x(x+2)} = \frac{A}{x} + \frac{B}{x+2}$

(2) $\displaystyle\frac{x+5}{(x-1)(x-2)(x-3)} = \frac{A}{x-1} + \frac{B}{x-2} + \frac{C}{x-3}$

(3) $\displaystyle\frac{2x^2-x+2}{x^2(x+1)} = \frac{A}{x^2} + \frac{B}{x} + \frac{C}{x+1}$

(4) $\displaystyle\frac{7x^2-5x+3}{x(x^2+1)} = \frac{A}{x} + \frac{Bx+C}{x^2+1}$

(5) $\displaystyle\frac{4x^3-3x^2+4x-1}{(x^2+1)^2} = \frac{Ax+B}{(x^2+1)^2} + \frac{Cx+D}{x^2+1}$

問題 18.4 次の不定積分を求めよ. (以下, 問題 18.8 まで, (1) は問題 18.3 の結果を利用.)

(1) $\displaystyle\int \frac{x+6}{x(x+2)}\,dx$ 　　(2) $\displaystyle\int \frac{2}{x^2-1}\,dx$

(3) $\displaystyle\int \frac{4x-1}{x^2-x}\,dx$ 　　(4) $\displaystyle\int \frac{x}{x^2+5x+6}\,dx$

§18 有理関数の不定積分

問題 18.5 次の不定積分を求めよ．

（1）$\displaystyle\int \frac{x+5}{(x-1)(x-2)(x-3)}\,dx$　　（2）$\displaystyle\int \frac{4-x}{x(x-1)(x-2)}\,dx$

（3）$\displaystyle\int \frac{x^2+1}{x^3-x}\,dx$　　（4）$\displaystyle\int \frac{x^2+8x-1}{(x-1)(x+1)(x+3)}\,dx$

問題 18.6 次の不定積分を求めよ．

（1）$\displaystyle\int \frac{2x^2-x+2}{x^2(x+1)}\,dx$　　（2）$\displaystyle\int \frac{4}{x^2(x+2)}\,dx$

（3）$\displaystyle\int \frac{1}{x(x+1)^2}\,dx$　　（4）$\displaystyle\int \frac{x^2+7x-8}{x(x-2)^2}\,dx$

（5）$\displaystyle\int \frac{2x-10}{x^3+x^2-5x+3}\,dx$　　（6）$\displaystyle\int \frac{4x+11}{x^3+4x^2+5x+2}\,dx$

問題 18.7 次の不定積分を求めよ．

（1）$\displaystyle\int \frac{7x^2-5x+3}{x(x^2+1)}\,dx$　　（2）$\displaystyle\int \frac{(x+1)^2}{x(x^2+1)}\,dx$

（3）$\displaystyle\int \frac{x^2-3x+20}{x(x^2+4)}\,dx$　　（4）$\displaystyle\int \frac{4}{x(x^2+4)}\,dx$

（5）$\displaystyle\int \frac{2}{x^3+x^2+x+1}\,dx$　　（6）$\displaystyle\int \frac{x-6}{x^3-x^2+4x-4}\,dx$

（7）$\displaystyle\int \frac{12x+4}{x^4-1}\,dx$　　（8）$\displaystyle\int \frac{x^3-3x^2-3x+2}{x^2(x^2+1)}\,dx$

問題 18.8 次の不定積分を求めよ．

（1）$\displaystyle\int \frac{4x^3-3x^2+4x-1}{(x^2+1)^2}\,dx$　　（2）$\displaystyle\int \frac{4x^4+2x^3+4x^2+x+3}{(x+1)(x^2+1)^2}\,dx$

[ヒント：$\displaystyle\int \frac{1}{(x^2+1)^2}\,dx$ は問題 17.7 の I_2，$\displaystyle\int \frac{x}{(x^2+1)^2}\,dx$ は $x^2+1=u$ と置換．]

問題 18.9 $e^x = t$ つまり $x = \log t$ と置換して，次の不定積分を求めよ．

（1）$\displaystyle\int \frac{e^x}{e^x+1}\,dx$　　（2）$\displaystyle\int \frac{1}{e^x+1}\,dx$

（3）$\displaystyle\int \frac{e^x}{e^{2x}-1}\,dx$　　（4）$\displaystyle\int \frac{1}{e^{2x}-1}\,dx$

§19 三角関数の不定積分

この節では,三角関数の不定積分について,まとめておこう.

加法定理の応用　三角関数の積の不定積分のなかには,加法定理から導かれる積を和・差になおす公式 (p. 19) を用いて計算するものがある.

例 1.
$$\int \sin 2x \cos x \, dx = \int \frac{1}{2}(\sin 3x + \sin x) \, dx$$
$$= -\frac{1}{6}\cos 3x - \frac{1}{2}\cos x + C$$
$$\int \sin 3x \sin 2x \, dx = \int -\frac{1}{2}(\cos 5x - \cos x) \, dx$$
$$= -\frac{1}{10}\sin 5x + \frac{1}{2}\sin x + C$$

また,三角関数のベキ乗の不定積分を半角公式などによって三角関数の和,差の積分に直して計算することもある.

例 2.
$$\int \cos^2 3x \, dx = \int \frac{1 + \cos 6x}{2} \, dx = \frac{x}{2} + \frac{1}{12}\sin 6x + C$$
$$\int \sin^4 x \, dx = \int \left(\frac{1 - \cos 2x}{2}\right)^2 dx$$
$$= \int \frac{1}{4}(1 - 2\cos 2x + \cos^2 2x) \, dx$$
$$= \int \frac{1}{4}\left(1 - 2\cos 2x + \frac{1 + \cos 4x}{2}\right) dx$$
$$= \frac{3}{8}x - \frac{1}{4}\sin 2x + \frac{1}{32}\sin 4x + C$$

基本関係式の応用　関係式 $\sin^2 x + \cos^2 x = 1$ の両辺を $\cos^2 x$, $\sin^2 x$ で割った式を利用すると,$\tan^2 x$, $\dfrac{1}{\tan^2 x}$ の不定積分が求められる.

例 3.
$$\int \tan^2 x \, dx = \int \left(\frac{1}{\cos^2 x} - 1\right) dx = \tan x - x + C$$
$$\int \frac{1}{\tan^2 x} \, dx = \int \left(\frac{1}{\sin^2 x} - 1\right) dx = -\frac{1}{\tan x} - x + C$$

§19 三角関数の不定積分

置換積分 $u = \sin x$, $v = \cos x$　　$\sin x, \cos x$ の式で表された関数の不定積分のなかには、整理すると

$$\int f(\sin x) \cos x \, dx, \quad \int g(\cos x) \sin x \, dx$$

の形で表されるものがある．これらの積分はそれぞれ

$$u = \sin x, \quad v = \cos x$$

と置換すると，

$$\cos x \, dx = du, \quad \sin x \, dx = -dv$$

であるから，

$$\int f(u) \, du, \quad \int g(v) \, (-1) \, dv$$

となり，より単純な積分に帰着させることができる．

例 4.　$I_4 = \displaystyle\int \cos^3 x \, dx$

$\cos^3 x = \cos^2 x \cdot \cos x = (1 - \sin^2 x) \cos x$ であるから，$u = \sin x$ とおくと

$$\begin{aligned}
I_4 &= \int (1 - \sin^2 x) \cos x \, dx = \int (1 - u^2) \, du \\
&= u - \frac{1}{3} u^3 + C \\
&= \sin x - \frac{1}{3} \sin^3 x + C.
\end{aligned}$$

例 5.　$I_5 = \displaystyle\int \frac{1}{\sin x} \, dx$

$\dfrac{1}{\sin x} = \dfrac{\sin x}{\sin^2 x} = \dfrac{1}{1 - \cos^2 x} \cdot \sin x$ であるから，$v = \cos x$ とおくと

$$\begin{aligned}
I_5 &= \int \frac{1}{1 - \cos^2 x} \cdot \sin x \, dx = \int \frac{1}{1 - v^2} \cdot (-1) \, dv \\
&= \int \frac{1}{2} \left(\frac{1}{v - 1} - \frac{1}{v + 1} \right) dv = \frac{1}{2} \log \left| \frac{v - 1}{v + 1} \right| + C \\
&= \frac{1}{2} \log \frac{1 - \cos x}{1 + \cos x} + C.
\end{aligned}$$

置換積分 $t = \tan\dfrac{x}{2}$ $\sin x, \cos x$ の式で表された関数の不定積分のなかには,$t = \tan\dfrac{x}{2}$ と置換すると,t だけの積分になって簡単に計算できるものがある.

実際,$t = \tan\dfrac{x}{2}$ とおくと

$$1 + \tan^2 \frac{x}{2} = \frac{1}{\cos^2 \frac{x}{2}} \quad \text{より} \quad \cos^2 \frac{x}{2} = \frac{1}{1+t^2}$$

であるから,

$$\sin x = 2 \sin \frac{x}{2} \cos \frac{x}{2} = 2 \tan \frac{x}{2} \cos^2 \frac{x}{2} = \frac{2t}{1+t^2}$$

$$\cos x = \cos^2 \frac{x}{2} - \sin^2 \frac{x}{2} = \left(1 - \tan^2 \frac{x}{2}\right) \cos^2 \frac{x}{2} = \frac{1-t^2}{1+t^2}$$

となる.また,$t = \tan\dfrac{x}{2}$ を $x = 2\arctan t$ と書き直して両辺を微分すると

$$\frac{dx}{dt} = \frac{2}{1+t^2} \quad \text{したがって} \quad dx = \frac{2}{1+t^2}\,dt$$

となる.

この結果,$\sin x, \cos x$ によって定められた関数 $f(\sin x, \cos x)$ の不定積分は,$t = \tan\dfrac{x}{2}$ と置換することによって,次のように t の積分に変換される.

$t = \tan\dfrac{x}{2}$ による置換積分

$$\int f(\sin x,\, \cos x)\,dx = \int f\left(\frac{2t}{1+t^2},\, \frac{1-t^2}{1+t^2}\right) \frac{2}{1+t^2}\,dt$$

ここで特に,$f(\sin x, \cos x)$ が $\sin x, \cos x$ の有理式 (分数式) で表されるときには,右辺の積分は t の有理関数の積分に帰着することに注意する.

以下に,$t = \tan\dfrac{x}{2}$ とおいた置換積分の計算をいくつか示そう.

§19 三角関数の不定積分

例6. 例5と同じ積分 $I_5 = \int \dfrac{1}{\sin x}\,dx$ を取り上げる. $t = \tan \dfrac{x}{2}$ と置換すると

$$I_5 = \int \dfrac{1}{\dfrac{2t}{1+t^2}} \cdot \dfrac{2}{1+t^2}\,dt = \int \dfrac{1}{t}\,dt$$

$$= \log|t| + C = \log\left|\tan\dfrac{x}{2}\right| + C$$

となる. これは例5で得られた結果と見かけは異なるが,

$$\dfrac{1-\cos x}{1+\cos x} = \dfrac{2\sin^2 \dfrac{x}{2}}{2\cos^2 \dfrac{x}{2}} = \left(\tan\dfrac{x}{2}\right)^2 = \left|\tan\dfrac{x}{2}\right|^2$$

に注意すると, 2つの結果は一致していることがわかる.

例7. $I_7 = \displaystyle\int \dfrac{2}{\sin x - 2\cos x - 1}\,dx$

$t = \tan\dfrac{x}{2}$ と置換すると

$$I_7 = \int \dfrac{2}{\dfrac{2t}{1+t^2} - 2\cdot\dfrac{1-t^2}{1+t^2} - 1} \cdot \dfrac{2}{1+t^2}\,dt = \int \dfrac{4}{t^2 + 2t - 3}\,dt$$

ここで,

$$\dfrac{4}{t^2+2t-3} = \dfrac{4}{(t-1)(t+3)} = \dfrac{1}{t-1} - \dfrac{1}{t+3}$$

と部分分数展開すると,

$$I_7 = \int \left(\dfrac{1}{t-1} - \dfrac{1}{t+3}\right) dt$$

$$= \log|t-1| - \log|t+3| + C = \log\left|\dfrac{t-1}{t+3}\right| + C$$

$$= \log\left|\dfrac{\tan\dfrac{x}{2} - 1}{\tan\dfrac{x}{2} + 3}\right| + C = \log\left|\dfrac{\sin\dfrac{x}{2} - \cos\dfrac{x}{2}}{\sin\dfrac{x}{2} + 3\cos\dfrac{x}{2}}\right| + C$$

となる.

━━━━━━━━━━ 演習問題 ━━━━━━━━━━

(解答 pp. 234–235)

問題 19.1 次の不定積分を求めよ．

(1) $\displaystyle\int \sin 4x \cos 2x \, dx$
(2) $\displaystyle\int \cos 3x \sin x \, dx$

(3) $\displaystyle\int \cos 3x \cos x \, dx$
(4) $\displaystyle\int \sin 4x \sin 3x \, dx$

(5) $\displaystyle\int \sin^2 x \, dx$
(6) $\displaystyle\int \cos^2 x \, dx$

(7) $\displaystyle\int \sin^2 3x \, dx$
(8) $\displaystyle\int \cos^2 \frac{x}{4} \, dx$

(9) $\displaystyle\int 2(\cos x + \sin x)\sin x \, dx$
(10) $\displaystyle\int 2(\sin 2x + 2\cos 2x)\cos 2x \, dx$

(11) $\displaystyle\int (\sin x + \cos x)^2 \, dx$
(12) $\displaystyle\int (\sin 2x + 3\cos 2x)^2 \, dx$

(13) $\displaystyle\int \cos^4 x \, dx$
(14) $\displaystyle\int \sin^4 \frac{x}{2} \, dx$

(15) $\displaystyle\int \tan^2 3x \, dx$
(16) $\displaystyle\int \frac{\cos^2 2x + 1}{\sin^2 2x} \, dx$

問題 19.2 m, n を異なる正の整数とするとき，次の不定積分を求めよ．

(1) $\displaystyle\int \sin mx \cos nx \, dx$
(2) $\displaystyle\int \cos mx \sin nx \, dx$

(3) $\displaystyle\int \cos mx \cos nx \, dx$
(4) $\displaystyle\int \sin mx \sin nx \, dx$

問題 19.3 次の不定積分を求めよ．

(1) $\displaystyle\int \sin^3 x \, dx$
(2) $\displaystyle\int \cos^3 \frac{x}{2} \, dx$

(3) $\displaystyle\int \frac{\sin^3 x}{1 + \cos x} \, dx$
(4) $\displaystyle\int \frac{\cos^3 x}{1 - \sin x} \, dx$

(5) $\displaystyle\int \sin 2x \sqrt{1 + \cos 2x} \, dx$
(6) $\displaystyle\int \frac{\cos x}{1 + \sin^2 x} \, dx$

問題 19.4 次の不定積分を，指示された置換を利用して求めよ．

(1) $\displaystyle\int \cos^5 x \, dx$　$[\cos^4 x = (\cos^2 x)^2 = (1 - \sin^2 x)^2$ を代入後，$\sin x = t]$

(2) $\displaystyle\int \sin^5 x \, dx$　$[\sin^4 x = (\sin^2 x)^2 = (1 - \cos^2 x)^2$ を代入後，$\cos x = t]$

§19 三角関数の不定積分

問題 19.5 置換 $t = \tan \dfrac{x}{2}$ によって,次の不定積分を求めよ.

(1) $\displaystyle\int \dfrac{1}{1+\cos x}\,dx$

(2) $\displaystyle\int \dfrac{1}{1+\sin x}\,dx$

(3) $\displaystyle\int \dfrac{1}{1-\cos x}\,dx$

(4) $\displaystyle\int \dfrac{1}{1-\sin x}\,dx$

(5) $\displaystyle\int \dfrac{1}{\cos x}\,dx$

(6) $\displaystyle\int \dfrac{1}{\sin x}\,dx$

(7) $\displaystyle\int \dfrac{1}{2-2\sin x + \cos x}\,dx$

(8) $\displaystyle\int \dfrac{1}{3-3\sin x + \cos x}\,dx$

(9) $\displaystyle\int \dfrac{\cos x}{1+\sin x + \cos x}\,dx$

(10) $\displaystyle\int \dfrac{\sin x}{1+\sin x + \cos x}\,dx$

問題 19.6 $I_n = \displaystyle\int \sin^n x\,dx$, $J_n = \displaystyle\int \cos^n x\,dx$ $(n = 0, 1, 2, \cdots)$ とする.

(1) $n \geqq 2$ のとき,$I_n = \displaystyle\int \sin^{n-1} x \cdot (-\cos x)'\,dx$ として部分積分を行い,

$$I_n = -\dfrac{1}{n}\sin^{n-1} x \cdot \cos x + \dfrac{n-1}{n} I_{n-2}$$

が成り立つことを示せ.[ヒント:部分積分ののち,$\cos^2 x = 1 - \sin^2 x$ を用いる.]

(2) $J_n = \dfrac{1}{n}\cos^{n-1} x \cdot \sin x + \dfrac{n-1}{n} J_{n-2}$ $(n \geqq 2)$ が成り立つことを示せ.

(3) I_2, I_3, I_4 および J_2, J_3, J_4 を求めよ.

問題 19.7 次の不定積分を求めよ.

(1) $\displaystyle\int x \cos^2 x\,dx$

(2) $\displaystyle\int x \sin^2 x\,dx$

(3) $\displaystyle\int e^x \sin^2 x\,dx$

(4) $\displaystyle\int e^{2x} \cos^2 3x\,dx$

(5) $\displaystyle\int \log(\cos x) \cos 2x\,dx$

(6) $\displaystyle\int \log(\sin x) \sin 2x\,dx$

第6章 定積分

§20 定積分

定積分の定義　関数 $f(x)$ は閉区間 $a \leqq x \leqq b$ で定義されているとする．分点 $x_0, x_1, x_2, \cdots, x_n$ をとり，区間 $a \leqq x \leqq b$ を分割する．

$$\text{分割 } \Delta : a = x_0 < x_1 < x_2 < x_3 < \cdots < x_{n-1} < x_n = b$$

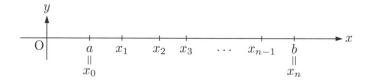

各小区間 $x_{k-1} \leqq x \leqq x_k$ ($k = 1, 2, \cdots, n$) の長さ $x_k - x_{k-1}$ は等しくなくてよい．これらの長さの最大値を $|\Delta|$ で表す．

$$|\Delta| = \max\{x_k - x_{k-1} \mid k = 1, 2, \cdots, n\}$$

各小区間から任意に点 ξ_k ($x_{k-1} \leqq \xi_k \leqq x_k$) をとり，

$$S(\Delta) = \sum_{k=1}^{n} f(\xi_k)(x_k - x_{k-1})$$

とおく．これを**リーマン和**という．$f(x) > 0$ のとき，$f(\xi_k)(x_k - x_{k-1})$ ($k = 1, 2, \cdots, n$) は次ページの図の各々の長方形の面積を表している．

§20 定積分

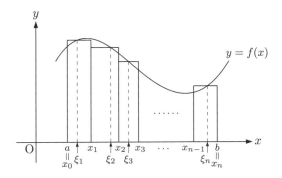

分点 $x_1, x_2, x_3, \cdots$ を取り直して分割を変えると $S(\Delta)$ の値は変化する.

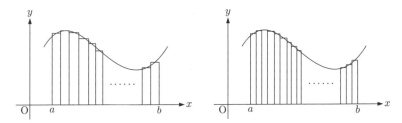

分点を限りなく多くとり, 分割を限りなく細かくして, $|\Delta| \longrightarrow 0$ としたとき, $S(\Delta)$ が ξ_k の取り方によらずに一定の値に収束するならば, $f(x)$ は区間 $a \leqq x \leqq b$ で**積分可能**であるという. また, その一定の値を $f(x)$ の $a \leqq x \leqq b$ における**定積分**といい, 記号 $\displaystyle\int_a^b f(x)\,dx$ で表す.

定積分の定義

$\Delta : a = x_0 < x_1 < x_2 < \cdots < x_{n-1} < x_n = b$ を区間 $a \leqq x \leqq b$ の分割とし, $x_{k-1} \leqq \xi_k \leqq x_k$ として,

$$\int_a^b f(x)\,dx = \lim_{|\Delta| \to 0} \sum_{k=1}^n f(\xi_k)(x_k - x_{k-1})$$

と定義する.

図形的には, $f(x) \geqq 0$ のとき, 定積分 $\displaystyle\int_a^b f(x)\,dx$ は曲線 $y = f(x)$ と x 軸と 2直線 $x = a$, $x = b$ で囲まれた部分の面積を表す.

次の定理が成り立つが, 証明は本書の扱う範囲を越えるので省略する.

> **定理 20.1 (積分可能性)** 関数 $f(x)$ が閉区間 $a \leqq x \leqq b$ で連続ならば, $f(x)$ はその区間で積分可能である.

例1. $f(x) = c$ (定数) のとき,

$$\sum_{k=1}^{n} f(\xi_k)(x_k - x_{k-1}) = \sum_{k=1}^{n} c(x_k - x_{k-1}) = c\sum_{k=1}^{n}(x_k - x_{k-1}) = c(b-a)$$

であるから, $\int_a^b c\,dx = c(b-a)$ である.

例2. 区間 $a \leqq x \leqq b$ において $f(x) \geqq m$ (m は定数) が成り立つとき,

$$\sum_{k=1}^{n} f(\xi_k)(x_k - x_{k-1}) \geqq \sum_{k=1}^{n} m(x_k - x_{k-1}) = m(b-a)$$

であるから, $\int_a^b f(x)\,dx \geqq m(b-a)$ である.

例3. $f(x) = x^2$ の区間 $0 \leqq x \leqq 1$ における定積分を, 定義に沿って求めよう. $f(x) = x^2$ は連続であるから積分可能であり, 分割 Δ および点 ξ_k をどのように選んでも同じ値に収束する. そこで, 区間 $0 \leqq x \leqq 1$ を n 等分に分割し

$$x_k = \frac{k}{n} \ (k = 0, 1, \cdots, n), \qquad \xi_k = \frac{k}{n} \ (k = 1, 2, \cdots, n) \quad (\text{小区間の右端})$$

ととる. このとき

$$\sum_{k=1}^{n} f(\xi_k)(x_k - x_{k-1}) = \sum_{k=1}^{n} \left(\frac{k}{n}\right)^2 \left(\frac{k}{n} - \frac{k-1}{n}\right)$$

$$= \frac{1}{n^3} \sum_{k=1}^{n} k^2 = \frac{1}{n^3} \cdot \frac{1}{6}n(n+1)(2n+1) = \frac{(n+1)(2n+1)}{6n^2}$$

であり, $|\Delta| \longrightarrow 0$ は $n \longrightarrow \infty$ に対応するから

$$\int_0^1 x^2\,dx = \lim_{n\to\infty} \frac{(n+1)(2n+1)}{6n^2} = \frac{1}{3}$$

である.

§20 定積分

定積分の基本的な性質 1　以下, 扱う関数はすべて連続とする. 定積分の定義において, 関数の定数倍と和・差のリーマン和に関して

$$\sum_{k=1}^{n} cf(\xi_k)(x_k - x_{k-1}) = c\sum_{k=1}^{n} f(\xi_k)(x_k - x_{k-1})$$

$$\sum_{k=1}^{n} \{f(\xi_k) \pm g(\xi_k)\}(x_k - x_{k-1}) = \sum_{k=1}^{n} f(\xi_k)(x_k - x_{k-1}) \pm \sum_{k=1}^{n} g(\xi_k)(x_k - x_{k-1})$$

であるから, 次が成り立つことがわかる.

定理 20.2 (定数倍と和・差の定積分)

$$\int_a^b cf(x)\,dx = c\int_a^b f(x)\,dx \qquad (c\text{ は定数})$$

$$\int_a^b \{f(x) \pm g(x)\}\,dx = \int_a^b f(x)\,dx \pm \int_a^b g(x)\,dx \qquad (\text{複号同順})$$

さらに, 積分区間 $a \leqq x \leqq b$ を 2 つの区間 $a \leqq x \leqq c$ と $c \leqq x \leqq b$ (ただし, $a < c < b$) に分割したとき, 区間 $a \leqq x \leqq b$ の分割 Δ は $a \leqq x \leqq c$ の分割 Δ' と $c \leqq x \leqq b$ の分割 Δ'' に分けられるから, 次が成り立つことも示される.

定理 20.3 (定積分の区間の分割)

$$\int_a^b f(x)\,dx = \int_a^c f(x)\,dx + \int_c^b f(x)\,dx$$

なお, 形式的に, $a > b$ のとき

$$\int_a^b f(x)\,dx = -\int_b^a f(x)\,dx,$$

また,

$$\int_a^a f(x)\,dx = 0$$

と定めると, 定理 20.3 の関係式は任意の a, b, c に対して成り立つ.

あとで学ぶように, 絶対値のついた関数の定積分の計算などでは, 定理 20.3 の関係式が利用される.

定積分の基本的な性質 2　区間 $a \leqq x \leqq b$ において $f(x) \geqq g(x)$ とすると，$f(x) - g(x) \geqq 0$ であるから，例 2 で $m = 0$ として，

$$\int_a^b \{f(x) - g(x)\}\, dx \geqq 0 \quad \text{つまり} \quad \int_a^b f(x)\, dx \geqq \int_a^b g(x)\, dx$$

が成り立つ．

定理 20.4 (関数の大小と定積分の大小)　$a < b$ とする．

区間 $a \leqq x \leqq b$ において $f(x) \geqq g(x)$ のとき $\quad \int_a^b f(x)\, dx \geqq \int_a^b g(x)\, dx$

ここで，不等号の等号は，$a \leqq x \leqq b$ においてつねに $f(x) = g(x)$ であるときに限って成り立つことに注意する．

定積分の平均値の定理　例 2 は不等号を逆向きにしても成り立つから，区間 $a \leqq x \leqq b$ において $m \leqq f(x) \leqq M$ とすると，

$$m(b-a) \leqq \int_a^b f(x)\, dx \leqq M(b-a) \quad \text{つまり} \quad m \leqq \frac{1}{b-a} \int_a^b f(x)\, dx \leqq M$$

が成り立つ．ここで，特に m, M をそれぞれ区間 $a \leqq x \leqq b$ における $f(x)$ の最小値，最大値とすると，$f(x)$ は m から M までのすべての値をとるから，

$$f(c) = \frac{1}{b-a} \int_a^b f(x)\, dx, \quad a \leqq c \leqq b$$

を満たす実数 c がある．

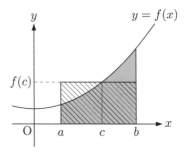

図形的には，$f(x) \geqq 0$ のとき，c は右図の斜線の長方形の面積がグレー部分の面積と等しくなるような値として定まる．

定理 20.5 (定積分の平均値の定理)

$f(c) = \dfrac{1}{b-a} \displaystyle\int_a^b f(x)\, dx$　かつ　$a \leqq c \leqq b$ を満たす c が存在する

§20 定積分

微分積分学の基本定理

定理 20.6 (微分積分学の基本定理 1) 関数 $f(x)$ は区間 $a \leqq x \leqq b$ で連続とする. $a \leqq x \leqq b$ に対して, $S(x) = \int_a^x f(t)\,dt$ とおくと, $S(x)$ は $f(x)$ の原始関数である. つまり, $S'(x) = f(x)$ が成り立つ.

証明 $h > 0$ とする.

$$\frac{S(x+h) - S(x)}{h} = \frac{1}{h}\left\{\int_a^{x+h} f(t)\,dt - \int_a^x f(t)\,dt\right\} = \frac{1}{h}\int_x^{x+h} f(t)\,dt$$

において, 定理 20.5 (定積分の平均値の定理) を用いると

$$\frac{S(x+h) - S(x)}{h} = f(c), \quad x \leqq c \leqq x+h$$

を満たす c が存在する. $h \longrightarrow 0$ とすると $f(c) \longrightarrow f(x)$ であり,

$$\frac{S(x+h) - S(x)}{h} \longrightarrow f(x)$$

である. $h < 0$ のときも同様に示すことができ, $S'(x) = f(x)$ が成り立つ.

定理 20.7 (微分積分学の基本定理 2) 関数 $f(x)$ は区間 $a \leqq x \leqq b$ で連続とする. $f(x)$ の任意の原始関数 $F(x)$ に対して,
$$\int_a^b f(x)\,dx = \Big[F(x)\Big]_a^b = F(b) - F(a)$$
である.

証明 $F(x)$ が $f(x)$ の原始関数ならば, 定数 C があって $F(x) = S(x) + C$ が成り立つ. したがって

$$F(b) - F(a) = S(b) - S(a)$$

であるが, $S(b) = \int_a^b f(x)\,dx$, $S(a) = 0$ であるから, 定理の式が成り立つ.

この定理から, 高校数学で学んだ定積分の計算法はそのまま有効である.

6. 定積分

━━━━━━━━ 演習問題 ━━━━━━━━

(解答 pp. 235–236)

問題 20.1 次の定積分 $\int_a^b f(x)\,dx$ の近似値として, 区間 $a \leqq x \leqq b$ の指定された n 等分の分割 Δ を考え, ξ_k として各小区間の右端の値を用いたリーマン和 $S(\Delta)$ の値を求めよ. [ヒント：$\sum_{k=1}^{n} k^2 = \frac{1}{6}n(n+1)(2n+1)$, $\sum_{k=1}^{n} k^3 = \frac{1}{4}n^2(n+1)^2$]

(1) $\int_0^2 x^2\,dx$, 4 等分の分割 　　(2) $\int_0^2 x^2\,dx$, 8 等分の分割

(3) $\int_0^1 x^3\,dx$, 10 等分の分割 　(4) $\int_0^2 x^3\,dx$, 200 等分の分割

問題 20.2 次の定積分 $\int_a^b f(x)\,dx$ について, 区間 $a \leqq x \leqq b$ の n 等分の分割 Δ を考え, ξ_k として各小区間の右端の値を用いたリーマン和 $S(\Delta)$ を求めて $n \longrightarrow \infty$ とすることにより, 値を求めよ.

(1) $\int_0^2 x^2\,dx$ 　　(2) $\int_0^3 x^2\,dx$ 　　(3) $\int_0^1 x^3\,dx$ 　　(4) $\int_0^2 x^3\,dx$

※ 以下の問題は, 定理 20.7 を用いてよい.

問題 20.3 次の定積分の値を求めよ.

(1) $\int_0^2 x^2\,dx$ 　　(2) $\int_0^3 x^2\,dx$ 　　(3) $\int_0^1 x^3\,dx$ 　　(4) $\int_0^2 x^3\,dx$

(5) $\int_0^8 \sqrt[3]{x}\,dx$ 　(6) $\int_1^8 \sqrt[3]{x^2}\,dx$ 　(7) $\int_1^2 \frac{1}{x^2}\,dx$ 　(8) $\int_1^{\sqrt{2}} \frac{1}{x^3}\,dx$

(9) $\int_1^3 \frac{1}{\sqrt{x}}\,dx$ 　(10) $\int_1^8 \frac{1}{\sqrt[3]{x}}\,dx$ 　(11) $\int_1^5 x\sqrt{x}\,dx$ 　(12) $\int_1^9 \frac{\sqrt{x}}{x}\,dx$

問題 20.4 次の定積分の値を求めよ.

(1) $\int_0^{\frac{\pi}{6}} \cos 3x\,dx$ 　　(2) $\int_{\frac{\pi}{6}}^{\frac{\pi}{3}} \cos 2x\,dx$ 　　(3) $\int_0^{4\pi} \sin\frac{x}{3}\,dx$

(4) $\int_{\frac{\pi}{6}}^{\frac{\pi}{3}} \sin 2x\,dx$ 　　(5) $\int_1^3 \cos\frac{\pi}{3}x\,dx$ 　　(6) $\int_2^3 \cos\frac{\pi}{12}x\,dx$

(7) $\int_1^2 \sin 3\pi x\,dx$ 　　(8) $\int_2^3 \sin\frac{\pi}{12}x\,dx$

§20 定積分

問題 20.5 次の定積分の値を求めよ．

(1) $\displaystyle\int_1^2 \frac{1}{x}\,dx$ (2) $\displaystyle\int_{\frac{1}{2}}^1 \frac{2}{x}\,dx$ (3) $\displaystyle\int_{\sqrt{e}}^e \frac{1}{2x}\,dx$

(4) $\displaystyle\int_{\frac{1}{e}}^{e^2} \frac{1}{3x}\,dx$ (5) $\displaystyle\int_1^3 \frac{1}{x+1}\,dx$ (6) $\displaystyle\int_0^1 \frac{1}{3x+1}\,dx$

問題 20.6 次の定積分の値を求めよ．

(1) $\displaystyle\int_0^2 e^{3x}\,dx$ (2) $\displaystyle\int_{-3}^{-1} e^{2x}\,dx$ (3) $\displaystyle\int_0^{\log 3} e^x\,dx$ (4) $\displaystyle\int_0^{2\log 5} e^{\frac{x}{2}}\,dx$

(5) $\displaystyle\int_1^2 \frac{1}{e^x}\,dx$ (6) $\displaystyle\int_1^2 \frac{1}{e^{2x}}\,dx$ (7) $\displaystyle\int_0^1 \sqrt{e^x}\,dx$ (8) $\displaystyle\int_{-2}^{-1} \frac{1}{\sqrt{e^x}}\,dx$

問題 20.7 次の定積分の値を求めよ．

(1) $\displaystyle\int_1^2 (x^2 - 2x)\,dx$ (2) $\displaystyle\int_1^2 \frac{x-4}{x^3}\,dx$ (3) $\displaystyle\int_1^2 (x+1)^3\,dx$

(4) $\displaystyle\int_1^2 (3x-1)^2\,dx$ (5) $\displaystyle\int_1^4 \left(3\sqrt{x} + \frac{1}{\sqrt{x}}\right) dx$ (6) $\displaystyle\int_5^8 \sqrt{3x+1}\,dx$

(7) $\displaystyle\int_{\frac{\pi}{6}}^{\frac{\pi}{4}} \sin^2 x\,dx$ (8) $\displaystyle\int_{\frac{\pi}{6}}^{\frac{\pi}{4}} \cos^2 2x\,dx$ (9) $\displaystyle\int_{\frac{\pi}{6}}^{\frac{7\pi}{6}} \sin 2x \cos x\,dx$

(10) $\displaystyle\int_{\frac{\pi}{12}}^{\frac{5\pi}{12}} \cos 6x \cos 2x\,dx$ (11) $\displaystyle\int_0^{\frac{\pi}{3}} \frac{1}{\cos^2 x}\,dx$ (12) $\displaystyle\int_{\frac{\pi}{6}}^{\frac{\pi}{4}} \frac{1}{\sin^2 x}\,dx$

(13) $\displaystyle\int_0^1 (e^x + 2)^2\,dx$ (14) $\displaystyle\int_0^{\frac{1}{2}} (e^x + e^{-x})^2\,dx$ (15) $\displaystyle\int_1^3 \frac{x}{x+1}\,dx$

(16) $\displaystyle\int_1^4 \frac{4x-6}{2x+1}\,dx$ (17) $\displaystyle\int_2^4 \frac{3x}{(x-1)(x+2)}\,dx$ (18) $\displaystyle\int_1^2 \frac{1}{x^2(x+1)}\,dx$

(19) $\displaystyle\int_{-\frac{1}{2}}^{\frac{\sqrt{3}}{2}} \frac{1}{\sqrt{1-x^2}}\,dx$ (20) $\displaystyle\int_{-1}^{\sqrt{3}} \frac{1}{x^2+1}\,dx$

問題 20.8 a を定数とするとき，定理 20.6 を利用して，次の微分を求めよ．

(1) $\displaystyle\frac{d}{dx}\int_x^a f(t)\,dt$ (2) $\displaystyle\frac{d}{dx}\int_a^{2x} f(t)\,dt$

(3) $\displaystyle\frac{d}{dx}\int_a^{x^2} f(t)\,dt$ (4) $\displaystyle\frac{d}{dx}\int_x^{x+1} f(t)\,dt$

§21 定積分の計算法

定理 20.7 (微分積分学の基本定理 2) から, $f(x)$ の原始関数が 1 つわかれば $\int_a^b f(x)\,dx$ の値は簡単に求めることができる. そこで以下では, 原始関数がすぐにはわからない場合の定積分の計算法などを考えよう.

置換積分法　$f(x)$ の原始関数の 1 つを $F(x)$ とする. x が t の関数であって, $x = g(t)$ と表されているとすると, 不定積分の置換積分法 (p. 111) で説明したように, t の関数 $f(g(t))g'(t)$ の原始関数の 1 つが $F(g(t))$ である.

したがって, $g(\alpha) = a$, $g(\beta) = b$ を満たす α, β があって, x の区間 $a \leqq x \leqq b$ と t の区間 $\alpha \leqq t \leqq \beta$ ($\alpha > \beta$ のときには $\beta \leqq t \leqq \alpha$) が対応しているとき,

$$\int_\alpha^\beta f(g(t))g'(t)\,dt = \Big[F(g(t))\Big]_\alpha^\beta = F(g(\beta)) - F(g(\alpha))$$
$$= F(b) - F(a) = \int_a^b f(x)\,dx$$

が成り立つ.

定理 21.1 (定積分の置換積分法)　$x = g(t)$ のとき, $a = g(\alpha), b = g(\beta)$ となる α, β をとると

$$\int_a^b f(x)\,dx = \int_\alpha^\beta f(g(t))g'(t)\,dt$$

置換積分法を利用するには, $f(x)$ に応じて, $f(g(t))g'(t)$ の不定積分が簡単に求まるような $g(t)$ を知らなければならない. いくつかの例を取り上げてみよう.

例 1.　$I_1 = \displaystyle\int_0^2 \frac{x^2}{x+2}\,dx$

$x + 2 = t$ と置換すると, $\dfrac{dx}{dt} = 1$, $\begin{array}{c|c} x & 0 \to 2 \\ \hline t & 2 \to 4 \end{array}$ であるから,

$$I_1 = \int_2^4 \frac{(t-2)^2}{t}\,dt$$
$$= \int_2^4 \Big(t - 4 + \frac{4}{t}\Big)\,dt = \Big[\frac{1}{2}t^2 - 4t + 4\log t\Big]_2^4 = 4\log 2 - 2$$

となる.

§21 定積分の計算法

例 2. $I_2 = \displaystyle\int_1^3 \dfrac{1}{3+x^2}\,dx$

$\dfrac{1}{a^2+x^2}$ (a は正の定数) を含む定積分では,置換 $x=a\tan\theta$ が有効である.

ここでも,$x=\sqrt{3}\tan\theta$ とおくと,$\dfrac{dx}{d\theta}=\dfrac{\sqrt{3}}{\cos^2\theta}$,$\begin{array}{c|c}x & 1 \to 3 \\ \hline \theta & \frac{\pi}{6} \to \frac{\pi}{3}\end{array}$ であるから,

$$I_2 = \int_{\frac{\pi}{6}}^{\frac{\pi}{3}} \dfrac{1}{3(1+\tan^2\theta)} \cdot \dfrac{\sqrt{3}}{\cos^2\theta}\,d\theta = \dfrac{\sqrt{3}}{3}\int_{\frac{\pi}{6}}^{\frac{\pi}{3}}\,d\theta = \dfrac{\sqrt{3}}{18}\pi$$

となる.

また,公式 $\displaystyle\int\dfrac{1}{a^2+x^2}\,dx = \dfrac{1}{a}\arctan\dfrac{x}{a}+C$ (p. 112) を利用して,

$$\begin{aligned}I_2 &= \left[\dfrac{1}{\sqrt{3}}\arctan\dfrac{x}{\sqrt{3}}\right]_1^3 = \dfrac{1}{\sqrt{3}}\left(\arctan\sqrt{3} - \arctan\dfrac{1}{\sqrt{3}}\right) \\ &= \dfrac{1}{\sqrt{3}}\left(\dfrac{\pi}{3} - \dfrac{\pi}{6}\right) = \dfrac{\sqrt{3}}{18}\pi\end{aligned}$$

と計算することもできる.

例 3. $I_3 = \displaystyle\int_1^2 \sqrt{4-x^2}\,dx$

$\sqrt{a^2-x^2}$ (a は正の定数) を含む定積分では,置換 $x=a\sin\theta$ が有効である.

ここでも,$x=2\sin\theta$ とおくと,$\dfrac{dx}{d\theta}=2\cos\theta$,$\begin{array}{c|c}x & 1 \to 2 \\ \hline \theta & \frac{\pi}{6} \to \frac{\pi}{2}\end{array}$ であるから,

$$\begin{aligned}I_3 &= \int_{\frac{\pi}{6}}^{\frac{\pi}{2}} \sqrt{4(1-\sin^2\theta)} \cdot 2\cos\theta\,d\theta \\ &= \int_{\frac{\pi}{6}}^{\frac{\pi}{2}} 4\cos^2\theta\,d\theta = \int_{\frac{\pi}{6}}^{\frac{\pi}{2}} 2(1+\cos 2\theta)\,d\theta \\ &= \Big[2\theta + \sin 2\theta\Big]_{\frac{\pi}{6}}^{\frac{\pi}{2}} = \dfrac{2}{3}\pi - \dfrac{\sqrt{3}}{2}\end{aligned}$$

となる.

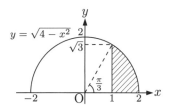

注意 I_3 は,円 $x^2+y^2=4$ の内部にあって,$x\geqq 1$ かつ $y\geqq 0$ を満たす部分の面積であるから,図形的に求めることもできる.

偶関数と奇関数の定積分 問題 1.2 (p. 7) で述べたように, 関数 $f(x)$, $g(x)$ が, 実数 x に対してつねに

$$f(-x) = f(x), \qquad g(-x) = -g(x)$$

を満たすとき, $f(x)$ を**偶関数**, $g(x)$ を**奇関数**という. たとえば,

$$1, \quad x^2, \quad x^4, \quad \cdots, \quad \cos x, \quad \cos 2x, \quad \cdots, \quad e^x + e^{-x}, \quad \cdots \text{ は偶関数}$$
$$x, \quad x^3, \quad x^5, \quad \cdots, \quad \sin x, \quad \sin 2x, \quad \cdots, \quad e^x - e^{-x}, \quad \cdots \text{ は奇関数}$$

である. 偶関数のグラフ $y = f(x)$ は y 軸対称で, 奇関数のグラフ $y = g(x)$ は原点対称であり, 原点に関して対称な区間 $-a \leqq x \leqq a$ (a は正の定数) における定積分に関して次のことが成り立つ.

偶関数と奇関数の定積分

$f(x)$ が偶関数のとき $\displaystyle\int_{-a}^{a} f(x)\,dx = 2\int_{0}^{a} f(x)\,dx$ \hfill (21.1)

$g(x)$ が奇関数のとき $\displaystyle\int_{-a}^{a} g(x)\,dx = 0$ \hfill (21.2)

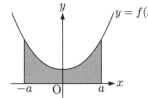
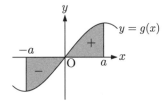

ここでは (21.1) だけを証明しておこう ((21.2) は問題 21.4 参照).

$$\int_{-a}^{a} f(x)\,dx = \int_{-a}^{0} f(x)\,dx + \int_{0}^{a} f(x)\,dx$$

の右辺第 1 項において, $x = -t$ と置換すると $\dfrac{dx}{dt} = -1$, $\begin{array}{c|c} x & -a \to 0 \\ \hline t & a \to 0 \end{array}$ より,

$$\int_{-a}^{0} f(x)\,dx = \int_{a}^{0} f(-t)(-1)\,dt = \int_{0}^{a} f(-t)\,dt = \int_{0}^{a} f(t)\,dt$$

となるが, 定積分の値は積分変数によらないから,

$$\int_{-a}^{a} f(x)\,dx = \int_{0}^{a} f(t)\,dt + \int_{0}^{a} f(x)\,dx = 2\int_{0}^{a} f(x)\,dx$$

が成り立つ.

§21 定積分の計算法

部分積分法　不定積分で説明したとおり，積の微分法の公式

$$\{f(x)g(x)\}' = f'(x)g(x) + f(x)g'(x)$$

より，$f(x)g(x)$ が右辺の関数の不定積分であるから，

$$\int_a^b \{f'(x)g(x) + f(x)g'(x)\}\,dx = \Big[\,f(x)g(x)\,\Big]_a^b$$

が成り立つ．この等式から定積分に関する部分積分法の公式が得られる．

定理 21.2 (定積分の部分積分法)

$$\int_a^b f(x)g'(x)\,dx = \Big[\,f(x)g(x)\,\Big]_a^b - \int_a^b f'(x)g(x)\,dx$$

例 4.
$$\begin{aligned}
\int_0^{\frac{\pi}{2}} x \sin 2x\,dx &= \int_0^{\frac{\pi}{2}} x\left(-\frac{1}{2}\cos 2x\right)' dx \\
&= \left[-\frac{1}{2}x\cos 2x\right]_0^{\frac{\pi}{2}} - \int_0^{\frac{\pi}{2}}\left(-\frac{1}{2}\cos 2x\right) dx \\
&= \frac{\pi}{4} + \left[\frac{1}{4}\sin 2x\right]_0^{\frac{\pi}{2}} = \frac{\pi}{4}
\end{aligned}$$

例 5.
$$\begin{aligned}
\int_1^e (\log x)^2\,dx &= \int_1^e (x)' \cdot (\log x)^2\,dx \\
&= \Big[\,x(\log x)^2\,\Big]_1^e - \int_1^e x \cdot 2\log x \cdot \frac{1}{x}\,dx \\
&= e - 2\int_1^e (x)' \cdot \log x\,dx \\
&= e - 2\Big\{\Big[\,x\log x\,\Big]_1^e - \int_1^e x \cdot \frac{1}{x}\,dx\Big\} \\
&= e - 2\Big(e - \Big[\,x\,\Big]_1^e\Big) = e - 2
\end{aligned}$$

例 6.
$$\begin{aligned}
\int_\alpha^\beta (x-\alpha)^2(x-\beta)\,dx &= \int_\alpha^\beta \Big\{\frac{1}{3}(x-\alpha)^3\Big\}'(x-\beta)\,dx \\
&= \left[\frac{1}{3}(x-\alpha)^3(x-\beta)\right]_\alpha^\beta - \int_\alpha^\beta \frac{1}{3}(x-\alpha)^3\,dx \\
&= 0 - \left[\frac{1}{12}(x-\alpha)^4\right]_\alpha^\beta = -\frac{1}{12}(\beta-\alpha)^4
\end{aligned}$$

例 7. $S_n = \int_0^{\frac{\pi}{2}} \sin^n x \, dx, \quad C_n = \int_0^{\frac{\pi}{2}} \cos^n x \, dx \quad (n = 0, 1, 2, \cdots)$

S_n の値を数列 $\{S_n\}$ が満たす漸化式を利用して求めてみよう.

$n \geqq 2$ のとき,

$$S_n = \int_0^{\frac{\pi}{2}} \sin^{n-1} x (-\cos x)' \, dx$$

$$= \left[-\sin^{n-1} x \cos x \right]_0^{\frac{\pi}{2}} - \int_0^{\frac{\pi}{2}} (n-1) \sin^{n-2} x \cos x (-\cos x) \, dx$$

$$= (n-1) \int_0^{\frac{\pi}{2}} \sin^{n-2} x (1 - \sin^2 x) \, dx = (n-1)(S_{n-2} - S_n)$$

が成り立つから, 数列 $\{S_n\}$ の漸化式

(21.3) $$S_n = \frac{n-1}{n} S_{n-2}$$

が導かれる. ここで

$$S_0 = \int_0^{\frac{\pi}{2}} dx = \left[x \right]_0^{\frac{\pi}{2}} = \frac{\pi}{2}, \qquad S_1 = \int_0^{\frac{\pi}{2}} \sin x \, dx = \left[-\cos x \right]_0^{\frac{\pi}{2}} = 1$$

であるから, (21.3) で順に $n = 2, 3, \cdots$ とおくと,

$$S_2 = \frac{1}{2} S_0 = \frac{1}{2} \cdot \frac{\pi}{2}, \qquad S_3 = \frac{2}{3} S_1 = \frac{2}{3}$$

$$S_4 = \frac{3}{4} S_2 = \frac{3}{4} \cdot \frac{1}{2} \cdot \frac{\pi}{2}, \qquad S_5 = \frac{4}{5} S_3 = \frac{4}{5} \cdot \frac{2}{3}$$

が得られる. さらに同様のことを繰り返すと, 次の結果が得られる.

n が偶数のとき $\quad S_n = \dfrac{n-1}{n} \cdot \dfrac{n-3}{n-2} \cdots \cdots \dfrac{3}{4} \cdot \dfrac{1}{2} \cdot \dfrac{\pi}{2}$

n が奇数のとき $\quad S_n = \dfrac{n-1}{n} \cdot \dfrac{n-3}{n-2} \cdots \cdots \dfrac{4}{5} \cdot \dfrac{2}{3}$

また, C_n については, $x = \dfrac{\pi}{2} - t$ と置換することによって,

$$C_n = \int_{\frac{\pi}{2}}^0 \cos^n \left(\frac{\pi}{2} - t \right) (-1) \, dt = -\int_{\frac{\pi}{2}}^0 \sin^n t \, dt = \int_0^{\frac{\pi}{2}} \sin^n t \, dt = S_n$$

が成り立つことがわかる.

絶対値のついた関数の定積分

絶対値のついた関数の定積分

(21.4) $$\int_a^b |f(x)|\,dx$$

を考えてみよう.

はじめに, $F(x)$ が $f(x)$ の原始関数であっても, $|f(x)|$ の原始関数は $|F(x)|$ とは限らないので,

$$\int_a^b |f(x)|\,dx \neq \Big[|F(x)|\Big]_a^b \quad \text{たとえば} \quad \int_{-2}^2 |x|\,dx \neq \Big[\Big|\frac{1}{2}x^2\Big|\Big]_{-2}^2 = 0$$

であることを注意しておく.

(21.4) のような定積分を計算するためには, まず積分区間 $a \leqq x \leqq b$ を $f(x)$ が 0 以上の区間と負である区間に分割し, それぞれの区間で, $f(x)$ の符号に応じて絶対値をはずした定積分を考えるとよい. 簡単な例で説明しよう.

例 8. $I_8 = \int_0^3 |x(x-2)|\,dx$

区間 $0 \leqq x \leqq 3$ では $x(x-2)$ の符号は $x = 2$ において変わるので,

$$I_8 = \int_0^2 |x(x-2)|\,dx + \int_2^3 |x(x-2)|\,dx$$

$$= \int_0^2 \{-x(x-2)\}\,dx + \int_2^3 x(x-2)\,dx$$

$$= \Big[-\Big(\frac{1}{3}x^3 - x^2\Big)\Big]_0^2 + \Big[\frac{1}{3}x^3 - x^2\Big]_2^3 = \frac{8}{3}$$

である.

例 9. $I_9 = \int_0^\pi |1 - 2\sin x|\,dx$

区間 $0 \leqq x \leqq \pi$ では $1 - 2\sin x$ の符号は $x = \dfrac{\pi}{6}, \dfrac{5}{6}\pi$ において変わるので,

$$I_9 = \int_0^{\frac{\pi}{6}} (1 - 2\sin x)\,dx + \int_{\frac{\pi}{6}}^{\frac{5}{6}\pi} \{-(1 - 2\sin x)\}\,dx + \int_{\frac{5}{6}\pi}^\pi (1 - 2\sin x)\,dx$$

$$= \Big[x + 2\cos x\Big]_0^{\frac{\pi}{6}} + \Big[-(x + 2\cos x)\Big]_{\frac{\pi}{6}}^{\frac{5}{6}\pi} + \Big[x + 2\cos x\Big]_{\frac{5}{6}\pi}^\pi$$

$$= -2 + 2\Big(\frac{1}{6}\pi + \sqrt{3}\Big) - 2\Big(\frac{5}{6}\pi - \sqrt{3}\Big) + \pi - 2 = 4\sqrt{3} - 4 - \frac{\pi}{3}$$

である.

6. 定積分

############ 演習問題 ############

(解答 pp. 236–238)

問題 21.1 置換積分によって，次の定積分の値を求めよ．

(1) $\displaystyle\int_0^1 (x+3)(x+1)^3\,dx$ (2) $\displaystyle\int_0^1 \frac{x+3}{(x+1)^2}\,dx$ (3) $\displaystyle\int_1^2 x\sqrt{3x-2}\,dx$

(4) $\displaystyle\int_0^3 x^2\sqrt{x+1}\,dx$ (5) $\displaystyle\int_0^{2\sqrt{3}} \frac{1}{4+x^2}\,dx$ (6) $\displaystyle\int_{-\sqrt{2}}^{\sqrt{6}} \frac{1}{2+x^2}\,dx$

(7) $\displaystyle\int_0^{\frac{1}{2}} \sqrt{1-x^2}\,dx$ (8) $\displaystyle\int_{-1}^{\sqrt{3}} \sqrt{4-x^2}\,dx$ (9) $\displaystyle\int_0^{\frac{\pi}{2}} \sin^2 x \cos x\,dx$

(10) $\displaystyle\int_0^{\frac{\pi}{4}} \cos^3 x \sin x\,dx$ (11) $\displaystyle\int_{\frac{\pi}{6}}^{\frac{5}{6}\pi} \sin^3 x\,dx$ (12) $\displaystyle\int_0^{\frac{\pi}{3}} \cos^5 x\,dx$

(13) $\displaystyle\int_0^{\log 3} 3e^x \sqrt{e^x+1}\,dx$ (14) $\displaystyle\int_0^1 \frac{e^{2x}}{e^x+1}\,dx$ (15) $\displaystyle\int_1^2 \frac{x+1}{x^2+2x+2}\,dx$

(16) $\displaystyle\int_{-\frac{\pi}{3}}^{\frac{\pi}{3}} \frac{\cos x}{1+\sin x}\,dx$ (17) $\displaystyle\int_0^1 x(x^2+1)^3\,dx$ (18) $\displaystyle\int_1^e \frac{(\log x)^2}{x}\,dx$

(19) $\displaystyle\int_0^1 x\sqrt{1-x^2}\,dx$ (20) $\displaystyle\int_0^1 \frac{x}{\sqrt{2-x^2}}\,dx$

問題 21.2 次を証明せよ．

(1) 偶関数 $f(x)$ と奇関数 $g(x)$ の積 $f(x)g(x)$ は奇関数である．

(2) 偶関数 $f(x)$ と偶関数 $g(x)$ の積 $f(x)g(x)$ は偶関数である．

(3) 奇関数 $f(x)$ と奇関数 $g(x)$ の積 $f(x)g(x)$ は偶関数である．

問題 21.3 前問を利用して，次の関数が偶関数か，奇関数かを調べよ．

(1) $f(x) = x \sin 3x$ (2) $f(x) = x \cos \dfrac{\pi x}{2}$

(3) $f(x) = x^2 \sin x$ (4) $f(x) = x^2 \cos x$

問題 21.4 $g(x)$ が奇関数のとき，$\displaystyle\int_{-a}^{a} g(x)\,dx = 0$ が成り立つことを示せ．

問題 21.5 偶関数・奇関数の定積分の性質を利用して，次の定積分の値を求めよ．ただし，m, n は正の整数とする．

(1) $\displaystyle\int_{-1}^1 (x^3 + 2x^2 + 4x + 3)\,dx$ (2) $\displaystyle\int_{-2}^2 (4x^3 + 3x^2 - 8x + 2)\,dx$

§21 定積分の計算法

(3) $\displaystyle\int_{-\pi}^{\pi} (\sin mx + \cos nx)\, dx$

(4) $\displaystyle\int_{-\pi}^{\pi} \sin mx \cos nx\, dx$

(5) $\displaystyle\int_{-\pi}^{\pi} \cos mx \cos nx\, dx$

(6) $\displaystyle\int_{-\pi}^{\pi} \sin mx \sin nx\, dx$

問題 21.6 部分積分によって，次の定積分の値を求めよ．ただし，(7)–(10) の n は 0 でない整数とする．

(1) $\displaystyle\int_0^1 xe^x\, dx$

(2) $\displaystyle\int_{-1}^1 xe^{2x}\, dx$

(3) $\displaystyle\int_0^1 (2x-1)e^{-x}\, dx$

(4) $\displaystyle\int_0^1 xe^{x-1}\, dx$

(5) $\displaystyle\int_0^{\frac{\pi}{2}} x \sin x\, dx$

(6) $\displaystyle\int_{\frac{\pi}{2}}^{\pi} x \cos 2x\, dx$

(7) $\displaystyle\int_0^{\pi} \left(x - \frac{\pi}{2}\right) \sin nx\, dx$

(8) $\displaystyle\int_0^{\pi} (-x+\pi) \sin nx\, dx$

(9) $\displaystyle\int_0^{\pi} x \cos nx\, dx$

(10) $\displaystyle\int_0^1 (1-x) \cos n\pi x\, dx$

(11) $\displaystyle\int_e^{e^2} \log x\, dx$

(12) $\displaystyle\int_1^e (2x+1) \log x\, dx$

(13) $\displaystyle\int_1^{e^2} \sqrt{x} \log x\, dx$

(14) $\displaystyle\int_1^2 3x^2 \log x\, dx$

(15) $\displaystyle\int_0^{\frac{\pi}{2}} x^2 \sin x\, dx$

(16) $\displaystyle\int_0^{\frac{\pi}{4}} x^2 \cos 2x\, dx$

(17) $\displaystyle\int_0^1 x^2 e^x\, dx$

(18) $\displaystyle\int_1^e x(\log x)^2\, dx$

(19) $\displaystyle\int_0^1 \log(x^2+1)\, dx$

(20) $\displaystyle\int_0^{\frac{1}{2}} \arcsin x\, dx$

(21) $\displaystyle\int_1^2 (x-1)^2(x-2)\, dx$

(22) $\displaystyle\int_1^2 (x-1)^3(x-2)\, dx$

問題 21.7 次の定積分の値を求めよ．

(1) $\displaystyle\int_{-2}^2 |x-1|\, dx$

(2) $\displaystyle\int_0^3 |x(x-1)|\, dx$

(3) $\displaystyle\int_0^{\frac{\pi}{2}} |2\sin x - 1|\, dx$

(4) $\displaystyle\int_0^{\pi} |\cos x - \sin x|\, dx$

(5) $\displaystyle\int_{-1}^1 |e^x - 1|\, dx$

(6) $\displaystyle\int_{\frac{1}{2}}^2 |\log x|\, dx$

問題 21.8 0 以上の整数 n に対して，$I_n = \displaystyle\int_1^e (\log x)^n\, dx$ とする．

(1) $n \geqq 1$ のとき，$I_n = e - nI_{n-1}$ であることを示せ．

(2) I_1, I_2, I_3, I_4, I_5 を求めよ．

§22 定積分の応用

定積分に帰着する和の極限　定積分 $\int_0^1 f(x)\,dx$ の定義において, 積分区間 $0 \leqq x \leqq 1$ の分割 Δ として n 等分の分割を考え,

$$x_k = \frac{k}{n} \ (k=0,1,\cdots,n), \qquad \xi_k = \frac{k}{n} \ (k=1,2,\cdots,n) \quad (\text{小区間の右端})$$

ととる. このとき

$$\sum_{k=1}^n f(\xi_k)(x_k - x_{k-1}) = \sum_{k=1}^n f\left(\frac{k}{n}\right)\left(\frac{k}{n} - \frac{k-1}{n}\right) = \frac{1}{n}\sum_{k=1}^n f\left(\frac{k}{n}\right)$$

であり, $|\Delta| \longrightarrow 0$ は $n \longrightarrow \infty$ に対応するから, 次が成り立つことがわかる.

定積分に帰着する和の極限値

$$\lim_{n\to\infty} \frac{1}{n}\sum_{k=1}^n f\left(\frac{k}{n}\right) = \int_0^1 f(x)\,dx$$

例1.
$$\lim_{n\to\infty} \frac{1}{n}\left(\sin\frac{1}{2n}\pi + \sin\frac{2}{2n}\pi + \cdots + \sin\frac{n-1}{2n}\pi + \sin\frac{n}{2n}\pi\right)$$
$$= \lim_{n\to\infty} \frac{1}{n}\sum_{k=1}^n \sin\left(\frac{\pi}{2}\cdot\frac{k}{n}\right) = \int_0^1 \sin\frac{\pi}{2}x\,dx = \left[-\frac{2}{\pi}\cos\frac{\pi}{2}x\right]_0^1 = \frac{2}{\pi}$$

また, ξ_k として各小区間の左端を用いて $\xi_k = \dfrac{k-1}{n}$ とすると, 次の等式が成り立つこともわかる.

$$\lim_{n\to\infty} \frac{1}{n}\sum_{k=1}^n f\left(\frac{k-1}{n}\right) = \lim_{n\to\infty} \frac{1}{n}\sum_{k=0}^{n-1} f\left(\frac{k}{n}\right) = \int_0^1 f(x)\,dx$$

例2.
$$\lim_{n\to\infty} \left(\frac{1}{\sqrt{n^2}} + \frac{1}{\sqrt{n^2-1^2}} + \frac{1}{\sqrt{n^2-2^2}} + \cdots + \frac{1}{\sqrt{n^2-(n-1)^2}}\right)$$
$$= \lim_{n\to\infty} \frac{1}{n}\left(\frac{1}{\sqrt{1-\left(\frac{0}{n}\right)^2}} + \frac{1}{\sqrt{1-\left(\frac{1}{n}\right)^2}} + \cdots + \frac{1}{\sqrt{1-\left(\frac{n-1}{n}\right)^2}}\right)$$
$$= \lim_{n\to\infty} \frac{1}{n}\sum_{k=0}^{n-1} \frac{1}{\sqrt{1-\left(\frac{k}{n}\right)^2}} = \int_0^1 \frac{1}{\sqrt{1-x^2}}\,dx = \Big[\arcsin x\Big]_0^1 = \frac{\pi}{2}$$

§22 定積分の応用

面積　定積分と面積の関係から，次のことがわかる．

― 面積の計算 ―

(1) 区間 $a \leqq x \leqq b$ において，$f(x) \geqq 0$ ならば，曲線 $y = f(x)$，x 軸，および 2 直線 $x = a, x = b$ によって囲まれる部分の面積を S とするとき，

$$S = \int_a^b f(x)\,dx$$

(2) 区間 $a \leqq x \leqq b$ において，$f(x) \geqq g(x)$ ならば，2 曲線 $y = f(x), y = g(x)$ と 2 直線 $x = a, x = b$ によって囲まれる部分の面積を T とするとき，

$$T = \int_a^b \{f(x) - g(x)\}\,dx$$

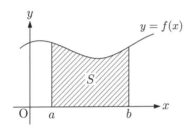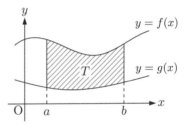

例 3. 楕円 $C : \dfrac{x^2}{a^2} + \dfrac{y^2}{b^2} = 1$ (a, b は正の定数) で囲まれた部分の面積 S_3

C は x 軸，y 軸に関して対称であり，第 1 象限では $y = \dfrac{b}{a}\sqrt{a^2 - x^2}$ と一致するから

$$S_3 = 4\int_0^a \dfrac{b}{a}\sqrt{a^2 - x^2}\,dx$$

である．$x = a\sin\theta$ と置換すると，$\dfrac{dx}{d\theta} = a\cos\theta$ であり，$\begin{array}{c|c}x & 0 \to a \\ \hline \theta & 0 \to \pi/2\end{array}$ であるから，

$$S_3 = 4\int_0^{\frac{\pi}{2}} \dfrac{b}{a}\sqrt{a^2 - a^2\sin^2\theta}\cdot a\cos\theta\,d\theta = 4ab\int_0^{\frac{\pi}{2}} \cos^2\theta\,d\theta$$
$$= 2ab\int_0^{\frac{\pi}{2}} (1 + \cos 2\theta)\,d\theta = 2ab\left[\theta + \dfrac{1}{2}\sin 2\theta\right]_0^{\frac{\pi}{2}} = \pi ab$$

となる．

例 4. 曲線 $C: y = x^3 - 2x$ 上の点 $(-1, 1)$ における接線 ℓ と C によって囲まれる部分の面積 S_4

$\ell: y = x + 2$ であり, ℓ と C との共有点の x 座標は
$$x^3 - 2x = x + 2$$
より $x = -1$ (接点), $x = 2$ (交点) である.
よって, 右図より

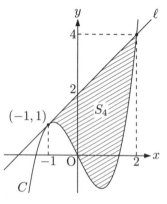

$$S_4 = \int_{-1}^{2} \{x + 2 - (x^3 - 2x)\} \, dx$$
$$= \int_{-1}^{2} (-x^3 + 3x + 2) \, dx$$
$$= \left[-\frac{1}{4}x^4 + \frac{3}{2}x^2 + 2x \right]_{-1}^{2} = \frac{27}{4}$$

である. §21 例 6 を用いて, $S_4 = -\int_{-1}^{2} (x+1)^2 (x-2) \, dx = \frac{1}{12}(2-(-1))^4 = \frac{27}{4}$ としてもよい.

例 5. 曲線 $C: y = \dfrac{3}{x(2-x)}$ $(0 < x < 2)$ と直線 $\ell: y = 4$ によって囲まれる部分の面積 S_5

C と ℓ との交点の x 座標は
$$\frac{3}{x(2-x)} = 4$$
より $x = \dfrac{1}{2}, \dfrac{3}{2}$ である. よって, 右図より

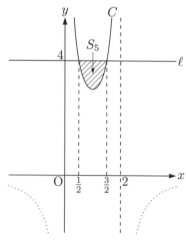

$$S_5 = \int_{\frac{1}{2}}^{\frac{3}{2}} \left\{ 4 - \frac{3}{x(2-x)} \right\} dx$$
$$= \int_{\frac{1}{2}}^{\frac{3}{2}} \left\{ 4 - \frac{3}{2}\left(\frac{1}{x} - \frac{1}{x-2} \right) \right\} dx$$
$$= \left[4x - \frac{3}{2} \big(\log|x| - \log|x-2| \big) \right]_{\frac{1}{2}}^{\frac{3}{2}}$$
$$= 4 - 3 \log 3$$

である.

§22 定積分の応用

媒介変数を用いて表された曲線によって囲まれる面積について考えてみよう.

例6. 曲線 $C: x = 2t - 1,\ y = 4t^2(2-t)$ と x 軸によって囲まれる部分の面積 S_6

C の概形は右図のとおりである. $y = 0$ となるのは $t = 0,\ 2$ のときであり, $x = 2t - 1$ と置換すると, $\dfrac{dx}{dt} = 2$, $\begin{array}{c|ccc} x & -1 & \to & 3 \\ \hline t & 0 & \to & 2 \end{array}$ より

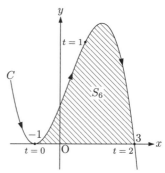

$$S_6 = \int_{-1}^{3} y\,dx = \int_{0}^{2} y\frac{dx}{dt}\,dt$$
$$= \int_{0}^{2} 4t^2(2-t) \cdot 2\,dt$$
$$= 2\left[\frac{8}{3}t^3 - t^4\right]_0^2 = \frac{32}{3}$$

である. また, C は, t を消去して得られる式 $y = \dfrac{1}{2}(x+1)^2(3-x)$ で表される曲線であるから, $S_6 = \displaystyle\int_{-1}^{3} \dfrac{1}{2}(x+1)^2(3-x)\,dx$ を計算してもよい.

例7. a を正の定数とするとき, サイクロイド

$$C: x = a(t - \sin t),\ y = a(1 - \cos t) \quad (0 \leqq t \leqq 2\pi)$$

と x 軸によって囲まれる部分の面積 S_7

C の概形は右図のとおりである. ここで, $x = a(t - \sin t)$ と置換すると,

$\dfrac{dx}{dt} = a(1 - \cos t)$, $\begin{array}{c|ccc} x & 0 & \to & 2\pi a \\ \hline t & 0 & \to & 2\pi \end{array}$

より

$$S_7 = \int_0^{2\pi a} y\,dx = \int_0^{2\pi} y\frac{dx}{dt}\,dt$$
$$= \int_0^{2\pi} a(1-\cos t) \cdot a(1-\cos t)\,dt = a^2 \int_0^{2\pi}(1 - 2\cos t + \cos^2 t)\,dt$$
$$= a^2 \int_0^{2\pi}\left(1 - 2\cos t + \frac{1+\cos 2t}{2}\right)dt = a^2\left[\frac{3}{2}t - 2\sin t + \frac{1}{4}\sin 2t\right]_0^{2\pi}$$
$$= 3\pi a^2$$

である.

体積 定積分を利用して，立体の体積を求めることができる．

回転体の体積

区間 $a \leqq x \leqq b$ において，$f(x) \geqq 0$ とし，曲線 $y = f(x)$，x 軸，および 2 直線 $x = a, x = b$ によって囲まれた部分を x 軸のまわりに 1 回転して得られる回転体 D の体積を V とするとき，

(22.1) $$V = \int_a^b \pi \{f(x)\}^2 \, dx$$

この公式が成り立つことを以下に示そう．定積分の定義 (p. 134) と同様に区間 $a \leqq x \leqq b$ を分割し，小区間 $x_{k-1} \leqq x \leqq x_k$ に対応する左下図の長方形を x 軸のまわりに 1 回転させると円柱ができる．

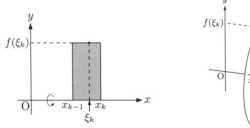

その円柱の底円の半径は $f(\xi_k)$ であり，高さは $x_k - x_{k-1}$ であるから，体積は

$$\text{体積} = \text{底面積} \times \text{高さ} = \pi \cdot \{f(\xi_k)\}^2 \cdot (x_k - x_{k-1})$$

である．これらの総和

$$V(\Delta) = \sum_{k=1}^n \pi \{f(\xi_k)\}^2 (x_k - x_{k-1})$$

について，分割を限りなく細かくして $|\Delta| \longrightarrow 0$ とすれば V が得られる．$V(\Delta)$ は関数 $\pi \{f(x)\}^2$ のリーマン和であるから，

$$V = \lim_{|\Delta| \to 0} \sum_{k=1}^n \pi \{f(\xi_k)\}^2 (x_k - x_{k-1})$$
$$= \int_a^b \pi \{f(x)\}^2 \, dx$$

である．

§22 定積分の応用

例 8. 下底面の半径 a, 上底面の半径 b, 高さ h の直円錐台の体積 V_8

2点 $(0,a), (h,b)$ を通る直線 $y = \dfrac{b-a}{h}x + a$ と x 軸と2直線 $x=0, x=h$ によって囲まれた部分を x 軸のまわりに1回転して得られる回転体がこの直円錐台であるから,

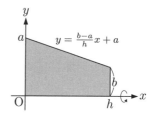

$$V_8 = \int_0^h \pi\left(\frac{b-a}{h}x + a\right)^2 dx$$
$$= \pi \int_0^h \left\{\frac{(b-a)^2}{h^2}x^2 + \frac{2a(b-a)}{h}x + a^2\right\} dx$$
$$= \pi\left[\frac{(b-a)^2}{3h^2}x^3 + \frac{a(b-a)}{h}x^2 + a^2 x\right]_0^h$$
$$= \pi\left\{\frac{(b-a)^2}{3} + a(b-a) + a^2\right\} h$$
$$= \frac{\pi}{3}(a^2 + ab + b^2)h$$

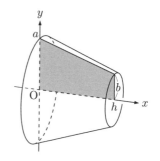

である.

例 9. 楕円 $C: \dfrac{x^2}{a^2} + \dfrac{y^2}{b^2} = 1$ (a, b は正の定数) の $y \geqq 0$ の部分と x 軸によって囲まれた図形を x 軸のまわりに1回転して得られる回転体の体積 V_9

$y^2 = b^2\left(1 - \dfrac{x^2}{a^2}\right)$ であり, y 軸に関して対称であるから

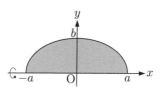

$$V_9 = \int_{-a}^{a} \pi b^2\left(1 - \frac{x^2}{a^2}\right) dx$$
$$= 2\pi b^2 \int_0^a \left(1 - \frac{x^2}{a^2}\right) dx$$
$$= 2\pi b^2 \left[x - \frac{x^3}{3a^2}\right]_0^a$$
$$= \frac{4}{3}\pi a b^2$$

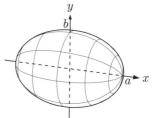

である.

回転体の体積公式 (22.1) において，$\pi\{f(x)\}^2$ は点 x を通り，x 軸に垂直な平面による回転体 D の断面積であるから，区間 $a \leqq x \leqq b$ にある回転体の体積はこの断面積を x 軸方向に a から b まで積分すると得られることがわかる．このことは，一般の立体の体積に関しても同様で，次のことが成り立つ．

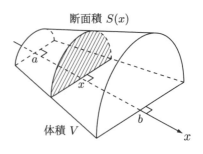

断面積 $S(x)$

体積 V

立体の体積

x 軸の区間 $a \leqq x \leqq b$ に対応する部分にある立体において，その体積を V とし，点 x を通り x 軸に垂直な平面による断面積を $S(x)$ とするとき，

$$V = \int_a^b S(x)\,dx$$

例10. xy 平面上の円 $C: x^2 + y^2 \leqq 1$ を下底面とし，高さ 2 の直円柱を x 軸を含み上底面に接する平面 α で切断したときの小さい方の部分 D の体積 V_{10}

平面 α と xy 平面のなす角を θ とすると，$\tan\theta = 2$ である．

点 $\mathrm{P}(x,0)$ $(-1 \leqq x \leqq 1)$ を通り，x 軸に垂直な平面による D の断面積を $S(x)$ とする．断面は右図の直角三角形 PQR であり，

$\mathrm{PQ} = \sqrt{1-x^2}$

$\mathrm{QR} = \mathrm{PQ}\tan\theta = 2\sqrt{1-x^2}$

であるから，

$$S(x) = \frac{1}{2}\mathrm{PQ}\cdot\mathrm{QR} = 1-x^2$$

である．したがって，

$$V_{10} = \int_{-1}^{1} S(x)\,dx = \int_{-1}^{1}(1-x^2)\,dx$$
$$= 2\int_0^1 (1-x^2)\,dx = \frac{4}{3}$$

である．

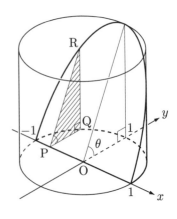

§22 定積分の応用

曲線の長さ　区間 $a \leqq x \leqq b$ における曲線 $y = f(x)$ の長さ L を考えよう.

曲線の長さ

曲線 $y = f(x)$ の $x = a$ から $x = b$ までの部分の長さを L とするとき,
$$L = \int_a^b \sqrt{1 + \{f'(x)\}^2}\,dx$$

この公式が成り立つことを以下に示そう. 定積分の定義 (p. 134) と同様に区間 $a \leqq x \leqq b$ を分割し, 点 $(x_0, f(x_0))$, $(x_1, f(x_1))$, $(x_2, f(x_2))$, $\cdots$, $(x_n, f(x_n))$ を順に線分で結ぶと折れ線 ℓ ができる.

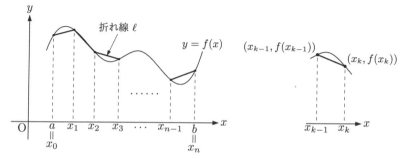

2 点 $(x_{k-1}, f(x_{k-1}))$, $(x_k, f(x_k))$ を結ぶ線分の長さは

$$\sqrt{(x_k - x_{k-1})^2 + (f(x_k) - f(x_{k-1}))^2} = \sqrt{1 + \left\{\frac{f(x_k) - f(x_{k-1})}{x_k - x_{k-1}}\right\}^2}\,(x_k - x_{k-1})$$

であり, ここで定理 8.2 (平均値の定理) を用いると, $\dfrac{f(x_k) - f(x_{k-1})}{x_k - x_{k-1}} = f'(\xi_k)$, $x_{k-1} < \xi_k < x_k$ を満たす ξ_k が存在する. したがって, 折れ線 ℓ の長さ $L(\Delta)$ は

$$L(\Delta) = \sum_{k=1}^{n} \sqrt{1 + \{f'(\xi_k)\}^2}\,(x_k - x_{k-1})$$

と表され, 分割を限りなく細かくして $|\Delta| \to 0$ とすれば L が得られる. つまり,

$$\begin{aligned} L &= \lim_{|\Delta| \to 0} \sum_{k=1}^{n} \sqrt{1 + \{f'(\xi_k)\}^2}\,(x_k - x_{k-1}) \\ &= \int_a^b \sqrt{1 + \{f'(x)\}^2}\,dx \end{aligned}$$

である.

例 11. 曲線 $y = x^{\frac{3}{2}}$ の $x = 0$ から $x = \frac{4}{3}$ までの部分の長さ L_{11}

$y' = \frac{3}{2}x^{\frac{1}{2}}$ であり, $(y')^2 = \frac{9}{4}x$ であるから

$L_{11} = \int_0^{\frac{4}{3}} \sqrt{1 + (y')^2}\, dx = \int_0^{\frac{4}{3}} \sqrt{1 + \frac{9}{4}x}\, dx$

$\phantom{L_{11}} = \left[\frac{4}{9} \cdot \frac{2}{3}\left(1 + \frac{9}{4}x\right)^{\frac{3}{2}}\right]_0^{\frac{4}{3}} = \frac{56}{27}$

である．

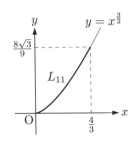

次に, 媒介変数 t によって表された曲線

$$C : x = f(t),\ y = g(t) \quad (\alpha \leqq t \leqq \beta)$$

の長さ L を考えよう．まず, t の区間 $\alpha \leqq t \leqq \beta$ を分割する．

$$\Delta : \alpha = t_0 < t_1 < t_2 < \cdots < t_n = \beta$$

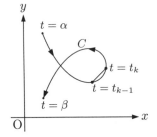

隣り合う分点 t_{k-1}, t_k に対応する C 上の 2 点 $(f(t_{k-1}), g(t_{k-1}))$, $(f(t_k), g(t_k))$ を結ぶ線分の長さを L_k とすると

$$L_k = \sqrt{\{f(t_k) - f(t_{k-1})\}^2 + \{g(t_k) - g(t_{k-1})\}^2}$$

である．ここで定理 8.2 (平均値の定理) を用いると

$$f(t_k) - f(t_{k-1}) = f'(\tau_k)(t_k - t_{k-1}), \quad g(t_k) - g(t_{k-1}) = g'(\sigma_k)(t_k - t_{k-1})$$

を満たす $\tau_k\ (t_{k-1} < \tau_k < t_k),\ \sigma_k\ (t_{k-1} < \sigma_k < t_k)$ が存在し，

$$L_k = \sqrt{\{f'(\tau_k)\}^2 + \{g'(\sigma_k)\}^2}\,(t_k - t_{k-1}) \fallingdotseq \sqrt{\{f'(\tau_k)\}^2 + \{g'(\tau_k)\}^2}\,(t_k - t_{k-1})$$

となる．$L = \lim_{|\Delta| \to 0} \sum_{k=1}^n L_k$ であるが, 極限においては近似式が等式となり

$$L = \lim_{|\Delta| \to 0} \sum_{k=1}^n \sqrt{\{f'(\tau_k)\}^2 + \{g'(\tau_k)\}^2}\,(t_k - t_{k-1}) = \int_\alpha^\beta \sqrt{\{f'(t)\}^2 + \{g'(t)\}^2}\, dt$$

である．以上を公式としてまとめておこう．

§22 定積分の応用

媒介変数で表された曲線の長さ

曲線 $C: x = f(t), y = g(t)$ $(\alpha \leqq t \leqq \beta)$ の長さを L とするとき,

(22.2) $\qquad L = \int_\alpha^\beta \sqrt{\left(\dfrac{dx}{dt}\right)^2 + \left(\dfrac{dy}{dt}\right)^2}\, dt = \int_\alpha^\beta \sqrt{\{f'(t)\}^2 + \{g'(t)\}^2}\, dt$

---

t を時間とし,$\mathrm{P}(f(t), g(t))$ を時間とともに動く点と考えると,$\alpha \leqq t \leqq \beta$ において P の動く道のりが L である.点 P の速度ベクトルは $\boldsymbol{v} = (f'(t), g'(t))$ であり,速さは $|\boldsymbol{v}| = \sqrt{\{f'(t)\}^2 + \{g'(t)\}^2}$ であるから,(22.2) は速さを時間で積分すると P の実際に動いた道のりが得られることを示している.

例 12. 曲線 $x = a\cos^3 t,\ y = a\sin^3 t$ (a は正の定数) の $0 \leqq t \leqq \dfrac{\pi}{2}$ に対応する部分の長さ L_{12}

これはアステロイド $x^{\frac{2}{3}} + y^{\frac{2}{3}} = a^{\frac{2}{3}}$ の第 1 象限にある部分 (図の太線部分) である.

$\dfrac{dx}{dt} = -3a\cos^2 t \sin t$

$\dfrac{dy}{dt} = 3a\sin^2 t \cos t$

より

$\sqrt{\left(\dfrac{dx}{dt}\right)^2 + \left(\dfrac{dy}{dt}\right)^2}$
$= \sqrt{(-3a\cos^2 t \sin t)^2 + (3a\sin^2 t \cos t)^2}$
$= \sqrt{(3a\sin t \cos t)^2(\cos^2 t + \sin^2 t)} = 3a\sin t \cos t$

である.したがって

$L_{12} = \int_0^{\frac{\pi}{2}} 3a\sin t \cos t\, dt$
$\qquad = \dfrac{3}{2}a \int_0^{\frac{\pi}{2}} \sin 2t\, dt = \dfrac{3}{2}a\left[-\dfrac{1}{2}\cos 2t\right]_0^{\frac{\pi}{2}} = \dfrac{3}{2}a$

である.

############# 演習問題 #############

(解答 pp. 238–242)

問題 22.1 次の極限値を求めよ．

(1) $\displaystyle\lim_{n\to\infty}\frac{1^3+2^3+3^3+\cdots+n^3}{n^4}$ 　　(2) $\displaystyle\lim_{n\to\infty}\frac{1}{n}\sum_{k=1}^{n}\sin\frac{k}{n}\pi$

(3) $\displaystyle\lim_{n\to\infty}\left(\frac{1}{n+1}+\frac{1}{n+2}+\cdots+\frac{1}{n+(n-1)}+\frac{1}{n+n}\right)$

(4) $\displaystyle\lim_{n\to\infty}\frac{1}{n^2}\left(\sqrt{n^2}+\sqrt{n^2-1^2}+\sqrt{n^2-2^2}+\cdots+\sqrt{n^2-(n-1)^2}\right)$

(5) $\displaystyle\lim_{n\to\infty}\left\{\log\{(n+1)(n+2)(n+3)\cdots(n+n)\}^{\frac{1}{n}}-\log n\right\}$

問題 22.2 次の部分を xy 平面上に図示し，面積を求めよ．

(1) 曲線 $y=-2x^2+4x$ と x 軸によって囲まれる部分

(2) 曲線 $y=x^2-2x-3$ と x 軸によって囲まれる部分

(3) 曲線 $y=-x^2-x+6$ $(x\geqq 0)$ と x 軸，および y 軸によって囲まれる部分

(4) 曲線 $y=x^2-4x+4$ と x 軸，および y 軸によって囲まれる部分

(5) 曲線 $y=x^3-4x$ と x 軸によって囲まれる部分

(6) 曲線 $y=x+\dfrac{2}{x}-3$ と x 軸によって囲まれる部分

(7) 曲線 $y=\cos\pi x$ $(0\leqq x\leqq 2)$ と x 軸によって囲まれる部分

(8) 曲線 $y=x\sin x$ $(0\leqq x\leqq \pi)$ と x 軸によって囲まれる部分

問題 22.3 次の部分を xy 平面上に図示し，面積を求めよ．

(1) 曲線 $y=x^2-2x$ と直線 $y=x-2$ によって囲まれる部分

(2) 曲線 $y=-x^2+4x-3$ と直線 $y=-x-3$ によって囲まれる部分

(3) 曲線 $y=\sqrt{x}$ と直線 $y=\dfrac{1}{2}x$ によって囲まれる部分

(4) 曲線 $y=2\sqrt{x}$ と直線 $y=\dfrac{2}{3}(x+2)$ によって囲まれる部分

(5) 曲線 $y=\dfrac{2}{x}$ と直線 $y=-x+3$ によって囲まれる部分

(6) 曲線 $y=\dfrac{1}{x}$ と直線 $y=-x+\dfrac{5}{2}$ によって囲まれる部分

(7) 曲線 $y=\sin x$ $(0\leqq x\leqq \pi)$ と直線 $y=\dfrac{1}{2}$ によって囲まれる部分

§22 定積分の応用

(8) 曲線 $y = \cos 2x$ $(0 \leqq x \leqq \pi)$ と直線 $y = \dfrac{1}{2}$, および y 軸によって囲まれる部分

(9) 曲線 $y = 2\sin \pi x$ $(0 \leqq x \leqq 1)$ と直線 $y = 1$ によって囲まれる部分

(10) 曲線 $y = \sin x$ $(0 \leqq x \leqq \pi)$ と曲線 $y = \sin 2x$ $(0 \leqq x \leqq \pi)$ によって囲まれる部分

(11) 曲線 $C : y = x^2 - 2x + 3$ と C 上の点 $(2,3)$ における C の接線, および y 軸によって囲まれる部分

(12) 曲線 $C : y = x^3 - x$ と C 上の点 $(1,0)$ における C の接線によって囲まれる部分

(13) 曲線 $C : y = -x^2 + 4x$ と C 上の点 $(1,3)$ における C の接線, および x 軸によって囲まれる部分

(14) 曲線 $C : y = \log x$ と C 上の点 $(e,1)$ における C の接線, および x 軸によって囲まれる部分

(15) 曲線 $C : y = e^x$ と C 上の点 $(1,e)$ における C の接線, および y 軸によって囲まれる部分

(16) 曲線 $C : y = \dfrac{3}{\sqrt{4-x^2}}$ と C 上の点 $(1,\sqrt{3})$ における C の接線, および y 軸によって囲まれる部分

(17) 曲線 $y = \dfrac{1}{1+x^2}$ と直線 $y = \dfrac{1}{2}$ によって囲まれる部分

(18) 曲線 $y = -\dfrac{4}{x^2-4}$ と直線 $y = 2$ によって囲まれる部分

問題 22.4 次の部分を xy 平面上に図示し, 面積を求めよ.

(1) 曲線 $C : x = 2t - 3,\ y = -t^2 + 5t - 6$ と x 軸によって囲まれる部分

(2) 曲線 $C : x = 2\cos t,\ y = \sin t$ $(0 \leqq t \leqq \pi)$ と x 軸によって囲まれる部分

(3) 曲線 $C : x = a\cos^3 t,\ y = a\sin^3 t$ $(0 \leqq t \leqq \dfrac{\pi}{2},\ a$ は正の定数$)$ と x 軸, および y 軸によって囲まれる部分

問題 22.5 次の部分を xy 平面上に図示し, その部分を x 軸のまわりに 1 回転してできる立体の体積を求めよ.

(1) $y = x + 1,\ x = 0,\ x = 2$ と x 軸によって囲まれる部分

(2) $y = x^2 - 2x$ と x 軸によって囲まれる部分

(3) $y = 4 - x^2$ と x 軸によって囲まれる部分

(4) $y = \sqrt{4 - x^2}$ と x 軸によって囲まれる部分

(5) $y = \sin x \ (0 \leqq x \leqq \pi)$ と x 軸によって囲まれる部分

(6) $y = 1 - \cos x \ (0 \leqq x \leqq 2\pi)$ と x 軸によって囲まれる部分

(7) $y = 4 - x^2$ と $y = 1$ によって囲まれる部分

(8) $y = \sqrt{4 - x^2}$ と $y = 1$ によって囲まれる部分

(9) $y = \sin x \ (0 \leqq x \leqq \pi)$ と $y = \dfrac{1}{2}$ によって囲まれる部分

(10) $y = \cos x \ (-\dfrac{\pi}{2} \leqq x \leqq \dfrac{\pi}{2})$ と $y = \dfrac{1}{\sqrt{2}}$ によって囲まれる部分

(11) $y = x + 1, \ y = 2x + 1$ と $x = 1$ によって囲まれる部分

(12) $y = \sqrt{x}$ と $y = \dfrac{x}{2}$ によって囲まれる部分

(13) $y = \dfrac{2}{x}$ と $y = -x + 3$ によって囲まれる部分

(14) $C : y = \log x$ と原点から C に引いた接線，および x 軸によって囲まれる部分

問題 22.6 次の部分の体積を求めよ．

(1) 座標空間の 4 点 $(2, 2, 0), (-2, 2, 0), (-2, -2, 0), (2, -2, 0)$ を頂点とする正方形を底面とし，点 $(0, 0, 4)$ を頂点とする四角錐の内部で，$x \geqq 1$ にある部分

(2) 底面の半径が a の 2 つの直円柱の軸が直交しているとき，これらの直円柱の共通部分

問題 22.7 次の曲線の長さを求めよ．

(1) $y = \dfrac{2}{3}(x - 1)^{\frac{3}{2}} \ (4 \leqq x \leqq 9)$ 　　　 (2) $y = \dfrac{1}{6}(4x - 1)^{\frac{3}{2}} \ (1 \leqq x \leqq 9)$

(3) $y = \dfrac{2}{3}x^{\frac{3}{2}} \ (0 \leqq x \leqq 8)$ 　　　 (4) $y = \dfrac{4}{3}x^{\frac{3}{2}} \ (0 \leqq x \leqq 2)$

(5) $y = \dfrac{1}{3}(x^2 + 2)^{\frac{3}{2}} \ (0 \leqq x \leqq 3)$ 　　　 (6) $y = \dfrac{2}{3}(x^2 + 1)^{\frac{3}{2}} \ (0 \leqq x \leqq 3)$

(7) $y = \dfrac{1}{4}x^2 - \dfrac{1}{2}\log x \ (1 \leqq x \leqq 9)$ 　　　 (8) $y = \dfrac{1}{6}x^3 + \dfrac{1}{2}x^{-1} \ (1 \leqq x \leqq 3)$

(9) $y = \dfrac{1}{8}x^4 + \dfrac{1}{4}x^{-2} \ (1 \leqq x \leqq 2)$ 　　　 (10) $y = \dfrac{1}{2}(e^x + e^{-x}) \ (0 \leqq x \leqq \log 3)$

(11) $y = \dfrac{4}{5}x^{\frac{5}{4}} \ (0 \leqq x \leqq 9)$ 　　　 (12) $y = 2e^{\frac{1}{2}x} \ (\log 3 \leqq x \leqq \log 8)$

問題 22.8 媒介変数表示された次の曲線の長さを求めよ．ただし，a は正の定数とする．

(1) $x = e^{-t}\cos t, \ y = e^{-t}\sin t \quad (0 \leqq t \leqq 2\pi)$

(2) $x = a(t - \sin t), \ y = a(1 - \cos t) \quad (0 \leqq t \leqq 2\pi)$

(3) $x = a(\cos t + t\sin t), \ y = a(\sin t - t\cos t) \quad (0 \leqq t \leqq 2\pi)$

§23 テイラー展開

この節では, 定積分の評価を利用して, §9 で学んだテイラー近似式の無限級数への拡張を考える.

ベルヌーイの剰余　§9 で紹介したベルヌーイの剰余

$$(23.1) \qquad r_n(x) = \frac{1}{n!} \int_a^x f^{(n+1)}(t)(x-t)^n \, dt$$

を部分積分を用いて導いておこう. まず, 定理 20.7 (微分積分学の基本定理 2) より

$$\int_a^x f'(t) \, dt = f(x) - f(a) \qquad \text{つまり} \qquad f(x) = f(a) + \int_a^x f'(t) \, dt$$

である. 次に, $1 = -\dfrac{d}{dt}(x-t)$ より

$$\begin{aligned}
f(x) &= f(a) - \int_a^x f'(t) \frac{d}{dt}(x-t) \, dt \\
&= f(a) - \Big[f'(t)(x-t) \Big]_{t=a}^{t=x} + \int_a^x f''(t)(x-t) \, dt \\
&= f(a) + f'(a)(x-a) + \int_a^x f''(t)(x-t) \, dt
\end{aligned}$$

である. 次に, $x - t = -\dfrac{d}{dt}\left(\dfrac{1}{2}(x-t)^2\right)$ より

$$\begin{aligned}
f(x) &= f(a) + f'(a)(x-a) - \int_a^x f''(t) \frac{d}{dt}\left(\frac{1}{2}(x-t)^2\right) dt \\
&= f(a) + f'(a)(x-a) - \frac{1}{2}\Big[f''(t)(x-t)^2 \Big]_{t=a}^{t=x} + \frac{1}{2}\int_a^x f'''(t)(x-t)^2 \, dt \\
&= f(a) + f'(a)(x-a) + \frac{1}{2}f''(a)(x-a)^2 + \frac{1}{2}\int_a^x f'''(t)(x-t)^2 \, dt
\end{aligned}$$

である. この操作を繰り返して

$$\begin{aligned}
f(x) = {} & f(a) + f'(a)(x-a) + \frac{1}{2}f''(a)(x-a)^2 \\
& + \cdots + \frac{1}{n!}f^{(n)}(a)(x-a)^n + r_n(x)
\end{aligned}$$

における $r_n(x)$ は (23.1) で与えられることがわかる.

剰余項の評価とテイラー展開　　関数 $f(x)$ に対して, a を含むある区間 I において, 0 以上の定数 M_n ($n = 0, 1, 2, \cdots$) があって, 次が成り立っているとする.

(23.2) $$\left|f^{(n)}(x)\right| \leq M_n \quad \text{および} \quad \lim_{n \to \infty} \frac{M_n}{n!}|x - a|^n = 0$$

このとき, $-M_{n+1} \leq f^{(n+1)}(x) \leq M_{n+1}$ であり, $x \geq a$ ならば

$$-\int_a^x M_{n+1}(x-t)^n\, dt \leq \int_a^x f^{(n+1)}(t)(x-t)^n\, dt \leq \int_a^x M_{n+1}(x-t)^n\, dt$$

より

$$-\frac{M_{n+1}}{n+1}(x-a)^{n+1} \leq \int_a^x f^{(n+1)}(t)(x-t)^n\, dt \leq \frac{M_{n+1}}{n+1}(x-a)^{n+1}$$

が成り立つ. $x < a$ ならば

$$(-1)^{n+1}\int_a^x f^{(n+1)}(t)(x-t)^n\, dt = \int_x^a f^{(n+1)}(t)(t-x)^n\, dt$$

と変形し, 右辺を $x \geq a$ の場合と同様に評価して

$$-\frac{M_{n+1}}{n+1}(a-x)^{n+1} \leq (-1)^{n+1}\int_a^x f^{(n+1)}(t)(x-t)^n\, dt \leq \frac{M_{n+1}}{n+1}(a-x)^{n+1}$$

が成り立つ. これらをあわせて, x と a の大小に関係なく, 次の評価が成り立つ.

$$|r_n(x)| = \left|\frac{1}{n!}\int_a^x f^{(n+1)}(t)(x-t)^n\, dt\right| \leq \frac{M_{n+1}}{(n+1)!}|x-a|^{n+1}$$

ここで, $n \longrightarrow \infty$ とすると, (23.2) のもとでは $r_n(x) \longrightarrow 0$ となるから, 結果として次の関係式が成り立つ.

$$f(x) = \lim_{n \to \infty}\sum_{k=0}^n \frac{f^{(k)}(a)}{k!}(x-a)^k = \sum_{n=0}^\infty \frac{f^{(n)}(a)}{n!}(x-a)^n$$

つまり, 区間 I において, (23.2) の M_n が存在すれば, $f(x)$ は多項式の極限 (ベキ級数) で表される. これを $f(x)$ の $x = a$ における**テイラー展開**という.

$f(x)$ の $x = a$ におけるテイラー展開

$$\begin{aligned}f(x) &= \sum_{n=0}^\infty \frac{f^{(n)}(a)}{n!}(x-a)^n \\ &= f(a) + \frac{f'(a)}{1!}(x-a) + \frac{f''(a)}{2!}(x-a)^2 + \cdots + \frac{f^{(n)}(a)}{n!}(x-a)^n + \cdots\end{aligned}$$

§23 テイラー展開

特に $a = 0$ のときは,

(23.3) $\quad |f^{(n)}(x)| \leqq M_n \quad$ および $\quad \displaystyle\lim_{n\to\infty} \frac{M_n}{n!}|x|^n = 0$

のもとで, $x = 0$ における $f(x)$ のテイラー展開が得られる. これを $f(x)$ の**マクローリン展開**ともいう.

> **$f(x)$ の $x = 0$ におけるテイラー展開 (マクローリン展開)**
>
> $$f(x) = \sum_{n=0}^{\infty} \frac{f^{(n)}(0)}{n!} x^n$$
> $$= f(0) + \frac{f'(0)}{1!}x + \frac{f''(0)}{2!}x^2 + \cdots + \frac{f^{(n)}(0)}{n!}x^n + \cdots$$

今後は, 単にテイラー展開というときはマクローリン展開を表すことにする.

指数関数のテイラー展開 $\quad f(x) = e^x$ のとき, $f^{(n)}(x) = e^x \ (n = 0, 1, 2, \cdots)$ であるから, 正の数 R に対して区間 $-R \leqq x \leqq R$ では, $M_n = e^R$ として (23.3) が成り立つ. R は任意でよいから, すべての実数 x に対する次のテイラー展開が得られる.

> **e^x のテイラー展開**
>
> $$e^x = \sum_{n=0}^{\infty} \frac{x^n}{n!} = 1 + \frac{1}{1!}x + \frac{1}{2!}x^2 + \cdots + \frac{1}{n!}x^n + \cdots$$

特に $x = 1$ とおくと, 自然対数の底 e の次のような表現が得られる.

$$e = \sum_{n=0}^{\infty} \frac{1}{n!} = 1 + \frac{1}{1!} + \frac{1}{2!} + \cdots + \frac{1}{n!} + \cdots$$

補足 任意の実数 a に対して, $\displaystyle\lim_{n\to\infty} \frac{a^n}{n!} = 0$ である. 実際, $|a| \leqq N < |a| + 1$ を満たす整数 N を固定し, $n > N$ とすると

$$\left|\frac{a^n}{n!}\right| = \frac{|a|^n}{n!} = \frac{|a|}{1} \cdots \frac{|a|}{N-1} \cdot \frac{|a|}{N} \cdots \frac{|a|}{n-1} \cdot \frac{|a|}{n}$$
$$\leqq \frac{|a|}{1} \cdots \frac{|a|}{N-1} \cdot 1 \cdots 1 \cdot \frac{|a|}{n}$$

であり, $n \longrightarrow \infty$ のとき最後の辺は 0 に収束するから $\dfrac{a^n}{n!}$ も 0 に収束する.

三角関数のテイラー展開　　$\sin x, \cos x$ のテイラー展開を考えてみよう.
$f(x) = \sin x, g(x) = \cos x$ とすると,
$$f^{(n)}(x) = \sin\left(x + \frac{n\pi}{2}\right), \qquad g^{(n)}(x) = \cos\left(x + \frac{n\pi}{2}\right)$$
$(n = 0, 1, 2, \cdots)$ (p. 55) であるから, $M_n = 1$ とすると, すべての実数 x に対して, (23.3) が成り立つ. したがって, $\sin x, \cos x$ はすべての実数 x に対してテイラー展開が可能である.

$\sin x, \cos x$ のテイラー展開

$$\sin x = \sum_{m=0}^{\infty} \frac{(-1)^m}{(2m+1)!} x^{2m+1}$$
$$= x - \frac{1}{3!} x^3 + \frac{1}{5!} x^5 - \frac{1}{7!} x^7 + \cdots + \frac{(-1)^m}{(2m+1)!} x^{2m+1} + \cdots$$
$$\cos x = \sum_{m=0}^{\infty} \frac{(-1)^m}{(2m)!} x^{2m}$$
$$= 1 - \frac{1}{2!} x^2 + \frac{1}{4!} x^4 - \frac{1}{6!} x^6 + \cdots + \frac{(-1)^m}{(2m)!} x^{2m} + \cdots$$

制限付きのテイラー展開　　指数関数 e^x, 三角関数 $\sin x, \cos x$ はすべての実数 x に対してテイラー展開できるが, 限られた区間においてだけテイラー展開できるような関数もある.

関数 $f(x) = \dfrac{1}{1-x}$ を考えてみよう. $f^{(n)}(x) = \dfrac{n!}{(1-x)^{n+1}}$ $(n = 0, 1, 2, \cdots)$ であり, $x = 1$ では $f^{(n)}(x)$ は定義されていないので, すべての実数 x に対して $|f^{(n)}(x)| \leq M_n$ が成り立つような定数 M_n は存在しない. テイラー展開ができるとすれば, $f^{(n)}(0) = n!$ より

(23.4) $$\frac{1}{1-x} = 1 + \frac{1!}{1!} x + \frac{2!}{2!} x^2 + \frac{3!}{3!} x^3 + \cdots + \frac{n!}{n!} x^n + \cdots$$
$$= 1 + x + x^2 + x^3 + \cdots + x^n + \cdots$$

となるはずである. ここで, 最後の辺は初項 1, 公比 x の無限等比級数であるから, $|x| < 1$ では $\dfrac{1}{1-x}$ に収束し, $|x| \geq 1$ では発散する. つまり, テイラー展開 (23.4) は区間 $-1 < x < 1$ に限って成り立つ.

§23 テイラー展開

次に, 関数 $f(x) = \log(1+x)$ $(x > -1)$ を考えよう.

$$f^{(n)}(x) = \frac{(-1)^{n-1}(n-1)!}{(1+x)^n} \quad (n=1,2,3,\cdots)$$

であるから, すべての $x > -1$ に対して $|f^{(n)}(x)| \leqq M_n$ が成り立つような定数 M_n は存在しない. 区間 $-\frac{1}{2} \leqq x \leqq \frac{1}{2}$ では

$$|f^{(n)}(x)| = \frac{(n-1)!}{|1+x|^n} \leqq 2^n(n-1)!, \quad \frac{1}{n!} \cdot 2^n(n-1)! \cdot |x|^n \leqq \frac{1}{n}$$

であり, $M_n = 2^n(n-1)!$ として (23.3) が成り立つ. $f^{(n)}(0) = (-1)^{n-1}(n-1)!$ であるから, 区間 $-\frac{1}{2} \leqq x \leqq \frac{1}{2}$ においてテイラー展開

$$(23.5) \quad \log(1+x) = \frac{0!}{1!}x + \frac{-1!}{2!}x^2 + \frac{2!}{3!}x^3 + \cdots + \frac{(-1)^{n-1}(n-1)!}{n!}x^n + \cdots$$
$$= x - \frac{x^2}{2} + \frac{x^3}{3} - \cdots + (-1)^{n-1}\frac{x^n}{n} + \cdots$$

が成り立つことがわかる.

実際は, (23.5) の成り立つ範囲はもっと広い. それを示すには, 剰余項 $r_n(x)$ を評価し直す必要がある.

$$r_n(x) = \frac{1}{n!}\int_0^x \frac{(-1)^n n!}{(1+t)^{n+1}} \cdot (x-t)^n \, dt = \int_0^x \frac{(-1)^n (x-t)^n}{(1+t)^{n+1}} \, dt$$
$$= \int_0^x \frac{(-1)^n s^n}{1+s} \, ds \quad \left(\frac{x-t}{1+t} = s \text{ と置換した}\right)$$

であり,

$$|r_n(x)| \leqq \begin{cases} \displaystyle\int_0^x s^n \, ds = \frac{x^n}{n+1}, & 0 \leqq x \\ \displaystyle\int_x^0 \frac{(-s)^n}{1+x} \, ds = \frac{(-x)^n}{(n+1)(1+x)}, & -1 < x < 0 \end{cases}$$

と評価される. したがって, $-1 < x \leqq 1$ ならば, $n \longrightarrow 0$ のとき $r_n(x) \longrightarrow 0$ となる. つまり, テイラー展開 (23.5) は区間 $-1 < x \leqq 1$ で成り立つ. 特に,

$$\log 2 = 1 - \frac{1}{2} + \frac{1}{3} - \cdots + (-1)^{n-1}\frac{1}{n} + \cdots$$

である.

演習問題

(解答 p. 242)

問題 23.1 $e^x, \sin x, \cos x, \log(1+x)$ のテイラー展開を利用して，次の関数の $x=0$ におけるテイラー展開を求めよ．[ヒント：テイラー展開が収束する範囲においては，テイラー近似式 (p. 68) と同様に，和，差，積，代入が許される．]

(1) e^{2x}

(2) e^{-x+2}

(3) $\cos 3x$

(4) $\sin\left(x + \dfrac{\pi}{6}\right)$

(5) $(2x+1)e^{-x}$

(6) $x \sin 2x$

(7) $\log(1+x^2)$

(8) $\log \dfrac{1+x}{1-x}$

問題 23.2 $\dfrac{1}{1-x}$ の $|x|<1$ におけるテイラー展開を利用して，次の関数の $x=0$ におけるテイラー展開を求めよ．

(1) $\dfrac{x}{1-x}$

(2) $\dfrac{1}{1+2x}$

(3) $\dfrac{1}{1+x^2}$

(4) $\dfrac{1}{2-x}$

問題 23.3 次の関数の $x=0$ におけるテイラー展開を x^4 の項まで求めよ．

(1) $e^x \sin x$

(2) $e^{2x} \cos \dfrac{x}{2}$

(3) $\tan x$

(4) $\arctan x$

問題 23.4 $f(x) = (1+x)^\alpha$ (α は整数以外の定数) とする．

(1) $f(x)$ の n 階導関数 $f^{(n)}(x)$ を求めよ．

(2) $\sqrt{1+x}$ の $|x|<1$ におけるテイラー展開を求めよ．

(3) $\dfrac{1}{\sqrt{1+x}}$ の $|x|<1$ におけるテイラー展開を求めよ．

第7章
極 座 標

§24 極座標

極座標　O を原点とする xy 平面上の点 P の位置は, P から x 軸, y 軸に下ろした垂線と各軸との交点の座標 x, y によって一通りに決まるので, P(x,y) と表し, (x,y) を P の**直交座標**という.

一方, 点 P の位置は OP の長さ r と, x 軸の正の向きから動径 OP までの角 θ によっても一通りに決まるので, P(r,θ) と表し, (r,θ) を P の**極座標**という.

図からわかるように, 直交座標 (x,y) と極座標 (r,θ) の間には次の関係が成り立つ.

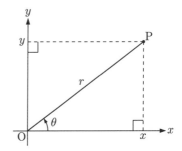

--- 直交座標と極座標の関係 ---
$$\begin{cases} x = r\cos\theta \\ y = r\sin\theta \end{cases} \qquad \begin{cases} r = \sqrt{x^2+y^2} \\ \tan\theta = \dfrac{y}{x} \end{cases}$$

例 1. 直交座標で表された点 $(1,\sqrt{3})$ を極座標で表すと, $\left(2, \dfrac{\pi}{3}\right)$.

極座標で表された点 $\left(\sqrt{2}, \dfrac{3}{4}\pi\right)$ を直交座標で表すと, $(-1, 1)$.

極方程式　座標平面上の曲線 C が, 極座標 (r,θ) を用いて,

(24.1) $$r = f(\theta)$$

と表されるとき, (24.1) を C の**極方程式**という.

たとえば, 直交座標において

$$x^2 + y^2 = 1, \qquad (x-1)^2 + y^2 = 1$$

で表される 2 つの円の極方程式は, それぞれの方程式に

$$x = r\cos\theta, \quad y = r\sin\theta$$

を代入し, 整理して得られる式

$$r = 1, \qquad r = 2\cos\theta$$

である. 逆に, 極方程式

(24.2) $$r = \dfrac{1}{2\cos\left(\theta - \dfrac{\pi}{6}\right)}$$

で表される図形 ℓ を考えてみよう. 分母を払い, 展開すると

$$\sqrt{3}\, r\cos\theta + r\sin\theta = 1 \quad \text{つまり} \quad \sqrt{3}\, x + y = 1$$

となるから, ℓ は直線である.

　極方程式では, θ の取り方によっては r が負の値になることがある. たとえば (24.2) で $\theta = \dfrac{5}{6}\pi$ とおくと, $r = -1$ となる. そこで, これからは

$r < 0$ のときには, 点 (r,θ) は点 $(-r, \theta \pm \pi)$ に等しい

と決める. 確かに, それぞれの点の直交座標における x 座標, y 座標に関して,

$$-r\cos(\theta \pm \pi) = r\cos\theta, \quad -r\sin(\theta \pm \pi) = r\sin\theta$$

が成り立つから, このように決めてもよいことがわかる. また, 例として取り上げた点 $\left(-1, \dfrac{5}{6}\pi\right)$ は点 $\left(1, \dfrac{11}{6}\pi\right)$ に等しいことになる.

§24 極座標

極方程式のグラフ　平面曲線のなかには，直交座標における方程式では複雑になるが，極方程式を用いると簡単な形で表されるものがある．そのような曲線のなかでよく知られている例をいくつか取り上げてみよう．

例 2. $C_1 : r = a(1 + \cos\theta)$ (a は正の定数)

$-\pi \leqq \theta \leqq \pi$ とし，対応する C_1 上の点を $P_\theta(x(\theta), y(\theta))$ とするとき，

$$x(\theta) = r\cos\theta = a(1+\cos\theta)\cos\theta$$
$$y(\theta) = r\sin\theta = a(1+\cos\theta)\sin\theta$$

であり，$x(\theta), y(\theta)$ はそれぞれ θ の偶関数，奇関数である．

これより，$P_{-\theta}(x(-\theta), y(-\theta)) = (x(\theta), -y(\theta))$ は $P_\theta(x(\theta), y(\theta))$ と x 軸に関して対称であり，C_1 の $-\pi \leqq \theta \leqq 0$, $0 \leqq \theta \leqq \pi$ それぞれに対応する部分は x 軸に関して対称である．したがって，$0 \leqq \theta \leqq \pi$ で調べれば十分である．

$$x'(\theta) = \frac{dx}{d\theta} = -a\sin\theta(2\cos\theta + 1), \quad y'(\theta) = \frac{dy}{d\theta} = a(\cos\theta + 1)(2\cos\theta - 1)$$

を用いて，$0 \leqq \theta \leqq \pi$ における増減を調べると次のとおりである．

θ	0	$\cdots$	$\dfrac{\pi}{3}$	$\cdots$	$\dfrac{2\pi}{3}$	$\cdots$	π
$x'(\theta)$	0	$-$	$-$	$-$	0	$+$	0
x	$2a$	↘	$\dfrac{3a}{4}$	↘	$-\dfrac{a}{4}$	↗	0
$y'(\theta)$	$+$	$+$	0	$-$	$-$	$-$	0
y	0	↗	$\dfrac{3\sqrt{3}a}{4}$	↘	$\dfrac{\sqrt{3}a}{4}$	↘	0

また，媒介変数表示された関数の微分法 (p. 43) より

$$\frac{dy}{dx} = \frac{y'(\theta)}{x'(\theta)} = -\frac{(\cos\theta + 1)(2\cos\theta - 1)}{\sin\theta(2\cos\theta + 1)}$$

であるから，

$$\lim_{\theta \to 0}\left|\frac{dy}{dx}\right| = \infty, \quad \lim_{\theta \to \pi}\frac{dy}{dx} = 0$$

である．以上より，C_1 の概形は図のとおりで，この曲線をカージオイド (心臓形) という．

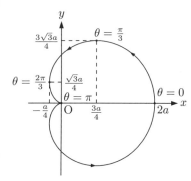

例 3. $C_2 : r = a\sin 2\theta$ (a は正の定数)

$-\pi \leqq \theta \leqq \pi$ とし, 対応する C_2 の点を $P_\theta(x(\theta), y(\theta))$ とするとき,

$$x(\theta) = r\cos\theta = a\sin 2\theta \cos\theta = 2a\sin\theta\cos^2\theta$$
$$y(\theta) = r\sin\theta = a\sin 2\theta \sin\theta = 2a\sin^2\theta\cos\theta$$

であり, $x(\theta), y(\theta)$ はそれぞれ θ の奇関数, 偶関数である.

これより, $P_{-\theta}(x(-\theta), y(-\theta)) = (-x(\theta), y(\theta))$ は $P_\theta(x(\theta), y(\theta))$ と y 軸に関して対称であり, C_2 の $-\pi \leqq \theta \leqq 0, 0 \leqq \theta \leqq \pi$ それぞれに対応する部分は y 軸に関して対称である. さらに, $x(\pi-\theta) = x(\theta), y(\pi-\theta) = -y(\theta)$ であるから, C_2 の $\frac{\pi}{2} \leqq \theta \leqq \pi, 0 \leqq \theta \leqq \frac{\pi}{2}$ それぞれに対応する部分は x 軸に関して対称である. したがって, $0 \leqq \theta \leqq \frac{\pi}{2}$ で調べれば十分である.

$$x'(\theta) = \frac{dx}{d\theta} = 2a\cos\theta(3\cos^2\theta - 2), \quad y'(\theta) = \frac{dy}{d\theta} = 2a\sin\theta(3\cos^2\theta - 1)$$

を用いて, $0 \leqq \theta \leqq \frac{\pi}{2}$ における増減を調べると次のとおりである.

θ	0	$\cdots$	α	$\cdots$	β	$\cdots$	$\frac{\pi}{2}$
$x'(\theta)$	+	+	0	−	−	−	0
x	0	↗	$\frac{4\sqrt{3}a}{9}$	↘	$\frac{2\sqrt{6}a}{9}$	↘	0
$y'(\theta)$	0	+	+	+	0	−	−
y	0	↗	$\frac{2\sqrt{6}a}{9}$	↗	$\frac{4\sqrt{3}a}{9}$	↘	0

ただし, $\cos\alpha = \frac{\sqrt{6}}{3}, \sin\alpha = \frac{\sqrt{3}}{3}, \cos\beta = \frac{\sqrt{3}}{3}, \sin\beta = \frac{\sqrt{6}}{3}$ $(0 < \alpha < \beta < \frac{\pi}{2})$ である.

例 2 と同様に調べると

$$\lim_{\theta \to 0} \frac{dy}{dx} = 0, \quad \lim_{\theta \to \frac{\pi}{2}} \left|\frac{dy}{dx}\right| = \infty$$

であるから, C_2 の概形は図のとおりである.

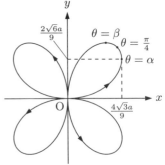

§24 極座標

=========== 演習問題 ===========

(解答 pp. 242–244)

問題 24.1 直交座標 (x,y) で表された次の点を極座標 (r,θ) で表せ.

（1）$(5,\ 0)$ 　　　（2）$(0,\ -3)$ 　　　（3）$(\sqrt{3},\ 1)$ 　　　（4）$(-\sqrt{3},\ 1)$

（5）$(-4,\ 4)$ 　　　（6）$(3,\ -3)$ 　　　（7）$(-\sqrt{3},\ -3)$ 　　　（8）$(-3,\ \sqrt{3})$

（9）$(3,\ 4)$ 　　　（10）$(2,\ 6)$ 　　　（11）$(2,\ -4)$ 　　　（12）$(-1,\ -2)$

問題 24.2 極座標 (r,θ) で表された次の点を直交座標 (x,y) で表せ.

（1）$(3,\ 0)$ 　　　（2）$(5,\ \pi)$ 　　　（3）$\left(4,\ \dfrac{2}{3}\pi\right)$

（4）$\left(6,\ \dfrac{4}{3}\pi\right)$ 　　　（5）$\left(2,\ -\dfrac{3}{4}\pi\right)$ 　　　（6）$\left(3,\ -\dfrac{\pi}{4}\right)$

（7）$\left(5,\ \arctan\dfrac{3}{4}\right)$ 　　　（8）$(2,\ \arctan 3)$ 　　　（9）$\left(10,\ \pi+\arctan\dfrac{3}{4}\right)$

（10）$\left(5,\ \dfrac{\pi}{2}+\arctan\dfrac{4}{3}\right)$ 　　　（11）$\left(-6,\ \dfrac{\pi}{3}\right)$ 　　　（12）$\left(-\sqrt{6},\ -\dfrac{2}{3}\pi\right)$

問題 24.3 極方程式で表された次の曲線を直交座標 (x,y) による方程式で表し, xy 平面上に図示せよ.

（1）$r = 3$ 　　　（2）$2r = 1$ 　　　（3）$r = 2\cos\theta - 4\sin\theta$

（4）$r = 4\sin\theta$ 　　　（5）$r = 4\cos\left(\theta - \dfrac{\pi}{6}\right)$ 　　　（6）$r = 4\cos\left(\theta - \dfrac{\pi}{3}\right)$

（7）$r^2(2 + \cos^2\theta) = 6$ 　　　（8）$r^2(5 - \sin^2\theta) = 20$ 　　　（9）$r^2 \sin 2\theta = 2$

（10）$r^2 \sin 2\theta = 4$ 　　　（11）$r = \dfrac{1}{2 + \cos\theta}$ 　　　（12）$r = \dfrac{1}{2 + \sqrt{3}\cos\theta}$

（13）$r = \dfrac{1}{2 + 2\cos\theta}$ 　　　（14）$r = \dfrac{1}{2\cos\theta}$ 　　　（15）$\theta = \dfrac{\pi}{3}$

（16）$\theta = 1$ 　　　（17）$r(2\cos\theta - \sin\theta) = 3$ 　　　（18）$r\cos\left(\theta - \dfrac{\pi}{4}\right) = 2$

問題 24.4 次の極方程式で表される曲線の概形を xy 平面上に図示せよ.

（1）$r = \cos 2\theta$ 　　　（2）$r = \cos 3\theta$ 　　　（3）$r = \sin 3\theta$

（4）$r = \sin 4\theta$ 　　　（5）$r = 1 + 2\cos\theta$ 　　　（6）$r = \theta$

問題 24.5 直交座標 (x,y) で表された次の領域を極座標 (r,θ) で表せ.

（1）$x^2 + y^2 \leqq 4$ 　　　（2）$x^2 + y^2 \leqq 3$ 　　　（3）$(x-1)^2 + y^2 \leqq 1$

（4）$x^2 + (y-2)^2 \leqq 4$ 　　　（5）$x^2 + y^2 \leqq 4,\ y \geqq 0$ 　　　（6）$x^2 + y^2 \leqq 3,\ y \geqq x$

（7）$1 \leqq x^2 + y^2 \leqq 4,\ x \geqq 0,\ y \geqq 0$ 　　　（8）$3 \leqq x^2 + y^2 \leqq 4,\ 0 \leqq y \leqq \sqrt{3}x$

§25 極座標の微分積分

直交座標と極座標の偏微分　直交座標 (x, y) と極座標 (r, θ) の関係式
$$x = r\cos\theta, \quad y = r\sin\theta$$
によって，x, y の 2 変数関数 $z = f(x, y)$ を r, θ の 2 変数関数
$$z = f(x, y) = f(r\cos\theta, r\sin\theta)$$
とみなすこともできる．このとき，x, y による z の偏微分と r, θ による z の偏微分との関係を調べてみよう．
$$x_r = (r\cos\theta)_r = \cos\theta, \quad x_\theta = (r\cos\theta)_\theta = -r\sin\theta$$
$$y_r = (r\sin\theta)_r = \sin\theta, \quad y_\theta = (r\sin\theta)_\theta = r\cos\theta$$
であるから，合成関数の偏微分の公式 (p. 91, 定理 12.2) によると，

(25.1) $\qquad z_r = z_x x_r + z_y y_r = z_x \cos\theta + z_y \sin\theta$

(25.2) $\qquad z_\theta = z_x x_\theta + z_y y_\theta = -z_x r \sin\theta + z_y r \cos\theta$

が成り立つ．よって，
$$z_r{}^2 + \frac{1}{r^2} z_\theta{}^2 = (z_x \cos\theta + z_y \sin\theta)^2 + (-z_x \sin\theta + z_y \cos\theta)^2 = z_x{}^2 + z_y{}^2$$
が導かれる．

次に，2 階偏導関数を考えよう．
$$z_{rr} = (z_x \cos\theta + z_y \sin\theta)_r = (z_x)_r \cos\theta + (z_y)_r \sin\theta$$
$$z_{\theta\theta} = (-z_x r \sin\theta + z_y r \cos\theta)_\theta = -r(z_x \sin\theta)_\theta + r(z_y \cos\theta)_\theta$$
$$= r\{-(z_x)_\theta \sin\theta - z_x \cos\theta + (z_y)_\theta \cos\theta - z_y \sin\theta\}$$

ここで，$(z_x)_r, (z_y)_r$ は (25.1) の z をそれぞれ z_x, z_y で置き換えたものであり，また $(z_x)_\theta, (z_y)_\theta$ は (25.2) の z をそれぞれ z_x, z_y で置き換えたものであるから，$z_{xy} = z_{yx}$ に注意すると，
$$(z_x)_r = z_{xx} \cos\theta + z_{xy} \sin\theta, \qquad (z_y)_r = z_{xy} \cos\theta + z_{yy} \sin\theta$$
$$(z_x)_\theta = -z_{xx} r \sin\theta + z_{xy} r \cos\theta, \qquad (z_y)_\theta = -z_{xy} r \sin\theta + z_{yy} r \cos\theta$$
である．

§25 極座標の微分積分

これらを代入すると,

$$z_{rr} = (z_{xx}\cos\theta + z_{xy}\sin\theta)\cos\theta + (z_{xy}\cos\theta + z_{yy}\sin\theta)\sin\theta$$
$$= z_{xx}\cos^2\theta + 2z_{xy}\sin\theta\cos\theta + z_{yy}\sin^2\theta$$
$$z_{\theta\theta} = r\{-(-z_{xx}r\sin\theta + z_{xy}r\cos\theta)\sin\theta - z_x\cos\theta$$
$$+ (-z_{xy}r\sin\theta + z_{yy}r\cos\theta)\cos\theta - z_y\sin\theta\}$$
$$= r^2(z_{xx}\sin^2\theta - 2z_{xy}\sin\theta\cos\theta + z_{yy}\cos^2\theta) - r(z_x\cos\theta + z_y\sin\theta)$$

となる. よって,

$$z_{rr} + \frac{1}{r^2}z_{\theta\theta} = z_{xx} + z_{yy} - \frac{1}{r}(z_x\cos\theta + z_y\sin\theta) = z_{xx} + z_{yy} - \frac{1}{r}z_r$$

が導かれる. ここで, (25.1) を用いた.

これらの関係式は次の形でまとめることができる.

直交座標と極座標の偏微分

$z = f(x,y) = f(r\cos\theta, r\sin\theta)$ に対して

$$z_x{}^2 + z_y{}^2 = z_r{}^2 + \frac{1}{r^2}z_\theta{}^2, \qquad \Delta z = z_{xx} + z_{yy} = z_{rr} + \frac{1}{r}z_r + \frac{1}{r^2}z_{\theta\theta}$$

極座標による偏微分の例を一つあげておこう.

例1. $z = \log\sqrt{x^2 + y^2}$ のとき, $\Delta z = z_{xx} + z_{yy} = 0$.

極座標 r, θ の関数と考えると $z = \log r$ であるから,

$$z_{xx} + z_{yy} = z_{rr} + \frac{1}{r}z_r + \frac{1}{r^2}z_{\theta\theta}$$
$$= (\log r)_{rr} + \frac{1}{r}(\log r)_r + \frac{1}{r^2}(\log r)_{\theta\theta}$$
$$= -\frac{1}{r^2} + \frac{1}{r}\cdot\frac{1}{r} + \frac{1}{r^2}\cdot 0 = 0$$

となる.

用語 微分作用素 $\Delta = \dfrac{\partial^2}{\partial x^2} + \dfrac{\partial^2}{\partial y^2}$ をラプラシアンという.

極座標と面積　　極方程式 $r = f(\theta)$ で表される曲線と，原点を起点とする 2 つの半直線によって囲まれる部分の面積について考えてみよう．

極方程式による面積

極方程式 $r = f(\theta)$ $(\alpha \leqq \theta \leqq \beta)$ で表される曲線と 2 半直線 $\theta = \alpha$, $\theta = \beta$ によって囲まれる部分の面積を S とするとき，
$$S = \frac{1}{2} \int_\alpha^\beta \{f(\theta)\}^2 \, d\theta$$

この公式が成り立つことを以下に示す．分点 $\alpha = \theta_0 < \theta_1 < \theta_2 < \cdots < \theta_n = \beta$ をとり，区間 $\alpha \leqq \theta \leqq \beta$ を分割する．

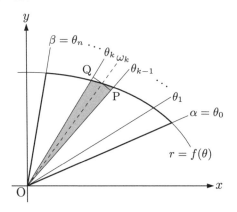

この分割を Δ で表し，$|\Delta| = \max\{\theta_k - \theta_{k-1} \mid k = 1, 2, \cdots, n\}$ とおく．小区間 $\theta_{k-1} \leqq \theta \leqq \theta_k$ から任意に点 ω_k をとるとき，図の扇形 OPQ は，半径 $f(\omega_k)$，中心角 $\theta_k - \theta_{k-1}$ であり，面積 $\frac{1}{2}\{f(\omega_k)\}^2 (\theta_k - \theta_{k-1})$ である．これらの総和

$$S(\Delta) = \sum_{k=1}^n \frac{1}{2}\{f(\omega_k)\}^2 (\theta_k - \theta_{k-1})$$

について，分割を限りなく細かくして $|\Delta| \longrightarrow 0$ とすれば，$S(\Delta)$ は S に限りなく近づく．すなわち，

$$S = \lim_{|\Delta| \to 0} \sum_{k=1}^n \frac{1}{2}\{f(\omega_k)\}^2 (\theta_k - \theta_{k-1}) = \frac{1}{2}\int_\alpha^\beta \{f(\theta)\}^2 \, d\theta$$

である．

§25 極座標の微分積分

例2. 曲線 $C_1 : r = a(1 + \cos\theta)$ (a は正の定数) の $-\pi \leqq \theta \leqq \pi$ に対応する部分によって囲まれた部分の面積 S_1

§24 例2で調べたとおり，C_1 で囲まれた部分は x 軸に関して対称であるから，C_1 の $0 \leqq \theta \leqq \pi$ に対応する部分と2半直線 $\theta = 0, \theta = \pi$ で囲まれた部分の面積の2倍が S_1 である．したがって，

$$\begin{aligned}
S_1 &= 2\int_0^\pi \frac{1}{2}\{a(1+\cos\theta)\}^2\,d\theta \\
&= a^2\int_0^\pi (1 + 2\cos\theta + \cos^2\theta)\,d\theta \\
&= a^2\int_0^\pi \left(1 + 2\cos\theta + \frac{1+\cos 2\theta}{2}\right) d\theta \\
&= a^2\left[\frac{3}{2}\theta + 2\sin\theta + \frac{1}{4}\sin 2\theta\right]_0^\pi \\
&= \frac{3}{2}\pi a^2
\end{aligned}$$

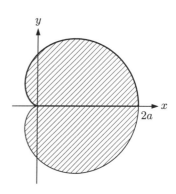

である．

例3. 曲線 $C_2 : r = a\sin 2\theta$ (a は正の定数) の $-\pi \leqq \theta \leqq \pi$ に対応する部分によって囲まれた部分の面積 S_2

§24 例3で調べたとおり，C_2 で囲まれた部分は x 軸，y 軸に関して対称であるから，$0 \leqq \theta \leqq \dfrac{\pi}{2}$ に対応する部分と2半直線 $\theta = 0, \theta = \dfrac{\pi}{2}$ で囲まれた部分の面積の4倍が S_2 である．したがって，

$$\begin{aligned}
S_2 &= 4\int_0^{\frac{\pi}{2}} \frac{1}{2}(a\sin 2\theta)^2\,d\theta \\
&= 2a^2\int_0^{\frac{\pi}{2}} \frac{1 - \cos 4\theta}{2}\,d\theta \\
&= 2a^2\left[\frac{1}{2}\theta - \frac{1}{8}\sin 4\theta\right]_0^{\frac{\pi}{2}} \\
&= \frac{\pi}{2}a^2
\end{aligned}$$

である．

極座標と曲線の長さ　　$\alpha \leqq \theta \leqq \beta$ において,極方程式 $r = f(\theta)$ で表される曲線の長さ L を考えてみよう.

この曲線上の点の直交座標を (x, y) とすると,

$$x = r\cos\theta = f(\theta)\cos\theta, \quad y = r\sin\theta = f(\theta)\sin\theta$$

と表されるから,媒介変数で表された曲線の長さの公式 (p. 159) に帰着する.

$$\begin{aligned}\left(\frac{dx}{d\theta}\right)^2 + \left(\frac{dy}{d\theta}\right)^2 &= \{f'(\theta)\cos\theta - f(\theta)\sin\theta\}^2 + \{f'(\theta)\sin\theta + f(\theta)\cos\theta\}^2 \\ &= (\{f'(\theta)\}^2 + \{f(\theta)\}^2)(\cos^2\theta + \sin^2\theta) \\ &= \{f'(\theta)\}^2 + \{f(\theta)\}^2\end{aligned}$$

であるから,その公式によると次の公式が得られる.

極方程式で表された曲線の長さ

極方程式 $r = f(\theta)$ $(\alpha \leqq \theta \leqq \beta)$ で表される曲線の長さを L とするとき,

$$L = \int_\alpha^\beta \sqrt{\{f'(\theta)\}^2 + \{f(\theta)\}^2}\, d\theta = \int_\alpha^\beta \sqrt{\left(\frac{dr}{d\theta}\right)^2 + r^2}\, d\theta$$

例 4.　曲線 $C_1 : r = a(1 + \cos\theta)$ (a は正の定数) の長さ L_1

曲線 C_1 においては,

$$\begin{aligned}\left(\frac{dr}{d\theta}\right)^2 + r^2 &= a^2(-\sin\theta)^2 + a^2(1 + \cos\theta)^2 \\ &= 2a^2(1 + \cos\theta) = 4a^2\cos^2\frac{\theta}{2}\end{aligned}$$

であり,§24 例 2 で調べたとおり,C_1 は x 軸に関して対称であるから,

$$\begin{aligned}L_1 &= 2\int_0^\pi \sqrt{4a^2\cos^2\frac{\theta}{2}}\, d\theta = 4a\int_0^\pi \cos\frac{\theta}{2}\, d\theta \\ &= 4a\left[2\sin\frac{\theta}{2}\right]_0^\pi = 8a\end{aligned}$$

となる.

§25 極座標の微分積分

■■■■■ 演習問題 ■■■■■

(解答 p. 244)

問題 25.1 極座標で表された次の関数 z について, $\Delta z = z_{rr} + \dfrac{1}{r} z_r + \dfrac{1}{r^2} z_{\theta\theta}$ を計算せよ.

(1) $z = \dfrac{1}{r}$ 　　　　　　　　(2) $z = \dfrac{\sin\theta}{r}$

(3) $z = r(\cos\theta + \sin\theta)$ 　　　(4) $z = r^2(\cos^2\theta - \sin^2\theta)$

問題 25.2 次の部分の面積を求めよ.

(1) $r = \theta + \pi$ $(0 \leqq \theta \leqq 2\pi)$ と $\theta = 0$ によって囲まれる部分

(2) $r = e^{-\theta}$ $(0 \leqq \theta \leqq 2\pi)$ と $\theta = 0$ によって囲まれる部分

(3) $r = 2\sin\theta$ によって囲まれる部分

(4) $r = 2\cos\left(\theta - \dfrac{\pi}{3}\right)$ によって囲まれる部分

(5) $r = \cos 2\theta$ $(-\dfrac{\pi}{4} \leqq \theta \leqq \dfrac{\pi}{4})$ によって囲まれる部分

(6) $r = \sin 3\theta$ $(0 \leqq \theta \leqq \pi)$ によって囲まれる部分

(7) $r = 2$ と $r = 2 + \sin\theta$ $(0 \leqq \theta \leqq \pi)$ によって囲まれる部分

(8) $r = 1 - \cos\theta$ と $\theta = \pi$ によって囲まれる部分

問題 25.3 次の曲線の長さを求めよ.

(1) $r = 2\sin\theta$ 　　　　　　　　(2) $r = 2\cos\left(\theta - \dfrac{\pi}{3}\right)$

(3) $r = e^{-\theta}$ $(0 \leqq \theta \leqq 2\pi)$ 　(4) $r = \theta^2$ $(0 \leqq \theta \leqq \dfrac{3}{2})$

(5) $r = 1 - \cos\theta$ $(0 \leqq \theta \leqq \pi)$ 　(6) $r = \dfrac{1}{1+\cos\theta}$ $(0 \leqq \theta \leqq \dfrac{\pi}{3})$

第8章

重 積 分

§26 重 積 分

重積分とは 1変数関数 $f(x)$ の数直線上の区間 $a \leqq x \leqq b$ における定積分に対応する，2変数関数 $f(x,y)$ の xy 平面上の領域 D における積分を考える．

はじめに，積分領域 D は長方形領域としよう．

$$D = \{(x,y) \mid a \leqq x \leqq b,\ c \leqq y \leqq d\}$$

分点 $a = x_0 < x_1 < x_2 < \cdots < x_n = b$, $c = y_0 < y_1 < y_2 < \cdots < y_m = d$ をとり，領域 D を分割する．

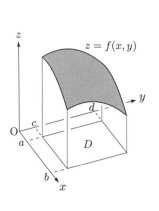
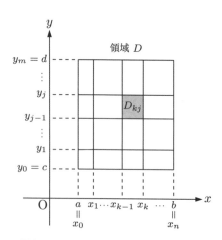

§26 重積分

この分割を $\Delta = (\Delta_x, \Delta_y)$ で表し,
$$|\Delta_x| = \max\{x_k - x_{k-1} \mid k = 1, 2, \cdots, n\}$$
$$|\Delta_y| = \max\{y_j - y_{j-1} \mid j = 1, 2, \cdots, m\}$$
とおく. 各小領域 $D_{kj} = \{(x,y) \mid x_{k-1} \leqq x \leqq x_k,\ y_{j-1} \leqq y \leqq y_j\}$ から任意に点 (ξ_{kj}, η_{kj}) をとり, リーマン和を
$$S(\Delta) = \sum_{k=1}^{n} \sum_{j=1}^{m} f(\xi_{kj}, \eta_{kj})(x_k - x_{k-1})(y_j - y_{j-1})$$
と定める. ここで, $(x_k - x_{k-1})(y_j - y_{j-1})$ は D_{kj} の面積であり, $f(x,y) > 0$ のとき, $f(\xi_{kj}, \eta_{kj})(x_k - x_{k-1})(y_j - y_{j-1})$ は左下図の直方体の体積を表し, $S(\Delta)$ は右下図の立体の体積を表している.

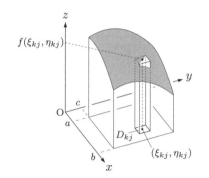
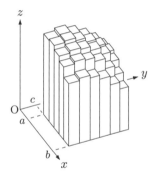

分割を限りなく細かくして, $|\Delta_x| \longrightarrow 0$ かつ $|\Delta_y| \longrightarrow 0$ としたとき, $S(\Delta)$ が (ξ_{kj}, η_{kj}) の取り方によらずに一定の値に収束するならば, $f(x,y)$ は領域 D で**重積分可能**であるという. また, その一定の値を $f(x,y)$ の D における**重積分**といい, 記号 $\iint_D f(x,y)\,dxdy$ で表す.

長方形領域における重積分の定義

$$\iint_D f(x,y)\,dxdy = \lim_{\substack{|\Delta_x| \to 0 \\ |\Delta_y| \to 0}} \sum_{k=1}^{n} \sum_{j=1}^{m} f(\xi_{kj}, \eta_{kj})(x_k - x_{k-1})(y_j - y_{j-1})$$

図形的には, $f(x,y) \geqq 0$ のとき, 重積分 $\iint_D f(x,y)\,dxdy$ は, 領域 D と曲面 $z = f(x,y)$ にはさまれ, 側面が z 軸に平行な直線からなる立体の体積を表す.

累次積分 $f(x,y)$ が長方形領域 D で重積分可能であるとき,定義における ξ_{kj}, η_{kj} を

$$\xi_{kj} = \xi_k \quad (j \text{ について共通}), \qquad \eta_{kj} = \eta_j \quad (k \text{ について共通})$$

ととり,先に $|\Delta_y| \longrightarrow 0$ とすると

$$\iint_D f(x,y)\,dxdy = \lim_{|\Delta_x|\to 0} \sum_{k=1}^n \left\{ \lim_{|\Delta_y|\to 0} \sum_{j=1}^m f(\xi_k, \eta_j)(y_j - y_{j-1}) \right\}(x_k - x_{k-1})$$

$$= \lim_{|\Delta_x|\to 0} \sum_{k=1}^n \left\{ \int_c^d f(\xi_k, y)\,dy \right\}(x_k - x_{k-1})$$

$$= \int_a^b \left\{ \int_c^d f(x,y)\,dy \right\} dx$$

つまり,

(26.1) $$\iint_D f(x,y)\,dxdy = \int_a^b \left\{ \int_c^d f(x,y)\,dy \right\} dx$$

である.また,先に $|\Delta_x| \longrightarrow 0$ とすれば

$$\iint_D f(x,y)\,dxdy = \int_c^d \left\{ \int_a^b f(x,y)\,dx \right\} dy$$

でもある.つまり,x, y に関する定積分を 2 度繰り返すことによって,重積分を計算することができる.積分を繰り返すという意味で,右辺の積分を **累次** (るいじ) **積分** という.

長方形領域における累次積分

長方形領域 $D : a \leqq x \leqq b, \ c \leqq y \leqq d$ において

$$\iint_D f(x,y)\,dxdy = \int_a^b \left\{ \int_c^d f(x,y)\,dy \right\} dx = \int_c^d \left\{ \int_a^b f(x,y)\,dx \right\} dy$$

記号 累次積分は

$$\int_a^b \left\{ \int_c^d f(x,y)\,dy \right\} dx = \int_a^b dx \int_c^d f(x,y)\,dy$$

$$\int_c^d \left\{ \int_a^b f(x,y)\,dx \right\} dy = \int_c^d dy \int_a^b f(x,y)\,dx$$

と書くこともある.

§26 重積分

図形的には, $f(x,y) \geqq 0$ のとき, (26.1) の括弧内の積分 $\int_c^d f(x,y)\,dy$ は x 軸に垂直な平面による断面の面積を表している.

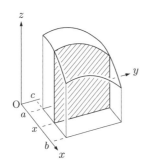
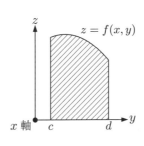

つまり, (26.1) は断面積を積分して, 体積を求めたことになっている (§22「立体の体積」参照).

例1. $I_1 = \iint_D \left(-\dfrac{1}{2}x + y + \dfrac{5}{2}\right) dxdy, \quad D : 1 \leqq x \leqq 3,\ 0 \leqq y \leqq 3$

累次積分に直して計算する.

$$I_1 = \int_1^3 \left\{ \int_0^3 \left(-\frac{1}{2}x + y + \frac{5}{2}\right) dy \right\} dx$$
$$= \int_1^3 \left[-\frac{1}{2}xy + \frac{1}{2}y^2 + \frac{5}{2}y\right]_{y=0}^{y=3} dx$$
$$= \int_1^3 \left(-\frac{3}{2}x + 12\right) dx = \left[-\frac{3}{4}x^2 + 12x\right]_1^3 = 18$$

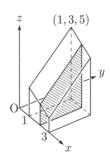

である. また, 先に x で積分する累次積分に直して計算しても,

$$I_1 = \int_0^3 \left\{ \int_1^3 \left(-\frac{1}{2}x + y + \frac{5}{2}\right) dx \right\} dy$$
$$= \int_0^3 \left[-\frac{1}{4}x^2 + xy + \frac{5}{2}x\right]_{x=1}^{x=3} dy$$
$$= \int_0^3 (2y + 3)\,dy = \left[y^2 + 3y\right]_0^3 = 18$$

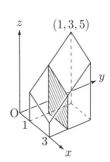

である.

一般の領域における重積分と累次積分　　xy 平面上の一般の領域 D における重積分 $\iint_D f(x,y)\,dxdy$ の定義を述べよう.

領域 D と関数 $f(x,y)$ に対して, D を内部に含む長方形領域 R を 1 つとり, R を定義域とする関数 $F(x,y)$ を

$$F(x,y) = \begin{cases} f(x,y), & (x,y) \text{ は } D \text{ に含まれる点} \\ 0, & (x,y) \text{ は } D \text{ に含まれない } R \text{ の点} \end{cases}$$

と定める. このとき, D における $f(x,y)$ の重積分を

$$\iint_D f(x,y)\,dxdy = \iint_R F(x,y)\,dxdy$$

と定義する.

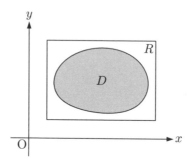

実際の計算は, 累次積分に直して行う. まず,

(26.2) $\qquad D: a \leqq x \leqq b, \quad g_1(x) \leqq y \leqq g_2(x)$

の場合を考えよう. 右下図のように長方形 R をとる.

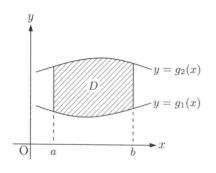
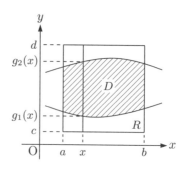

区間 $a \leqq x \leqq b$ 内に x を固定して, $F(x,y)$ を y の関数とみなすとき,

$$F(x,y) = \begin{cases} 0, & c \leqq y < g_1(x) \\ f(x,y), & g_1(x) \leqq y \leqq g_2(x) \\ 0, & g_2(x) < y \leqq d \end{cases}$$

であるから

$$\iint_D f(x,y)\,dxdy = \int_a^b \left\{ \int_c^d F(x,y)\,dy \right\} dx = \int_a^b \left\{ \int_{g_1(x)}^{g_2(x)} f(x,y)\,dy \right\} dx$$

である. 次に,

$$D: c \leqq y \leqq d, \quad h_1(y) \leqq x \leqq h_2(y)$$

の場合を考える.

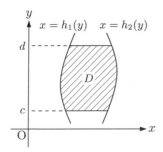
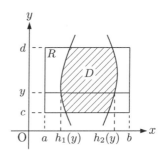

右の図のように長方形領域 R をとると, (26.2) の場合と同様に考えて,

$$\iint_D f(x,y)\,dxdy = \int_c^d \left\{ \int_{h_1(y)}^{h_2(y)} f(x,y)\,dx \right\} dy$$

が成り立つ.

―― 一般の領域における重積分 ――

(1) $D: a \leqq x \leqq b,\ g_1(x) \leqq y \leqq g_2(x)$ とするとき

$$\iint_D f(x,y)\,dxdy = \int_a^b \left\{ \int_{g_1(x)}^{g_2(x)} f(x,y)\,dy \right\} dx$$

(2) $D: c \leqq y \leqq d,\ h_1(y) \leqq x \leqq h_2(y)$ とするとき

$$\iint_D f(x,y)\,dxdy = \int_c^d \left\{ \int_{h_1(y)}^{h_2(y)} f(x,y)\,dx \right\} dy$$

例 2. $I_2 = \iint_D (x+2y)\,dxdy, \quad D: 0 \leqq x \leqq 2,\ 0 \leqq y \leqq x$

右図より,

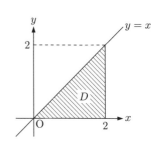

$$I_2 = \int_0^2 \left\{ \int_0^x (x+2y)\,dy \right\} dx$$
$$= \int_0^2 \left[xy + y^2 \right]_{y=0}^{y=x} dx$$
$$= \int_0^2 2x^2\,dx$$
$$= \left[\frac{2}{3}x^3 \right]_0^2 = \frac{16}{3}$$

である.

例 3. $I_3 = \iint_D 2xy\,dxdy, \quad D: x^2 \leqq y \leqq 2x$

右図より, $D: 0 \leqq x \leqq 2,\ x^2 \leqq y \leqq 2x$ であるから,

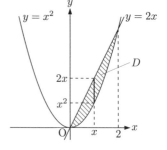

$$I_3 = \int_0^2 \left\{ \int_{x^2}^{2x} 2xy\,dy \right\} dx$$
$$= \int_0^2 \left[xy^2 \right]_{y=x^2}^{y=2x} dx = \int_0^2 (4x^3 - x^5)\,dx$$
$$= \left[x^4 - \frac{1}{6}x^6 \right]_0^2 = \frac{16}{3}$$

である. また, $D: 0 \leqq y \leqq 4,\ \dfrac{y}{2} \leqq x \leqq \sqrt{y}$ でもあるから,

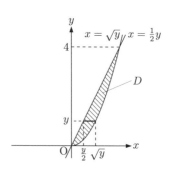

$$I_3 = \int_0^4 \left\{ \int_{\frac{y}{2}}^{\sqrt{y}} 2xy\,dx \right\} dy$$
$$= \int_0^4 \left[x^2 y \right]_{x=\frac{y}{2}}^{x=\sqrt{y}} dy = \int_0^4 \left(y^2 - \frac{1}{4}y^3 \right) dy$$
$$= \left[\frac{1}{3}y^3 - \frac{1}{16}y^4 \right]_0^4 = \frac{16}{3}$$

である.

§26 重積分

一般には，領域 D が累次積分に都合のよい形

$$a \leqq x \leqq b,\ g_1(x) \leqq y \leqq g_2(x) \quad \text{あるいは} \quad c \leqq y \leqq d,\ h_1(y) \leqq x \leqq h_2(y)$$

では表されていない場合もある．そのような場合の重積分の計算法を考えてみよう．

例 4． $I_4 = \iint_D 2y\,dxdy,$
$\qquad D: y \leqq 2x,\ x+y \leqq 3,\ y \geqq 0$

D は直線 $y = 2x$ の下方，直線 $y = -x+3$ の下方，直線 $y = 0$ (x 軸) の上方の 3 つの領域の共通部分であり，図より，2 つの領域

$$D_1 : 0 \leqq x \leqq 1,\ 0 \leqq y \leqq 2x,$$
$$D_2 : 1 \leqq x \leqq 3,\ 0 \leqq y \leqq -x+3$$

を合わせたものである．したがって，

$$\begin{aligned}
I_4 &= \iint_{D_1} 2y\,dxdy + \iint_{D_2} 2y\,dxdy \\
&= \int_0^1 \left\{\int_0^{2x} 2y\,dy\right\} dx + \int_1^3 \left\{\int_0^{-x+3} 2y\,dy\right\} dx \\
&= \int_0^1 \Big[y^2\Big]_{y=0}^{y=2x} dx + \int_1^3 \Big[y^2\Big]_{y=0}^{y=-x+3} dx \\
&= \int_0^1 4x^2\,dx + \int_1^3 (-x+3)^2\,dx = \left[\frac{4}{3}x^3\right]_0^1 + \left[-\frac{1}{3}(-x+3)^3\right]_1^3 = 4
\end{aligned}$$

と計算できる．また，D は

$$D: 0 \leqq y \leqq 2,\ \frac{y}{2} \leqq x \leqq -y+3$$

とも表すことができ，

$$\begin{aligned}
I_4 &= \int_0^2 \left\{\int_{\frac{y}{2}}^{-y+3} 2y\,dx\right\} dy \\
&= \int_0^2 \Big[2yx\Big]_{x=\frac{y}{2}}^{x=-y+3} dy = \int_0^2 (-3y^2 + 6y)\,dy = 4
\end{aligned}$$

と計算することもできる．

累次積分において,そのままの順序では積分が困難でも,積分の順序を交換することにより計算できる場合がある.

例 5. $I_5 = \int_0^1 \left\{ \int_x^1 e^{y^2} \, dy \right\} dx$

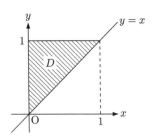

不定積分 $\int e^{y^2} \, dy$ は初等関数では表せないことが知られていて,y から積分するのは難しい.$D: 0 \leqq x \leqq 1, \; x \leqq y \leqq 1$ とすると I_5 は D 上の重積分

$$I_5 = \iint_D e^{y^2} \, dxdy$$

である.この重積分を x から積分しよう.D は $0 \leqq y \leqq 1, \; 0 \leqq x \leqq y$ と表されるから

$$\begin{aligned} I_5 &= \int_0^1 \left\{ \int_0^y e^{y^2} \, dx \right\} dy \\ &= \int_0^1 \left[xe^{y^2} \right]_{x=0}^{x=y} dy \\ &= \int_0^1 ye^{y^2} \, dy = \left[\frac{1}{2} e^{y^2} \right]_0^1 = \frac{e-1}{2} \end{aligned}$$

と計算できる.

この例で用いた式変形の一般化として

$$\int_0^a \left\{ \int_x^a f(y) \, dy \right\} dx = \int_0^a y f(y) \, dy$$

が成り立つ.また,

$$\int_0^a \left\{ \int_0^x f(y) \, dy \right\} dx = \int_0^a (a-y) f(y) \, dy$$

$$\int_b^c \left\{ \int_b^x f(x,y) \, dy \right\} dx = \int_b^c \left\{ \int_y^c f(x,y) \, dx \right\} dy$$

も成り立つ.ここで,$a, b, c \; (a > 0, \, b < c)$ は定数である.

§26 重積分

━━━━━━━━ 演習問題 ━━━━━━━━

(解答 pp. 245–250)

問題 26.1 次の重積分の値を求めよ．

(1) $\iint_D 4\,dxdy$　　　　$D: 0 \leqq x \leqq 2,\ 0 \leqq y \leqq 3$

(2) $\iint_D 3x\,dxdy$　　　　$D: 0 \leqq x \leqq 4,\ 0 \leqq y \leqq 5$

(3) $\iint_D (2x+y)\,dxdy$　　　　$D: -3 \leqq x \leqq -1,\ 1 \leqq y \leqq 3$

(4) $\iint_D (x+2y+1)\,dxdy$　　　　$D: 1 \leqq x \leqq 2,\ 0 \leqq y \leqq 1$

(5) $\iint_D \dfrac{x}{y}\,dxdy$　　　　$D: 1 \leqq x \leqq 2,\ 1 \leqq y \leqq 3$

(6) $\iint_D \dfrac{1}{x}\,dxdy$　　　　$D: 1 \leqq x \leqq e^2,\ -1 \leqq y \leqq \dfrac{1}{2}$

(7) $\iint_D \sin(x+y)\,dxdy$　　　　$D: 0 \leqq x \leqq \dfrac{\pi}{2},\ 0 \leqq y \leqq \dfrac{\pi}{2}$

(8) $\iint_D \cos(x+y)\,dxdy$　　　　$D: 0 \leqq x \leqq \dfrac{\pi}{4},\ 0 \leqq y \leqq \dfrac{\pi}{4}$

(9) $\iint_D x\sin y\,dxdy$　　　　$D: 0 \leqq x \leqq 1,\ 0 \leqq y \leqq \dfrac{\pi}{2}$

(10) $\iint_D y\cos \pi x\,dxdy$　　　　$D: 0 \leqq x \leqq \dfrac{1}{2},\ 0 \leqq y \leqq 2$

問題 26.2 次の重積分について，領域 D を xy 平面上に図示し，値を求めよ．

(1) $\iint_D (x+y)\,dxdy$　　　　$D: 0 \leqq x \leqq 2,\ 0 \leqq y \leqq x$

(2) $\iint_D (x+2y)\,dxdy$　　　　$D: 0 \leqq x \leqq 2,\ 0 \leqq y \leqq \dfrac{1}{2}x$

(3) $\iint_D 2y\,dxdy$　　　　$D: 0 \leqq x \leqq 1,\ 0 \leqq y \leqq x$

(4) $\iint_D y\,dxdy$　　　　$D: 0 \leqq x \leqq 1,\ x \leqq y \leqq 1$

(5) $\iint_D x\,dxdy$　　　　$D: 0 \leqq x \leqq 1,\ 0 \leqq y \leqq 1-x$

(6) $\iint_D x\,dxdy$　　　　$D: 1 \leqq x \leqq 2,\ 0 \leqq y \leqq 2-x$

(7) $\iint_D e^y \, dxdy$ $\qquad D: 0 \leqq x \leqq 1,\ x \leqq y \leqq 2x$

(8) $\iint_D e^x \, dxdy$ $\qquad D: 0 \leqq x \leqq 1,\ 1-x \leqq y \leqq 1+x$

(9) $\iint_D 2xy \, dxdy$ $\qquad D: 0 \leqq x \leqq 2,\ 0 \leqq y \leqq x^2$

(10) $\iint_D x\sqrt{y} \, dxdy$ $\qquad D: 0 \leqq x \leqq 1,\ x^2 \leqq y \leqq 1$

(11) $\iint_D \sqrt{x} \, dxdy$ $\qquad D: 0 \leqq x \leqq 1,\ \sqrt{x} \leqq y \leqq 1$

(12) $\iint_D \dfrac{x}{\sqrt{y}} \, dxdy$ $\qquad D: 1 \leqq x \leqq 2,\ x^2 \leqq y \leqq 4$

(13) $\iint_D e^y \, dxdy$ $\qquad D: 1 \leqq x \leqq e,\ 0 \leqq y \leqq \log x$

(14) $\iint_D e^{2y} \, dxdy$ $\qquad D: 1 \leqq x \leqq 2,\ 0 \leqq y \leqq \log x$

(15) $\iint_D \sin(x+y) \, dxdy$ $\qquad D: 0 \leqq x \leqq \dfrac{\pi}{2},\ 0 \leqq y \leqq x$

(16) $\iint_D \cos(x+y) \, dxdy$ $\qquad D: 0 \leqq x \leqq \dfrac{\pi}{2},\ 0 \leqq y \leqq x$

(17) $\iint_D \sqrt{x} \, dxdy$ $\qquad D: y^2 \leqq x \leqq 1,\ 0 \leqq y \leqq 1$

(18) $\iint_D \cos(x+y) \, dxdy$ $\qquad D: 0 \leqq x \leqq \dfrac{\pi}{2} - y,\ 0 \leqq y \leqq \dfrac{\pi}{2}$

問題 26.3 次の重積分について，領域 D を xy 平面上に図示し，値を求めよ．

(1) $\iint_D x \, dxdy$ $\qquad D: x \geqq 0,\ y \geqq 0,\ 2x+y \leqq 1$

(2) $\iint_D \sin(x+y) \, dxdy$ $\qquad D: x \geqq 0,\ y \geqq 0,\ 2x+y \leqq \pi$

(3) $\iint_D xy \, dxdy$ $\qquad D: x \leqq 1,\ y \leqq 1,\ x+y \geqq 1$

(4) $\iint_D (x+2y) \, dxdy$ $\qquad D: x \geqq 0,\ y \leqq 2,\ 2x-y \leqq 0$

(5) $\iint_D x \, dxdy$ $\qquad D: x^2 \leqq y \leqq x$

(6) $\iint_D (x+2y) \, dxdy$ $\qquad D: x^2 \leqq y \leqq 2x$

§26 重積分

(7) $\iint_D y\,dxdy$ $D: x \leqq y \leqq \sqrt{x}$

(8) $\iint_D xy\,dxdy$ $D: y \geqq x^2,\ x \geqq y^2$

(9) $\iint_D y\,dxdy$ $D: x^2+y^2 \leqq 1,\ x \geqq 0,\ y \geqq 0$

(10) $\iint_D xy\,dxdy$ $D: x^2+y^2 \leqq 1,\ x+y \geqq 1$

問題 26.4 次の重積分について，領域 D を xy 平面上に図示し，値を求めよ．

(1) $\iint_D 2y\,dxdy$ $D: y \geqq -x,\ y \geqq 3x,\ y \leqq x+2$

(2) $\iint_D y\,dxdy$ $D: y \geqq x^2,\ y \leqq 2-|x|$

(3) $\iint_D 2xy\,dxdy$ $D: x^2+y^2 \leqq 2,\ 0 \leqq x \leqq y$

(4) $\iint_D x\,dxdy$ $D: x^2+y^2 \leqq 4,\ 0 \leqq y \leqq x$

(5) $\iint_D y\,dxdy$ $D: x^2+y^2 \leqq 4,\ y \geqq x,\ y \geqq 0$

(6) $\iint_D 2xy\,dxdy$ $D: 2 \leqq x^2+y^2 \leqq 4,\ 0 \leqq y \leqq x$

問題 26.5 次の累次積分の順序を交換せよ．

(1) $\displaystyle\int_0^1 dx \int_0^x f(x,y)\,dy$ (2) $\displaystyle\int_0^2 dx \int_x^{\sqrt{2x}} f(x,y)\,dy$

(3) $\displaystyle\int_{-3}^3 dx \int_0^{\sqrt{9-x^2}} f(x,y)\,dy$ (4) $\displaystyle\int_{-2}^2 dx \int_0^{2-|x|} f(x,y)\,dy$

問題 26.6 問題 26.2 の重積分について，問題 26.2 で積分値の導出に用いた累次積分とは逆の順序の累次積分で値を求めよ．

問題 26.7 次の累次積分の値を求めよ．

(1) $\displaystyle\int_0^1 dx \int_x^1 ye^{y^3}\,dy$ (2) $\displaystyle\int_0^{\sqrt{\pi}} dx \int_x^{\sqrt{\pi}} \sin(y^2)\,dy$

(3) $\displaystyle\int_1^2 dx \int_{\frac{2}{x}}^2 ye^{xy}\,dy$ (4) $\displaystyle\int_1^4 dx \int_{x+2}^{3\sqrt{x}} \frac{1}{y}\,dy$

§27 極座標による重積分

極座標による表現　重積分を，極座標を用いて表すことを考える．まず，領域 D が極座標では

$$D: \alpha \leqq \theta \leqq \beta, \quad \gamma \leqq r \leqq \delta$$

と表されるときの重積分 $\iint_D f(x,y)\,dxdy$ を扱おう．

分点 $\alpha = \theta_0 < \theta_1 < \theta_2 < \cdots < \theta_n = \beta$, $\gamma = r_0 < r_1 < r_2 < \cdots < r_m = \delta$ をとり，領域 D を分割する (左下図)．

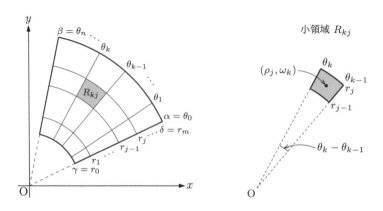

小領域 R_{kj}

この分割を $\Delta = (\Delta_\theta, \Delta_r)$ で表し，

$$|\Delta_\theta| = \max\{\theta_k - \theta_{k-1} \mid k = 1, 2, \cdots, n\}$$
$$|\Delta_r| = \max\{r_j - r_{j-1} \mid j = 1, 2, \cdots, m\}$$

とおく．小領域 $R_{kj} : \theta_{k-1} \leqq \theta \leqq \theta_k$, $r_{j-1} \leqq r \leqq r_j$ 内の点 $(r, \theta) = (\rho_j, \omega_k)$ を

$$\rho_j = \frac{1}{2}(r_j + r_{j-1}), \quad \omega_k = \frac{1}{2}(\theta_k + \theta_{k-1}) \quad (\text{それぞれ小区間の中央})$$

ととる．このとき，

$$R_{kj} \text{ の面積} = \frac{1}{2}r_j{}^2(\theta_k - \theta_{k-1}) - \frac{1}{2}r_{j-1}{}^2(\theta_k - \theta_{k-1})$$
$$= \frac{1}{2}(r_j + r_{j-1})(r_j - r_{j-1})(\theta_k - \theta_{k-1}) = \rho_j(r_j - r_{j-1})(\theta_k - \theta_{k-1})$$

である．

§27 極座標による重積分

これより, リーマン和を

$$T(\Delta) = \sum_{k=1}^{n} \sum_{j=1}^{m} f(\rho_j \cos\omega_k, \rho_j \sin\omega_k)\rho_j(r_j - r_{j-1})(\theta_k - \theta_{k-1})$$

と定める. $f(x,y) > 0$ のとき, $f(\rho_j \cos\omega_k, \rho_j \sin\omega_k)\rho_j(r_j - r_{j-1})(\theta_k - \theta_{k-1})$ は小領域 R_{kj} を底面とし, 高さが $f(\rho_j \cos\omega_k, \rho_j \sin\omega_k)$ である柱体の体積である. 分割を限りなく細かくして, $|\Delta_\theta| \longrightarrow 0$ かつ $|\Delta_r| \longrightarrow 0$ とするとき, $f(x,y)$ が重積分可能ならば, $T(\Delta)$ は

$$\iint_{\alpha \leqq \theta \leqq \beta,\ \gamma \leqq r \leqq \delta} f(r\cos\theta, r\sin\theta) r\, dr d\theta$$

に収束し, $\iint_D f(x,y)\,dxdy$ に等しい. 累次積分に直せば, 次の結果が得られる.

極座標による重積分 1

極座標で $D: \alpha \leqq \theta \leqq \beta,\ \gamma \leqq r \leqq \delta$ と表されるとき

$$\iint_D f(x,y)\,dxdy = \int_\alpha^\beta \left\{ \int_\gamma^\delta f(r\cos\theta, r\sin\theta) r\, dr \right\} d\theta$$

ここで, $f(r\cos\theta, r\sin\theta)$ に r が掛けられていることに注意しよう.

領域 D が極座標では,

$$D: \alpha \leqq \theta \leqq \beta,\ \rho_1(\theta) \leqq r \leqq \rho_2(\theta)$$

と表される場合は, pp. 184–185 で述べた「一般の領域における重積分と累次積分」と同様に考えて, 次が成り立つ.

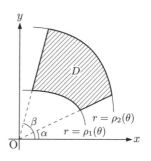

極座標による重積分 2

極座標で $D: \alpha \leqq \theta \leqq \beta,\ \rho_1(\theta) \leqq r \leqq \rho_2(\theta)$ と表されるとき

$$\iint_D f(x,y)\,dxdy = \int_\alpha^\beta \left\{ \int_{\rho_1(\theta)}^{\rho_2(\theta)} f(r\cos\theta, r\sin\theta) r\, dr \right\} d\theta$$

例 1. $I_1 = \iint_D x\,dxdy, \quad D: 0 \leqq y \leqq x,\ x^2 + y^2 \leqq 4$

右図より，D は極座標では
$$0 \leqq \theta \leqq \frac{\pi}{4},\ 0 \leqq r \leqq 2$$
と表されるから，

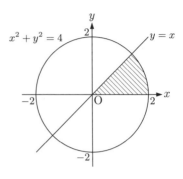

$$I_1 = \int_0^{\frac{\pi}{4}} \left\{ \int_0^2 r\cos\theta \cdot r\,dr \right\} d\theta$$
$$= \int_0^{\frac{\pi}{4}} \left[\frac{1}{3} r^3 \cos\theta \right]_{r=0}^{r=2} d\theta$$
$$= \frac{8}{3} \int_0^{\frac{\pi}{4}} \cos\theta\,d\theta = \frac{8}{3} \Bigl[\sin\theta \Bigr]_0^{\frac{\pi}{4}} = \frac{4\sqrt{2}}{3}$$

である．

無限区間における定積分　　ここでは，次ページで述べる積分のための準備として，1 変数関数の無限区間における定積分について述べる．

関数 $f(x)$ の無限区間 $a \leqq x < \infty,\ -\infty < x < \infty$ における定積分をそれぞれ
$$\int_a^\infty f(x)\,dx = \lim_{R\to\infty} \int_a^R f(x)\,dx, \quad \int_{-\infty}^\infty f(x)\,dx = \lim_{R,R'\to\infty} \int_{-R'}^R f(x)\,dx$$
によって定義する．$f(x)$ の原始関数を $F(x)$ とするとき，これらは
$$\lim_{R\to\infty} \Bigl[F(x) \Bigr]_a^R, \quad \lim_{R,R'\to\infty} \Bigl[F(x) \Bigr]_{-R'}^R$$
に等しいが，これらを簡単に $\Bigl[F(x) \Bigr]_a^\infty,\ \Bigl[F(x) \Bigr]_{-\infty}^\infty$ と表すことにする．

例 2. $\displaystyle \int_1^\infty \frac{1}{x^3}\,dx = \lim_{R\to\infty} \int_1^R \frac{1}{x^3}\,dx = \lim_{R\to\infty} \left[-\frac{1}{2x^2} \right]_1^R = \lim_{R\to\infty} \left(-\frac{1}{2R^2} + \frac{1}{2} \right) = \frac{1}{2}$

例 3. $\displaystyle \int_0^\infty e^{-x}\,dx = \lim_{R\to\infty} \int_0^R e^{-x}\,dx = \lim_{R\to\infty} \Bigl[-e^{-x} \Bigr]_0^R = \lim_{R\to\infty} (-e^{-R} + 1) = 1$

例 4. $\displaystyle \int_1^\infty \frac{1}{x}\,dx$ は発散する．実際，
$$\int_1^\infty \frac{1}{x}\,dx = \lim_{R\to\infty} \int_1^R \frac{1}{x}\,dx = \lim_{R\to\infty} \Bigl[\log x \Bigr]_1^R = \lim_{R\to\infty} \log R = \infty.$$

§27 極座標による重積分

ガウス積分　定積分
$$I = \int_{-\infty}^{\infty} e^{-x^2}\,dx = 2\int_0^{\infty} e^{-x^2}\,dx$$
を**ガウス積分**という．統計学などにおいて必要になる．

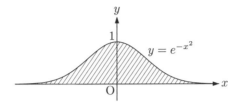

関数 e^{-x^2} の不定積分は初等関数で表せないことが知られている．ここでは，極座標を利用して I の値を求める．定積分は積分変数によらないから，
$$I^2 = \left(2\int_0^{\infty} e^{-x^2}\,dx\right)\left(2\int_0^{\infty} e^{-y^2}\,dy\right)$$
であるが，さらに右辺を変形すると，
$$I^2 = 4\int_0^{\infty}\left\{e^{-x^2}\int_0^{\infty} e^{-y^2}\,dy\right\}dx = 4\int_0^{\infty}\left\{\int_0^{\infty} e^{-(x^2+y^2)}\,dy\right\}dx$$
となる．これは，$e^{-(x^2+y^2)}$ の領域 $D: 0 \leqq x < \infty, 0 \leqq y < \infty$ における重積分に等しいが，極座標では $D: 0 \leqq \theta \leqq \dfrac{\pi}{2},\ 0 \leqq r < \infty$ と表されるから，極座標の累次積分に直すと，
$$I^2 = 4\int_0^{\frac{\pi}{2}}\left\{\int_0^{\infty} e^{-r^2} r\,dr\right\}d\theta$$
となる．e^{-r^2} に r が掛けられたことで不定積分を計算することができ，
$$I^2 = 4\int_0^{\frac{\pi}{2}}\left[-\frac{1}{2}e^{-r^2}\right]_0^{\infty}d\theta = 4\int_0^{\frac{\pi}{2}}\frac{1}{2}\,d\theta = \pi$$
となる．I は正の値であるから，$I = \sqrt{\pi}$ である．

ガウス積分：e^{-x^2} の $(-\infty, \infty)$ における定積分

$$\int_{-\infty}^{\infty} e^{-x^2}\,dx = 2\int_0^{\infty} e^{-x^2}\,dx = \sqrt{\pi}$$

重積分における置換積分法　　1 変数関数の定積分の置換積分法によると, x の区間 $a \leqq x \leqq b$ と t の区間 $\alpha \leqq t \leqq \beta$ が, $x = g(t)$ によってちょうど対応しているとき, $a = g(\alpha), b = g(\beta)$ とすると,

$$\int_a^b f(x)\,dx = \int_\alpha^\beta f(g(t))g'(t)\,dt$$

が成り立つ. 重積分においても, 同様に置換積分法を考え, これに対応する公式を導くことができる.

xy 平面の領域 D と st 平面の領域 E が,

$$x = u(s,t), \quad y = v(s,t)$$

によってちょうど対応しているとする.

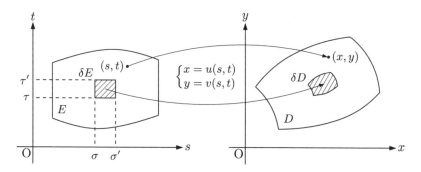

st 平面において, t 軸に平行な 2 直線 $s = \sigma, s = \sigma'$ ($\sigma < \sigma'$) と s 軸に平行な 2 直線 $t = \tau, t = \tau'$ ($\tau < \tau'$) によって囲まれる小領域 δE に対応する xy 平面の小領域を δD とする. $\sigma' - \sigma, \tau' - \tau$ が小さいときには, 近似的に

(27.1) $\qquad \delta D \text{ の面積} = \left|\dfrac{\partial(u,v)}{\partial(s,t)}(\sigma,\tau)\right|(\sigma'-\sigma)(\tau'-\tau)$

が成り立つことがわかっている. ここで, $|\quad|$ は絶対値であり,

$$\dfrac{\partial(u,v)}{\partial(s,t)} = \det\begin{pmatrix} u_s & u_t \\ v_s & v_t \end{pmatrix} = u_s \cdot v_t - u_t \cdot v_s$$

は $u(s,t), v(s,t)$ のヤコビアンとよばれる関数である.

§27 極座標による重積分

重積分の定義におけるリーマン和の構成の仕方に戻って考えると, (27.1) から, 次のような1変数の置換積分法に対応する公式が得られることになる.

重積分における置換積分法

xy 平面の領域 D と st 平面の領域 E が, $x = u(s,t)$, $y = v(s,t)$ によってちょうど対応しているとき,

$$\iint_D f(x,y)\,dxdy = \iint_E f(u(s,t), v(s,t)) \left|\frac{\partial(u,v)}{\partial(s,t)}(s,t)\right| dsdt$$

この公式を極座標の場合に適用してみよう. 領域 D が極座標では,

$$E : \alpha \leqq \theta \leqq \beta, \quad \rho_1(\theta) \leqq r \leqq \rho_2(\theta)$$

と表されるとする. つまり, xy 平面上の領域 D と $r\theta$ 平面上の領域 E が

$$x = r\cos\theta, \quad y = r\sin\theta$$

によってちょうど対応しているとする. このとき,

$$\frac{\partial(x,y)}{\partial(r,\theta)}(r,\theta) = \det\begin{pmatrix} x_r & x_\theta \\ y_r & y_\theta \end{pmatrix} = \det\begin{pmatrix} \cos\theta & -r\sin\theta \\ \sin\theta & r\cos\theta \end{pmatrix}$$

$$= \cos\theta \cdot r\cos\theta - (-r\sin\theta) \cdot \sin\theta = r(\cos^2\theta + \sin^2\theta) = r$$

であるから,

$$\iint_D f(x,y)\,dxdy = \iint_E f(r\cos\theta, r\sin\theta) \left|\frac{\partial(x,y)}{\partial(r,\theta)}(r,\theta)\right| drd\theta$$

$$= \iint_E f(r\cos\theta, r\sin\theta) r\,drd\theta$$

$$= \int_\alpha^\beta \left\{ \int_{\rho_1(\theta)}^{\rho_2(\theta)} f(r\cos\theta, r\sin\theta) r\,dr \right\} d\theta$$

が成り立つ. これは, 極座標による重積分 2 (p. 193) に示された公式と同じものである.

補足 $\det\begin{pmatrix} a & b \\ c & d \end{pmatrix} = ad - bc$ を **2 次行列式**という.

演習問題

(解答 pp. 250–252)

問題 27.1 次の重積分について,領域 D を xy 平面上に図示し,極座標を利用して値を求めよ.

(1) $\iint_D 1\,dxdy$　　　　　　$D: x^2+y^2 \leqq 4$

(2) $\iint_D y\,dxdy$　　　　　　$D: x^2+y^2 \leqq 1,\ y \geqq 0$

(3) $\iint_D (x^2+y^2)\,dxdy$　　　$D: 1 \leqq x^2+y^2 \leqq 4$

(4) $\iint_D \dfrac{1}{x^2+y^2}\,dxdy$　　$D: 1 \leqq x^2+y^2 \leqq 2$

(5) $\iint_D 2xy\,dxdy$　　　　　$D: x^2+y^2 \leqq 1,\ y-\sqrt{3}x \geqq 0,\ y \geqq 0$

(6) $\iint_D 2xy\,dxdy$　　　　　$D: x^2+y^2 \leqq 1,\ y+\sqrt{3}x \geqq 0,\ y \geqq 0$

(7) $\iint_D (x+y)\,dxdy$　　　　$D: 1 \leqq x^2+y^2 \leqq 4,\ x \geqq 0,\ y \geqq 0$

(8) $\iint_D y^2\,dxdy$　　　　　$D: 1 \leqq x^2+y^2 \leqq 9,\ y \geqq x,\ y \geqq -x$

(9) $\iint_D \dfrac{1}{\sqrt{1+2x^2+2y^2}}\,dxdy$　$D: x^2+y^2 \leqq 4,\ x \geqq 0,\ y \geqq 0$

(10) $\iint_D \sqrt{4-x^2-y^2}\,dxdy$　　$D: x^2+y^2 \leqq 4$

問題 27.2 問題 26.4 の (3)–(6) について,極座標を利用して値を求めよ.

問題 27.3 次の累次積分を極座標の累次積分で表せ.ただし,a は正の定数とする.

(1) $\displaystyle\int_{-a}^{a} dx \int_{0}^{\sqrt{a^2-x^2}} f(x,y)\,dy$　　　(2) $\displaystyle\int_{0}^{\frac{a}{2}} dx \int_{\sqrt{3}x}^{\sqrt{a^2-x^2}} f(x,y)\,dy$

問題 27.4 $I = \iint_D x\,dxdy,\ \ D: (x-1)^2+y^2 \leqq 1$ とする.

(1) x, y の累次積分に変換して,I の値を求めよ.

(2) 極座標の累次積分に変換して,I の値を求めよ.

§27 極座標による重積分

問題 27.5 $I = \iint_D 2y\,dxdy,\ D: 2 \leqq x+y \leqq 6,\ -2 \leqq y-x \leqq 2$ とする.

(1) x, y の累次積分に変換して, I の値を求めよ.

(2) $s = x+y, t = y-x$ すなわち $x = \dfrac{s-t}{2}, y = \dfrac{s+t}{2}$ と変数変換し, s, t の累次積分に変換して, I の値を求めよ.

問題 27.6 $J = \iint_D e^{\frac{y}{x+y}}\,dxdy,\ D: x+y \leqq 1,\ x \geqq 0,\ y \geqq 0$ とする. 変数変換 $x+y = u, y = uv$ により, J の値を求めよ.

問題 27.7 次の無限区間における定積分の値を求めよ.

(1) $\displaystyle\int_1^\infty \frac{1}{e^{3x}}\,dx$ (2) $\displaystyle\int_2^\infty e^{-x}\,dx$ (3) $\displaystyle\int_1^\infty \frac{1}{\sqrt{x^3}}\,dx$

(4) $\displaystyle\int_1^\infty \frac{1}{\sqrt[3]{x^2}}\,dx$ (5) $\displaystyle\int_2^\infty \frac{1}{(x-1)^3}\,dx$ (6) $\displaystyle\int_2^\infty \frac{1}{\sqrt{x-1}}\,dx$

(7) $\displaystyle\int_0^\infty \frac{x}{x^2+1}\,dx$ (8) $\displaystyle\int_0^\infty \frac{x}{x^4+1}\,dx$

問題 27.8 $x > 0$ に対して, $\Gamma(x) = \displaystyle\int_0^\infty t^{x-1}e^{-t}\,dt$ とおく.

(1) 部分積分により, $\Gamma(x+1) = x\Gamma(x)$ が成り立つことを示せ.

(2) 整数 $n \geqq 0$ に対して, $\Gamma(n+1) = n!$ であることを示せ.

(3) $t = u^2$ と置換すると, $\Gamma(x) = 2\displaystyle\int_0^\infty u^{2x-1}e^{-u^2}\,du$ となることを示せ.

(4) $\Gamma(x) = 2\displaystyle\int_0^\infty u^{2x-1}e^{-u^2}\,du$ と $\Gamma(y) = 2\displaystyle\int_0^\infty v^{2y-1}e^{-v^2}\,dv$ の積を重積分で表し, 極座標 $u = r\cos\theta, v = r\sin\theta$ を用いることにより
$$\Gamma(x)\Gamma(y) = \left(2\int_0^{\frac{\pi}{2}} (\cos\theta)^{2x-1}(\sin\theta)^{2y-1}\,d\theta\right)\Gamma(x+y)$$
が成り立つことを示せ.

補足 $\Gamma(x)$ を**ガンマ関数**という. また, 置換 $\cos^2\theta = s$ により
$$2\int_0^{\frac{\pi}{2}} (\cos\theta)^{2x-1}(\sin\theta)^{2y-1}\,d\theta = \int_0^1 s^{x-1}(1-s)^{y-1}\,ds$$
となるが, 右辺の積分を $B(x,y)$ で表し, **ベータ関数**という. (4) は $B(x,y) = \dfrac{\Gamma(x)\Gamma(y)}{\Gamma(x+y)}$ であることを示している.

§28 重積分の応用と発展

体積　立体の体積を重積分を利用して求めることができる．

例1. xyz 空間で，
$$x^2 + y^2 + z^2 \leqq 4 \quad \text{かつ} \quad (x-1)^2 + y^2 \leqq 1 \quad \text{かつ} \quad z \geqq 0$$
によって表される部分 D の体積 V_1

xyz 空間で $D_1 : x^2 + y^2 + z^2 \leqq 4$ は原点を中心とし，半径が 2 の球の内部であり，$D_2 : (x-1)^2 + y^2 \leqq 1, z \geqq 0$ は xy 平面上の円盤 $E : (x-1)^2 + y^2 \leqq 1, z = 0$ を底面とする直円柱の内部であり，D_1 と D_2 の共通部分が D であるから，D は直円柱 D_2 の内部で，xy 平面と半球面 $z = \sqrt{4 - x^2 - y^2}$ に挟まれた部分である．

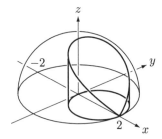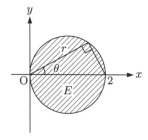

したがって，
$$V_1 = \iint_E \sqrt{4 - x^2 - y^2}\, dxdy$$
である．ここで，xy 平面上の円 $(x-1)^2 + y^2 = 1$ の極方程式は右上図からわかるように，$r = 2\cos\theta$ であるから，E を極座標で表すと
$$E : -\frac{\pi}{2} \leqq \theta \leqq \frac{\pi}{2}, \quad 0 \leqq r \leqq 2\cos\theta$$
となり，極座標の累次積分に直して計算すると
$$V_1 = \int_{-\frac{\pi}{2}}^{\frac{\pi}{2}} \left\{ \int_0^{2\cos\theta} \sqrt{4 - r^2} \cdot r\, dr \right\} d\theta = \int_{-\frac{\pi}{2}}^{\frac{\pi}{2}} \left[-\frac{1}{3}(4 - r^2)^{\frac{3}{2}} \right]_{r=0}^{r=2\cos\theta} d\theta$$
$$= \int_{-\frac{\pi}{2}}^{\frac{\pi}{2}} \frac{8}{3} \left\{ 1 - (1 - \cos^2\theta)^{\frac{3}{2}} \right\} d\theta = \frac{16}{3} \int_0^{\frac{\pi}{2}} (1 - \sin^3\theta)\, d\theta = \frac{8}{3}\pi - \frac{32}{9}$$
である．最後の積分の計算には，§21 例 7 の結果を用いた．

§28 重積分の応用と発展

曲面の面積　ここでは, 曲面の面積について考える.

最初に, 交わる 2 平面上の図形の面積の関係について調べよう.

2 平面 α, β が交わっていて, α, β のなす角が θ であり, 交線が ℓ であるとする. α 上の領域 D を底面とし, α に垂直な柱体と β との交わりを $\widetilde{D}$ とし, D, $\widetilde{D}$ の面積をそれぞれ $s, \widetilde{s}$ とする.

このとき, $\widetilde{D}$ は D と比べると, ℓ 方向の長さは変わらず, ℓ と垂直な方向の長さは $\dfrac{1}{\cos\theta}$ 倍になっているから, $\widetilde{s}$ と s の間には

$$\widetilde{s} = \frac{1}{\cos\theta} s$$

の関係が成り立つ.

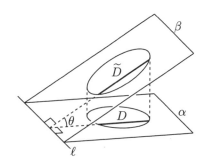

特に, xyz 空間における 2 平面

$$\alpha : z = 0 \ (xy \text{ 平面})$$
$$\beta : z = px + qy + r$$

の場合には, 2 平面のなす角 θ は図からわかるように, α, β それぞれの法線ベクトル

$$\vec{z} = (0, 0, 1)$$
$$\vec{n} = (-p, -q, 1)$$

のなす角に等しいから,

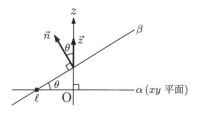

$$\cos\theta = \frac{\vec{z}\cdot\vec{n}}{|\vec{z}||\vec{n}|} = \frac{1}{\sqrt{1+p^2+q^2}}$$

である. したがって, この場合には

$$\widetilde{s} = \sqrt{1+p^2+q^2}\, s$$

となる.

この関係を利用して, 曲面 $K : z = f(x, y)$ の, xy 平面上の領域 D に対応する部分の面積 S について調べることにしよう.

領域 D が長方形領域 $a \leqq x \leqq b, c \leqq y \leqq d$ のとき，重積分の定義 (p. 180) と同様に領域 D を分割し，小領域 D_{kj} に対応する K の部分を点 (x_k, y_j) における接平面 β_{kj} で近似する．

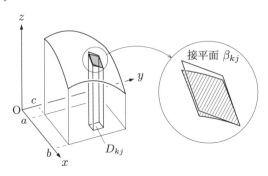

β_{kj} の方程式は

$$z = f_x(x_k, y_j)(x - x_k) + f_y(x_k, y_j)(y - y_j) + f(x_k, y_j)$$

であり，D_{kj} の面積は $(x_k - x_{k-1})(y_j - y_{j-1})$ であるから，接平面 β_{kj} の D_{kj} に対応する部分の面積は，前ページの結果を用いて

$$\sqrt{1 + \{f_x(x_k, y_j)\}^2 + \{f_y(x_k, y_j)\}^2}(x_k - x_{k-1})(y_j - y_{j-1})$$

である．これらの総和について，分割を限りなく細かくして $|\Delta_x| \longrightarrow 0$ かつ $|\Delta_y| \longrightarrow 0$ とすれば S が得られる．すなわち，

$$S = \lim_{\substack{|\Delta_x| \to 0 \\ |\Delta_y| \to 0}} \sum_{k=1}^{n} \sum_{j=1}^{m} \sqrt{1 + \{f_x(x_k, y_j)\}^2 + \{f_y(x_k, y_j)\}^2}(x_k - x_{k-1})(y_j - y_{j-1})$$

$$= \iint_D \sqrt{1 + \{f_x(x, y)\}^2 + \{f_y(x, y)\}^2}\, dxdy$$

である．この結果は一般の領域 D 上の曲面についても成り立つ．

曲面の面積

xy 平面上の領域 D に対応する曲面 $z = f(x, y)$ の面積を S とするとき，

$$S = \iint_D \sqrt{1 + \{f_x(x, y)\}^2 + \{f_y(x, y)\}^2}\, dxdy$$

$$= \iint_D \sqrt{1 + \left(\frac{dz}{dx}\right)^2 + \left(\frac{dz}{dy}\right)^2}\, dxdy$$

§28 重積分の応用と発展

例 2. 半径 a の球面の表面積 S_2

半径 a の球面を

$$K : x^2 + y^2 + z^2 = a^2$$

とする.

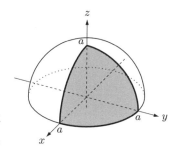

球面 K は xy 平面, xz 平面, yz 平面のすべてに関して対称であるから, K の $x \geqq 0$, $y \geqq 0$, $z \geqq 0$ にある部分の面積の 8 倍が全表面積 S_2 に等しい. この部分では, K は

$$z = \sqrt{a^2 - x^2 - y^2}$$

と表されるから,

$$\frac{dz}{dx} = \frac{-x}{\sqrt{a^2 - x^2 - y^2}}, \quad \frac{dz}{dy} = \frac{-y}{\sqrt{a^2 - x^2 - y^2}}$$

であり,

$$\sqrt{1 + \left(\frac{dz}{dx}\right)^2 + \left(\frac{dz}{dy}\right)^2} = \sqrt{1 + \frac{x^2 + y^2}{a^2 - x^2 - y^2}} = \frac{a}{\sqrt{a^2 - x^2 - y^2}}$$

となる. したがって, xy 平面の領域 D を

$$D : x^2 + y^2 \leqq a^2, \ x \geqq 0, \ y \geqq 0$$

と定めると,

$$S_2 = 8 \iint_D \frac{a}{\sqrt{a^2 - x^2 - y^2}} \, dxdy$$

となる. ここで, 極座標を用いると D は

$$D : 0 \leqq \theta \leqq \frac{\pi}{2}, \ 0 \leqq r \leqq a$$

と表されるから, 極座標の累次積分に直して計算すると

$$S_2 = 8 \int_0^{\frac{\pi}{2}} \left\{ \int_0^a \frac{a}{\sqrt{a^2 - r^2}} r \, dr \right\} d\theta = 8 \int_0^{\frac{\pi}{2}} \left[-a\sqrt{a^2 - r^2} \right]_{r=0}^{r=a} d\theta$$

$$= 8a^2 \int_0^{\frac{\pi}{2}} d\theta = 8a^2 \left[\theta \right]_0^{\frac{\pi}{2}} = 4\pi a^2$$

である.

3重積分　3変数関数 $f(x,y,z)$ の xyz 空間内の領域 D における積分を考える．はじめに，積分領域 D は直方体領域としよう．

$$D = \{(x,y,z) \mid a \leqq x \leqq b,\ c \leqq y \leqq d,\ g \leqq z \leqq h\}$$

分点 $a = x_0 < x_1 < x_2 < \cdots < x_n = b,\ c = y_0 < y_1 < y_2 < \cdots < y_m = d$，および $g = z_0 < z_1 < z_2 < \cdots < z_\ell = h$ をとり，領域 D を分割する．この分割を $\Delta = (\Delta_x, \Delta_y, \Delta_z)$ で表し，

$$|\Delta_x| = \max\{x_k - x_{k-1}\}, \quad |\Delta_y| = \max\{y_j - y_{j-1}\}, \quad |\Delta_z| = \max\{z_i - z_{i-1}\}$$

とおく．各小領域 $D_{kji} : x_{k-1} \leqq x \leqq x_k,\ y_{j-1} \leqq y \leqq y_j,\ z_{i-1} \leqq z \leqq z_i$ から任意に点 $(\xi_{kji}, \eta_{kji}, \zeta_{kji})$ をとり，リーマン和を

$$S(\Delta) = \sum_{k=1}^{n}\sum_{j=1}^{m}\sum_{i=1}^{\ell} f(\xi_{kji}, \eta_{kji}, \zeta_{kji})(x_k - x_{k-1})(y_j - y_{j-1})(z_i - z_{i-1})$$

と定める．分割を限りなく細かくして，$|\Delta_x| \longrightarrow 0,\ |\Delta_y| \longrightarrow 0$，かつ $|\Delta_z| \longrightarrow 0$（以下，$|\Delta| \longrightarrow 0$ と略記）としたとき，$S(\Delta)$ の極限値を $f(x,y,z)$ の D における**3重積分**といい，記号 $\iiint_D f(x,y,z)\,dxdydz$ で表す．

長方形領域における3重積分の定義

$$\iiint_D f(x,y,z)\,dxdydz$$
$$= \lim_{|\Delta| \to 0} \sum_{k=1}^{n}\sum_{j=1}^{m}\sum_{i=1}^{\ell} f(\xi_{kji}, \eta_{kji}, \zeta_{kji})(x_k - x_{k-1})(y_j - y_{j-1})(z_i - z_{i-1})$$

計算は，重積分と同様に，累次積分で行う．

例 3. $I_3 = \iiint_D (x + 2y + 4z)\,dxdydz,\quad D : 0 \leqq x \leqq 1,\ 0 \leqq y \leqq 2,\ 0 \leqq z \leqq 3$

$$I_3 = \int_0^1 \left\{\int_0^2 \left\{\int_0^3 (x + 2y + 4z)\,dz\right\}dy\right\}dx$$
$$= \int_0^1 \left\{\int_0^2 \left[xz + 2yz + 2z^2\right]_{z=0}^{z=3}dy\right\}dx = \int_0^1 \left\{\int_0^2 (3x + 6y + 18)\,dy\right\}dx$$
$$= \int_0^1 \left[3xy + 3y^2 + 18y\right]_{y=0}^{y=2}dx = \int_0^1 (6x + 48)\,dx$$
$$= \left[3x^2 + 48x\right]_0^1 = 51$$

§28 重積分の応用と発展

一般の領域 D に対しても,重積分と同様に D を内部に含む直方体領域をとって,3 重積分を定義することができる.また,計算法も同様で,たとえば D が

$$D : a \leqq x \leqq b,\ g_1(x) \leqq y \leqq g_2(x),\ h_1(x,y) \leqq z \leqq h_2(x,y)$$

と表されるとき,

$$\iiint_D f(x,y,z)\,dxdydz = \int_a^b \left\{ \int_{g_1(x)}^{g_2(x)} \left\{ \int_{h_1(x,y)}^{h_2(x,y)} f(x,y,z)\,dz \right\} dy \right\} dx$$

である.右辺を $\displaystyle\int_a^b dx \int_{g_1(x)}^{g_2(x)} dy \int_{h_1(x,y)}^{h_2(x,y)} f(x,y,z)\,dz$ と表すこともある.

例 4. $\displaystyle I_4 = \iiint_D (x+y+2z)\,dxdydz,\ D : x \geqq 0,\ y \geqq 0,\ z \geqq 0,\ x+y+z \leqq 1$

積分領域 D は,$D : 0 \leqq x \leqq 1,\ 0 \leqq y \leqq 1-x,\ 0 \leqq z \leqq 1-x-y$ と表すことができる.

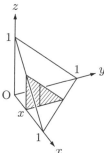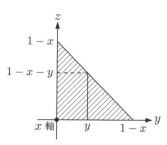

積分の値は

$$\begin{aligned}
I_4 &= \int_0^1 \left\{ \int_0^{1-x} \left\{ \int_0^{1-x-y} (x+y+2z)\,dz \right\} dy \right\} dx \\
&= \int_0^1 \left\{ \int_0^{1-x} \Big[xz + yz + z^2 \Big]_{z=0}^{z=1-x-y} dy \right\} dx = \int_0^1 \left\{ \int_0^{1-x} (1-x-y)\,dy \right\} dx \\
&= \int_0^1 \Big[y - xy - \tfrac{1}{2}y^2 \Big]_{y=0}^{y=1-x} dx = \int_0^1 \tfrac{1}{2}(1-x)^2\,dx \\
&= \Big[-\tfrac{1}{6}(1-x)^3 \Big]_0^1 = \tfrac{1}{6}
\end{aligned}$$

である.

極座標による 3 重積分　3 次元空間においては, 図の r, θ, ϕ によって点の位置を表すことができる. (r, θ, ϕ) が P の極座標である.

図からわかるように, 直交座標 (x, y, z) と極座標 (r, θ, ϕ) の間には次の関係が成り立つ.

$$\begin{cases} x = r\sin\theta\cos\phi \\ y = r\sin\theta\sin\phi \\ z = r\cos\theta \end{cases}$$

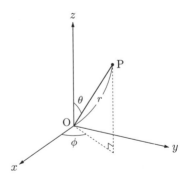

3 重積分において, 積分領域 D が極座標では,

$$D: \alpha \leqq \phi \leqq \beta,\ \mu_1(\phi) \leqq \theta \leqq \mu_2(\phi),\ \rho_1(\phi,\theta) \leqq r \leqq \rho_2(\phi,\theta)$$

と表される場合, 次が成り立つことがわかっている.

― 極座標による 3 重積分 ―

極座標で $D: \alpha \leqq \phi \leqq \beta,\ \mu_1(\phi) \leqq \theta \leqq \mu_2(\phi),\ \rho_1(\phi,\theta) \leqq r \leqq \rho_2(\phi,\theta)$ と表されるとき

$$\iiint_D f(x,y,z)\,dxdydz$$
$$= \int_\alpha^\beta \left\{ \int_{\mu_1(\phi)}^{\mu_2(\phi)} \left\{ \int_{\rho_1(\phi,\theta)}^{\rho_2(\phi,\theta)} f(r\sin\theta\cos\phi, r\sin\theta\sin\phi, r\cos\theta) r^2 \sin\theta\,dr \right\} d\theta \right\} d\phi$$

例 5.　$I_5 = \iiint_D 1\,dxdydz,\ \ D: x \geqq 0,\ y \geqq 0,\ z \geqq 0,\ x^2 + y^2 + z^2 \leqq a^2$
(ただし, $a > 0$)

D は, 極座標では $D: 0 \leqq \phi \leqq \dfrac{\pi}{2},\ 0 \leqq \theta \leqq \dfrac{\pi}{2},\ 0 \leqq r \leqq a$ と表すことができ,

$$I_5 = \int_0^{\frac{\pi}{2}} \left\{ \int_0^{\frac{\pi}{2}} \left\{ \int_0^a r^2 \sin\theta\,dr \right\} d\theta \right\} d\phi$$
$$= \int_0^{\frac{\pi}{2}} \left\{ \int_0^{\frac{\pi}{2}} \frac{1}{3} a^3 \sin\theta\,d\theta \right\} d\phi$$
$$= \int_0^{\frac{\pi}{2}} \frac{1}{3} a^3 \,d\phi = \frac{\pi}{6} a^3$$

である.

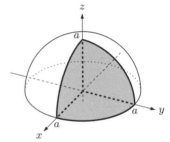

§28 重積分の応用と発展

演習問題

(解答 pp. 252–253)

問題 28.1 xyz 空間における, 次の部分の体積を求めよ.

(1) 四角柱の内部 $-1 \leqq x \leqq 1$, $-1 \leqq y \leqq 1$ で, $0 \leqq z \leqq x+1$ を満たす部分

(2) 四角柱の内部 $-1 \leqq x \leqq 1$, $-1 \leqq y \leqq 1$ で, $0 \leqq z \leqq x^2+y^2$ を満たす部分

(3) 三角柱の内部 $0 \leqq x \leqq 1$, $0 \leqq y \leqq x$ で, $0 \leqq z \leqq 2y$ を満たす部分

(4) 三角柱の内部 $0 \leqq x \leqq 1$, $0 \leqq y \leqq x$ で, $0 \leqq z \leqq x^2$ を満たす部分

(5) 円柱の内部 $x^2+y^2 \leqq 1$ で, $0 \leqq z \leqq 1-y^2$ を満たす部分

(6) 円柱の内部 $x^2+y^2 \leqq 1$ で, $0 \leqq z \leqq 2y$ を満たす部分

(7) 円柱の内部 $x^2+y^2 \leqq 1$ と球の内部 $x^2+y^2+z^2 \leqq 4$ の共通部分

(8) 円柱の内部 $x^2+y^2 \leqq 4$ で, $0 \leqq z \leqq 1-x$ を満たす部分

問題 28.2 次の部分の面積を求めよ. ただし, a は正の定数とする.

(1) 平面 $z = 2x+2y+6$ 上で, $-1 \leqq x \leqq 1$, $-1 \leqq y \leqq 1$ を満たす部分

(2) 平面 $3x+4y+z = 12$ 上で, $x \geqq 0$, $y \geqq 0$, $z \geqq 0$ を満たす部分

(3) 平面 $z = x+y+1$ 上で, 円柱の内部 $x^2+y^2 \leqq 1$ にある部分

(4) 曲面 $z = x^2+y^2$ 上で, $z \leqq 2$ を満たす部分

(5) 半球面 $z = \sqrt{a^2-x^2-y^2}$ 上で, 円柱の内部 $x^2+y^2 \leqq \dfrac{a^2}{4}$ にある部分

(6) 半球面 $z = \sqrt{a^2-x^2-y^2}$ 上で, 円柱の内部 $x^2+y^2 \leqq ax$ にある部分

問題 28.3 次の 3 重積分について, 領域 D を図示し, 値を求めよ.

(1) $\iiint_D y\,dxdydz \qquad D: 2x+y+z \leqq 2,\ x \geqq 0,\ y \geqq 0,\ z \geqq 0$

(2) $\iiint_D x\,dxdydz \qquad D: 3x+2y+z \leqq 6,\ x \geqq 0,\ y \geqq 0,\ z \geqq 0$

問題 28.4 次の 3 重積分の値を, 極座標を用いて求めよ.

(1) $\iiint_D xy\,dxdydz \qquad D: x \geqq 0,\ y \geqq 0,\ z \geqq 0,\ x^2+y^2+z^2 \leqq 4$

(2) $\iiint_D y^2z\,dxdydz \qquad D: z \geqq 0,\ 1 \leqq x^2+y^2+z^2 \leqq 4$

演習問題の解答

§1

問題 1.1 (1) (i) 5, (ii) −2, (iii) $-\dfrac{7}{4}$ (2) (i) −2, (ii) $\dfrac{10}{9}$, (iii) $\dfrac{7}{5}$ (3) (i) $3a+2$,
(ii) $a^2 - a - 2$, (iii) $-\dfrac{4a+3}{a+3}$ (4) (i) $6x-10$, (ii) $4x^2 - 18x + 18$, (iii) $-\dfrac{8x-13}{2x-1}$
(5) (i) 3, (ii) $x-2$, (iii) $-\dfrac{3}{x+2}$ (6) (i) 3, (ii) $h+1$, (iii) $-\dfrac{9}{4(h+4)}$
(7) (i) $9x-4$, (ii) $x^4 - 6x^3 + 6x^2 + 9x$, (iii) $-\dfrac{17x-2}{2x-5}$
(8) (i) $9x+5$, (ii) $x^4 - 2x^3 - 6x^2 + 7x + 10$, (iii) $-\dfrac{17x+15}{2x-3}$

問題 1.2 (1) $f(-x) = (-x)^3 + 2(-x) = -x^3 - 2x = -f(x)$ より奇関数
(2) $f(-x) = (-x)^2 + (-x) + 1 = x^2 - x + 1$ は $f(x)$ にも $-f(x)$ にも一致しないから，どちらでもない．(3) $f(-x) = \dfrac{1}{(-x)^2+1} + 1 = \dfrac{1}{x^2+1} + 1 = f(x)$ より偶関数
(4) $f(-x) = \dfrac{-x}{(-x)^2+1} = -\dfrac{x}{x^2+1} = -f(x)$ より奇関数

問題 1.3 (1) 4 (2) 1 (3) 6 (4) 3 (5) 2 (6) $\dfrac{5}{3}$ (7) $-\dfrac{1}{4}$ (8) $-\dfrac{1}{9}$ (9) −3 (10) 3
(11) $\dfrac{3}{4}$ (12) $-\dfrac{3}{2}$ (13) 1 (14) −1 (15) $\dfrac{1}{4}$ (16) $2\sqrt{2}$

問題 1.4 (1) 1, −1 (2) 4, −4 (3) $+\infty$, $-\infty$ (4) $+\infty$, $+\infty$

問題 1.5 微分係数 (1) $f'(2) = \lim\limits_{x \to 2} \dfrac{x^2 - 4}{x - 2} = \lim\limits_{x \to 2}(x+2) = 4$

(2) $f'\left(-\dfrac{1}{3}\right) = \lim\limits_{x \to -\frac{1}{3}} \dfrac{x^2 - \frac{1}{9}}{x + \frac{1}{3}} = \lim\limits_{x \to -\frac{1}{3}}\left(x - \dfrac{1}{3}\right) = -\dfrac{2}{3}$

(3) $f'(1) = \lim\limits_{x \to 1} \dfrac{x^2 + 2x - 1 - 2}{x - 1} = \lim\limits_{x \to 1}(x+3) = 4$

(4) $f'(1) = \lim\limits_{x \to 1} \dfrac{-3x^2 + 12x - 5 - 4}{x - 1} = \lim\limits_{x \to 1}(-3x + 9) = 6$

(5) $f'(2) = \lim\limits_{x \to 2} \dfrac{-2x^2 + 6x - 4}{x - 2} = \lim\limits_{x \to 2}(-2x+2) = -2$

(6) $f'(1) = \lim\limits_{x \to 1} \dfrac{x^3 - 3x^2 + 2}{x - 1} = \lim\limits_{x \to 1}(x^2 - 2x - 2) = -3$

接線 (1) $y = 4x - 4$ (2) $y = -\dfrac{2}{3}x - \dfrac{1}{9}$ (3) $y = 4x - 2$

演習問題の解答

(4) $y = 6x - 2$ (5) $y = -2x + 8$ (6) $y = -3x + 1$

問題 1.6 (1) $f'(a) = \lim_{x \to a} \dfrac{\frac{x}{2x+1} - \frac{a}{2a+1}}{x - a} = \lim_{x \to a} \dfrac{1}{(2x+1)(2a+1)} = \dfrac{1}{(2a+1)^2}$, $y = \dfrac{1}{9}x + \dfrac{2}{9}$

(2) $f'(a) = \lim_{x \to a} \dfrac{\frac{1}{x^2+x+1} - \frac{1}{a^2+a+1}}{x - a} = \lim_{x \to a} \dfrac{-(x+a+1)}{(x^2+x+1)(a^2+a+1)} = -\dfrac{2a+1}{(a^2+a+1)^2}$,

$y = x + 2$

(3) $f'(a) = \lim_{x \to a} \dfrac{\frac{1}{\sqrt{x+1}} - \frac{1}{\sqrt{a+1}}}{x - a} = \lim_{x \to a} \dfrac{-1}{\sqrt{x+1}\sqrt{a+1}(\sqrt{x+1} + \sqrt{a+1})} = -\dfrac{1}{2(a+1)\sqrt{a+1}}$,

$y = -\dfrac{1}{16}x + \dfrac{11}{16}$

(4) $f'(a) = \lim_{x \to a} \dfrac{\frac{1}{\sqrt{x}-1} - \frac{1}{\sqrt{a}-1}}{x - a} = \lim_{x \to a} \dfrac{-1}{(\sqrt{x}-1)(\sqrt{a}-1)(\sqrt{x}+\sqrt{a})} = -\dfrac{1}{2(\sqrt{a}-1)^2\sqrt{a}}$,

$y = -\dfrac{1}{4}x + 2$

問題 1.7 (1) $f'(x) = \lim_{h \to 0} \dfrac{\frac{x+h}{2(x+h)+1} - \frac{x}{2x+1}}{h} = \lim_{h \to 0} \dfrac{1}{(2(x+h)+1)(2x+1)} = \dfrac{1}{(2x+1)^2}$

(2) $f'(x) = \lim_{h \to 0} \dfrac{\frac{1}{(x+h)^2+x+h+1} - \frac{1}{x^2+x+1}}{h} = \lim_{h \to 0} \dfrac{-(2x+h+1)}{((x+h)^2+x+h+1)(x^2+x+1)}$

$= -\dfrac{2x+1}{(x^2+x+1)^2}$

(3) $f'(x) = \lim_{h \to 0} \dfrac{\frac{1}{\sqrt{x+h+1}} - \frac{1}{\sqrt{x+1}}}{h} = \lim_{h \to 0} \dfrac{-1}{\sqrt{x+h+1}\sqrt{x+1}(\sqrt{x+1} + \sqrt{x+h+1})}$

$= -\dfrac{1}{2(x+1)\sqrt{x+1}}$

(4) $f'(x) = \lim_{h \to 0} \dfrac{\frac{1}{\sqrt{x+h}-1} - \frac{1}{\sqrt{x}-1}}{h} = \lim_{h \to 0} \dfrac{-1}{(\sqrt{x+h}-1)(\sqrt{x}-1)(\sqrt{x}+\sqrt{x+h})}$

$= -\dfrac{1}{2(\sqrt{x}-1)^2\sqrt{x}}$

問題 1.8 (1) $f'(x) = \lim_{h \to 0} \dfrac{(x+h)^{\frac{1}{3}} - x^{\frac{1}{3}}}{h} = \lim_{h \to 0} \dfrac{1}{(x+h)^{\frac{2}{3}} + (x+h)^{\frac{1}{3}}x^{\frac{1}{3}} + x^{\frac{2}{3}}} = \dfrac{1}{3x^{\frac{2}{3}}}$

(2) $f'(x) = \lim_{h \to 0} \dfrac{(x+h)^{\frac{3}{2}} - x^{\frac{3}{2}}}{h} = \lim_{h \to 0} \dfrac{\{(x+h)^{\frac{1}{2}} - x^{\frac{1}{2}}\}\{(x+h)^{\frac{2}{2}} + (x+h)^{\frac{1}{2}}x^{\frac{1}{2}} + x^{\frac{2}{2}}\}}{h}$

$= \dfrac{1}{2x^{\frac{1}{2}}} \cdot 3x = \dfrac{3}{2}x^{\frac{1}{2}}$

§2

問題 2.1 (1) $\dfrac{1}{8}$ (2) $\dfrac{1}{9}$ (3) 9 (4) 1 (5) 3 (6) $\dfrac{1}{2}$ (7) 8 (8) 27 (9) $\dfrac{1}{8}$ (10) $\dfrac{1}{27}$ (11) $\dfrac{1}{8}$

(12) 9 (13) 2 (14) 27 (15) 2 (16) 12

問題 2.2 (1) $y' = \frac{1}{2}x^{-\frac{1}{2}} = \frac{1}{2\sqrt{x}}$ (2) $y' = \frac{1}{3}x^{-\frac{2}{3}} = \frac{1}{3\sqrt[3]{x^2}}$ (3) $y' = \frac{5}{3}x^{\frac{2}{3}} = \frac{5\sqrt[3]{x^2}}{3}$

(4) $y' = \frac{3}{4}x^{-\frac{1}{4}} = \frac{3}{4\sqrt[4]{x}}$ (5) $y' = -x^{-2} = -\frac{1}{x^2}$ (6) $y' = -2x^{-3} = -\frac{2}{x^3}$

(7) $y' = -\frac{1}{2}x^{-\frac{3}{2}} = -\frac{1}{2x\sqrt{x}}$ (8) $y' = -\frac{1}{3}x^{-\frac{4}{3}} = -\frac{1}{3x\sqrt[3]{x}}$

問題 2.3 (1) $y' = \left(x^{\frac{3}{2}}\right)' = \frac{3}{2}x^{\frac{1}{2}}$ (2) $y' = \left(x^{\frac{4}{3}}\right)' = \frac{4}{3}x^{\frac{1}{3}}$ (3) $y' = \left(x^{-\frac{1}{6}}\right)' = -\frac{1}{6}x^{-\frac{7}{6}}$

(4) $y' = \left(x^{\frac{1}{2}}\right)' = \frac{1}{2}x^{-\frac{1}{2}}$ (5) $y' = (x^5)' = 5x^4$ (6) $y' = (x^{-4})' = -4x^{-5}$

(7) $y' = \left(x^{\frac{4}{3}}\right)' = \frac{4}{3}x^{\frac{1}{3}}$ (8) $y' = \left(x^{-\frac{5}{2}}\right)' = -\frac{5}{2}x^{-\frac{7}{2}}$ (9) $y' = \left(x^{-\frac{2}{3}}\right)' = -\frac{2}{3}x^{-\frac{5}{3}}$

(10) $y' = \left(x^{\frac{3}{2}}\right)' = \frac{3}{2}x^{\frac{1}{2}}$ (11) $y' = \left(x^{\frac{5}{6}}\right)' = \frac{5}{6}x^{-\frac{1}{6}}$ (12) $y' = \left(x^{\frac{2}{15}}\right)' = \frac{2}{15}x^{-\frac{13}{15}}$

(13) $y' = (x^2)' = 2x$ (14) $y' = (x^0)' = 0$ (15) $y' = \left(x^{\frac{2}{3}}\right)' = \frac{2}{3}x^{-\frac{1}{3}}$

(16) $y' = (x^{-1})' = -x^{-2}$

問題 2.4 (1) $y = 12x - 16$ (2) $y = \frac{3}{4}x - \frac{1}{4}$ (3) $y = \frac{1}{6}x + \frac{3}{2}$

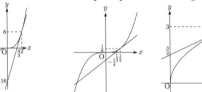

(4) $y = x + \frac{1}{4}$ (5) $y = -\frac{1}{4}x + 1$ (6) $y = -9x + 6$ (7) $y = 3x - 4$

(8) $y = \frac{3\sqrt{2}}{2}x - \sqrt{2}$ (9) $y = -\frac{1}{2}x + \frac{3}{2}$ (10) $y = -\frac{1}{16}x + \frac{3}{4}$

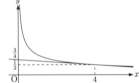

演習問題の解答　　　　　　　　　　　　　　　　　　　　　　　　　　　　　　　　　211

問題 2.5

(1) $y' = \lim_{h \to 0} \dfrac{f(x+h)^3 - f(x)^3}{h} = \lim_{h \to 0} \dfrac{\{f(x+h) - f(x)\}\{f(x+h)^2 + f(x+h)f(x) + f(x)^2\}}{h}$
$= 3f(x)^2 f'(x)$

(2) $y' = \lim_{h \to 0} \dfrac{f(x+h)^{\frac{1}{2}} - f(x)^{\frac{1}{2}}}{h} = \lim_{h \to 0} \dfrac{f(x+h) - f(x)}{h\{f(x+h)^{\frac{1}{2}} + f(x)^{\frac{1}{2}}\}} = \dfrac{f'(x)}{2f(x)^{\frac{1}{2}}}$

(3) $y' = \lim_{h \to 0} \dfrac{f(x+h)^{\frac{3}{2}} - f(x)^{\frac{3}{2}}}{h}$
$= \lim_{h \to 0} \dfrac{\{f(x+h)^{\frac{1}{2}} - f(x)^{\frac{1}{2}}\}\{f(x+h)^{\frac{2}{2}} + f(x+h)^{\frac{1}{2}}f(x)^{\frac{1}{2}} + f(x)^{\frac{2}{2}}\}}{h} = \dfrac{3}{2}f(x)^{\frac{1}{2}} f'(x)$

問題 2.6　(1) $y' = 3(x^2+1)^2(x^2+1)' = 6x(x^2+1)^2$

(2) $y' = \dfrac{1}{2}(x^2+1)^{-\frac{1}{2}}(x^2+1)' = x(x^2+1)^{-\frac{1}{2}}$　(3) $y' = \dfrac{3}{2}(x^2+1)^{\frac{1}{2}}(x^2+1)' = 3x(x^2+1)^{\frac{1}{2}}$

§3

問題 3.1　(1) $\mathrm{P}\left(-\dfrac{1}{2}, \dfrac{\sqrt{3}}{2}\right)$　(2) $\mathrm{P}\left(-\dfrac{1}{2}, -\dfrac{\sqrt{3}}{2}\right)$　(3) $\mathrm{P}\left(-\dfrac{\sqrt{3}}{2}, -\dfrac{1}{2}\right)$　(4) $\mathrm{P}(0, -1)$

(5) $\mathrm{P}\left(-\dfrac{1}{2}, \dfrac{\sqrt{3}}{2}\right)$　(6) $\mathrm{P}\left(\dfrac{\sqrt{3}}{2}, -\dfrac{1}{2}\right)$　(7) $\mathrm{P}\left(-\dfrac{\sqrt{2}}{2}, -\dfrac{\sqrt{2}}{2}\right)$　(8) $\mathrm{P}(-1, 0)$

(9) $\mathrm{P}(0.5403, 0.8415)$　(10) $\mathrm{P}(0.9523, -0.3051)$　(11) $\mathrm{P}(-0.6956, 0.7185)$　(12) $\mathrm{P}(-0.4903, -0.8716)$

問題 3.2　(1) $-\sqrt{3}$　(2) $\sqrt{3}$　(3) $\dfrac{\sqrt{3}}{3}$　(4) なし　(5) $-\sqrt{3}$　(6) $-\dfrac{\sqrt{3}}{3}$　(7) 1　(8) 0
(9) 1.5575　(10) -0.3204　(11) -1.0329　(12) 1.7777

問題 3.3　(1) $\mathrm{Q}(-1, \sqrt{3})$　(2) $\mathrm{Q}\left(-\dfrac{1}{\pi}, 0\right)$　(3) $\mathrm{Q}\left(4\cos\dfrac{7}{4}, 4\sin\dfrac{7}{4}\right)$　(4) $\mathrm{Q}(2\cos 3, 2\sin 3)$

問題 3.4　(1) $\dfrac{\pi}{2}$　(2) 0　(3) $\dfrac{\pi}{3}, \dfrac{2\pi}{3}$　(4) $\dfrac{3\pi}{4}, \dfrac{5\pi}{4}$　(5) $\dfrac{\pi}{4}, \dfrac{5\pi}{4}$　(6) $\dfrac{5\pi}{6}, \dfrac{11\pi}{6}$

問題 3.5 (1) $\dfrac{\pi}{6} \leqq x \leqq \dfrac{5\pi}{6}$ (2) $\dfrac{5\pi}{4} < x < \dfrac{7\pi}{4}$ (3) $0 \leqq x < \dfrac{\pi}{3},\ \dfrac{5\pi}{3} < x < 2\pi$
(4) $\dfrac{\pi}{6} \leqq x \leqq \dfrac{11\pi}{6}$

問題 3.6

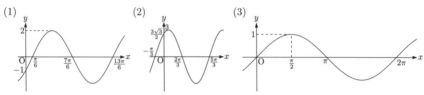

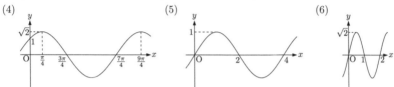

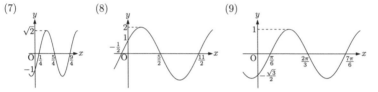

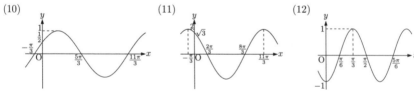

問題 3.7 (1) $y = \sin\left(2x - \dfrac{\pi}{6}\right)$ (2) $y = 3\sin\left(\dfrac{x}{2} - \dfrac{\pi}{3}\right)$ (3) $y = 2\sin\left(\dfrac{3}{4}x + \dfrac{\pi}{4}\right)$
(4) $y = 2\sin\left(\dfrac{4}{3}x + \dfrac{\pi}{3}\right)$ (5) $y = 2\sqrt{2}\sin\left(\dfrac{\pi}{2}x - \dfrac{\pi}{4}\right)$ (6) $y = 2\sin\left(\pi x - \dfrac{\pi}{3}\right)$

問題 3.8 (1) 2 (2) $-\dfrac{1}{3}$ (3) 4 (4) 2

演習問題の解答

問題 3.9 (1) $y' = 4\pi\cos 4\pi x$ (2) $y' = \dfrac{3\pi}{2}\cos\dfrac{3\pi x}{2}$ (3) $y' = -\pi\sin\pi x$
(4) $y' = \dfrac{1}{\pi}\sin\left(-\dfrac{x}{\pi}\right)$ (5) $y' = \dfrac{2\pi}{\cos^2 2\pi x}$ (6) $y' = \dfrac{\pi}{2\cos^2\dfrac{\pi x}{2}}$

問題 3.10 (1) $y = \dfrac{1}{2}x - \dfrac{\pi}{6} + \dfrac{\sqrt{3}}{2}$ (2) $y = -\dfrac{\sqrt{2}}{2}x + \dfrac{\sqrt{2}\pi}{8} + \dfrac{\sqrt{2}}{2}$

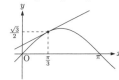
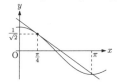

(3) $y = 2\pi x - 3\pi$ (4) $y = \dfrac{\sqrt{3}\pi}{2}x - \dfrac{\sqrt{3}\pi}{12} + \dfrac{1}{2}$

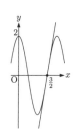
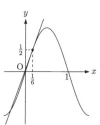

§4

問題 4.1 (1) 6 (2) −5 (3) −9 (4) 0.05134

問題 4.2 (1) 4, 2, 1, $\dfrac{1}{2}$, $\dfrac{1}{4}$ (2) 9, 3, 1, $\dfrac{1}{3}$, $\dfrac{1}{9}$

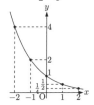

(3) $\dfrac{1}{e^4}$, $\dfrac{1}{e}$, 1, $\dfrac{1}{e}$, $\dfrac{1}{e^4}$ (4) e^3, e^2, e, 1, $\dfrac{1}{e}$

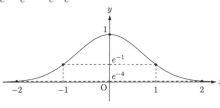
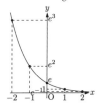

問題 4.3

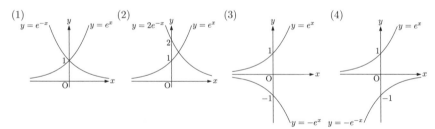

問題 4.4 (1) 0.4771 (2) 2.8074 (3) 0.6931 (4) 0.8047

問題 4.5 (1) 5 (2) -3 (3) -3 (4) 6 (5) $\dfrac{1}{2}$ (6) $\dfrac{3}{2}$ (7) 3 (8) -4 (9) 1 (10) $\dfrac{1}{2}$ (11) 2 (12) 9 (13) 7 (14) 8 (15) $\dfrac{1}{5}$ (16) 4

問題 4.6 (1) 0.7781 (2) 0.6990 (3) -0.9209 (4) -7.7448 (5) -1.5050 (6) 1.0791 (7) 13.6990 (8) -4.2219

問題 4.7 (1) 2 (2) -2 (3) 2 (4) 1

問題 4.8 (1) $x = 2, 8$ (2) $x = 4$ (3) $x = 1, 3$ (4) $x = 3, 6$

問題 4.9 (1) $\log_{10} 2 = 0.3010$ (2) $\log 2 = 0.6931$ (3) $\log_{10} 7 = 0.8451$ (4) $\log_{10} e = 0.4343$

問題 4.10 (1) $y = \log(x+2)$ (2) $y = x + \log 2$ (3) $y = e^{2x}$ (4) $y = e^x x^2$

問題 4.11 (1) $y' = -3e^{-3x} = -\dfrac{3}{e^{3x}}$ (2) $y' = \dfrac{1}{2}e^{\frac{1}{2}x} = \dfrac{1}{2}\sqrt{e^x}$ (3) $y' = -\dfrac{\log 3}{3^x}$ (4) $y' = \dfrac{\log 3}{2}\sqrt{3^x}$ (5) $y' = \dfrac{1}{x-5}$ (6) $y' = \dfrac{1}{x+e}$

問題 4.12 $\log(a + \sqrt{a^2-1}) = t$ より $a + \sqrt{a^2-1} = e^t$ である. $\sqrt{a^2-1} = e^t - a$ の両辺を 2 乗して $2ae^t = e^{2t} + 1$ であり, $a = \dfrac{e^{2t}+1}{2e^t} = \dfrac{1}{2}(e^t + e^{-t})$ である.
b については, $b = \sqrt{a^2-1} = e^t - a = \dfrac{1}{2}(e^t - e^{-t})$ である.

§5

問題 5.1 (1) $y' = 4x^3 - 9x^2 + 8x$ (2) $y' = 2x^{-\frac{1}{2}} + 4x^{-\frac{5}{3}}$ (3) $y' = 6x^2 + 6x$ (4) $y' = 1 - x^{-2}$ (5) $y' = \dfrac{1}{2} - \dfrac{1}{2}x^{-2}$ (6) $y' = -\dfrac{1}{2}x^{-\frac{3}{2}} - x^{-2}$

問題 5.2 (1) $y' = 2\cos x - 3\sin x$ (2) $y' = -2\sin 4x - 6\cos 2x$ (3) $y' = 2\cos 2x$ (4) $y' = \dfrac{2}{\cos^2 \frac{x}{2}} - \dfrac{3}{\cos^2 \frac{3x}{2}}$

問題 5.3 (1) $y' = 3e^{3x} - 3e^{-3x}$ (2) $y' = \dfrac{2}{3}e^{-\frac{x}{2}} + \dfrac{1}{2}e^{\frac{3x}{2}}$ (3) $y' = \dfrac{3}{x} + 4$ (4) $y' = \dfrac{5}{x}$

演習問題の解答

(5) $y' = \dfrac{1}{(\log 10)x}$ (6) $y' = \dfrac{1}{(\log 2)x}$

問題 5.4 (1) $y' = (6x+1)\cos 2x - (2x-3)\sin 2x$

(2) $y' = 2(x+1)\sin 3x + 3(x^2+2x-3)\cos 3x$ (3) $y' = \left(\dfrac{1}{2\sqrt{x}} - \sqrt{x}\right)e^{-x}$

(4) $y' = \left(6x+2+\dfrac{9}{x}-\dfrac{3}{x^2}\right)e^{3x}$ (5) $y' = e^{2x}(2\sin 3x + 3\cos 3x)$

(6) $y' = -e^{-x}(\cos \pi x + \pi \sin \pi x)$ (7) $y' = e^{2x}(\sin 3x + 8\cos 3x)$

(8) $y' = 2e^x \cos x - 2e^{-x}\sin x$ (9) $y' = (2x+1)\log x + x + 1 + \dfrac{1}{x}$ (10) $y' = 4\log x + 4 - \dfrac{6}{x}$

(11) $y' = e^{3x}\{(3x^2+2x)\sin 4x + 4x^2\cos 4x\}$ (12) $y' = x^2\cos(2x)(3\log x + 1) - 2x^3\sin(2x)\log x$

問題 5.5 (1) $y' = \dfrac{1}{(2x+1)^2}$ (2) $y' = \dfrac{-2x^2+2x+5}{(x^2+3x+1)^2}$ (3) $y' = -\dfrac{1}{\sqrt{x}(1+\sqrt{x})^2}$

(4) $y' = \dfrac{2}{\sqrt{x}(\sqrt{x}+2)^2}$ (5) $y' = \dfrac{1}{1+\cos x}$ (6) $y' = \dfrac{1}{(\sin x + \cos x)^2}$ (7) $y' = \dfrac{6\sin 3x}{(1+\cos 3x)^2}$

(8) $y' = -\dfrac{2}{1-\cos 2x}$ (9) $y' = -\dfrac{3e^{3x}}{(e^{3x}+1)^2}$ (10) $y' = \dfrac{2(e^x+1)}{(e^{-x}+2)^2}$

(11) $y' = -\dfrac{1}{(x+1)(\log(x+1))^2}$ (12) $y' = \dfrac{2x\log x + 5x}{(\log x + 3)^2}$

問題 5.6 (1) $f(g(x)) = 2x^2+3$, $g(f(x)) = 4x^2+4x+2$ (2) $f(g(x)) = x+5$,

$g(f(x)) = \dfrac{x}{5x+1}$ (3) $f(g(x)) = \sin^2 x$, $g(f(x)) = \sin(x^2)$ (4) $f(g(x)) = x^2$, $g(f(x)) = 2x$

問題 5.7 (1) $y' = 5(x+3)^4$ (2) $y' = 15(3x-1)^4$ (3) $y' = -6(3x+1)^{-3}$

(4) $y' = 4(2x+3)(x^2+3x+1)^3$ (5) $y' = \dfrac{3}{2}(3x+2)^{-\frac{1}{2}}$ (6) $y' = \dfrac{3}{2}x^2(x^3+2)^{-\frac{1}{2}}$

(7) $y' = -(2x+5)^{-\frac{3}{2}}$ (8) $y' = -x(x^2+1)^{-\frac{3}{2}}$ (9) $y' = \dfrac{9}{2}x^2(2x^3+1)^{-\frac{1}{4}}$

(10) $y' = 2x(3x^2+1)^{-\frac{2}{3}}$ (11) $y' = \dfrac{10}{\sqrt{x}}(2\sqrt{x}+3)^9$ (12) $y' = \dfrac{3}{\sqrt{2x+1}}(\sqrt{2x+1}+1)^2$

(13) $y' = \dfrac{1+2\sqrt{x}}{4\sqrt{x^2+x\sqrt{x}}}$ (14) $y' = \dfrac{1+2\sqrt{2x+1}}{2\sqrt{2x+1}\sqrt{2x+\sqrt{2x+1}}}$

問題 5.8 (1) $y' = \dfrac{f'(x)}{2\sqrt{f(x)}}$ (2) $y' = 3\{f(x)\}^2 f'(x)$ (3) $y' = 3x^2 f'(x^3)$

(4) $y' = \dfrac{1}{2\sqrt{x}}f'(\sqrt{x})$ (5) $y' = \dfrac{1}{\sqrt{x}}f(\sqrt{x})f'(\sqrt{x})$ (6) $y' = 9\{f(3x+1)\}^2 f'(3x+1)$

(7) $y' = 2f'(2x+1)f'(f(2x+1))$ (8) $y' = -\dfrac{f'(x)}{\{f(x)\}^2}f'\left(\dfrac{1}{f(x)}\right)$

問題 5.9 (1) $y' = 2\cos(2x-1)$ (2) $y' = -3\sin\left(3x+\dfrac{\pi}{3}\right)$ (3) $y' = -4x\sin(2x^2+3)$

(4) $y' = \dfrac{\cos(1+\sqrt{x})}{2\sqrt{x}}$ (5) $y' = -3x^2\sin x^3$ (6) $y' = \dfrac{3\cos(\tan 3x)}{\cos^2 3x}$ (7) $y' = -3\sin x \cos^2 x$

(8) $y' = 2\sin x \cos x = \sin 2x$ (9) $y' = -15\sin 3x \cos^4 3x$ (10) $y' = \dfrac{3\sin^2 x}{\cos^4 x}$ (11) $y' = \dfrac{3}{\cos^4 x}$

(12) $y' = 3(2\sin x + x)^2(2\cos x + 1)$ (13) $y' = \dfrac{6\sin 3x}{(\cos 3x + 2)^3}$ (14) $y' = \dfrac{12(\tan 3x + 2)^3}{\cos^2 3x}$
(15) $y' = \dfrac{\cos(2x+1)}{\sqrt{\sin(2x+1)}}$ (16) $y' = \dfrac{2}{3}\sin 2x(\cos 2x)^{-\frac{4}{3}}$

問題 5.10 (1) $y' = \cos(2x+1) - 2x\sin(2x+1)$ (2) $y' = \dfrac{\cos x - x\sin x}{\cos^2(x\cos x)}$
(3) $y' = 6(2x+1)^2\sin x + (2x+1)^3\cos x$ (4) $y' = \sin^3 2x + 6x\sin^2 2x\cos 2x$

問題 5.11 (1) $y' = (2x+1)e^{x^2+x+1}$ (2) $y' = 2(x-1)e^{x^2-2x}$ (3) $y' = \dfrac{1}{(x+1)^2}e^{\frac{x}{x+1}}$
(4) $y' = (1+\log x)e^{x\log x}$ (5) $y' = 3(e^x + e^{-x})^2(e^x - e^{-x})$ (6) $y' = \dfrac{e^x}{2\sqrt{e^x + 1}}$ (7) $y' = \dfrac{3}{3x-1}$
(8) $y' = \dfrac{2x-3}{x^2 - 3x + 5}$ (9) $y' = \dfrac{1}{\sqrt{x^2+1}}$ (10) $y' = \dfrac{1}{\sqrt{x^2+5}}$ (11) $y' = \dfrac{2x}{(x^2+4)\log(x^2+4)}$
(12) $y' = \dfrac{6x\{\log(x^2+1)\}^2}{x^2+1}$ (13) $y' = \dfrac{2}{(\log 3)x}$ (14) $y' = 2(\log 3)x \cdot 3^{x^2}$

問題 5.12 (1) $y' = -24(\cos^3 2x + 2)^3 \cos^2 2x \sin 2x$ (2) $y' = -\dfrac{\cos(\cos x)\sin x}{\sin(\cos x) + 1}$
(3) $y' = 2e^{(x\log x - x)^2}(x\log x - x)\log x$ (4) $y' = \dfrac{(x+1)\sin 2\sqrt{x^2+2x+2}}{\sqrt{x^2+2x+2}}$

問題 5.13 (1) $y' = (1 + \log x)x^x$ (2) $y' = \dfrac{2 + \log x}{2\sqrt{x}}x^{\sqrt{x}}$
(3) $y' = \left\{\log(x^2+1) + \dfrac{2x^2}{x^2+1}\right\}(x^2+1)^x$ (4) $y' = \left\{\log(\cos x) - \dfrac{x\sin x}{\cos x}\right\}(\cos x)^x$
(5) $y' = \left(\cos x \log x + \dfrac{\sin x}{x}\right)x^{\sin x}$ (6) $y' = \left(3\cos 3x\log x + \dfrac{\sin 3x}{x}\right)x^{\sin 3x}$
(7) $y' = (\log a)(x+1)e^x a^{xe^x}$ (8) $y' = \left\{(\log a)\log(\log x) + \dfrac{1}{x\log x}\right\}a^x(\log x)^{a^x}$
(9) $y' = \left(\dfrac{x}{1+x^2} + \dfrac{2x^3}{1+x^4}\right)\sqrt{(1+x^2)(1+x^4)}$
(10) $y' = \left(\dfrac{3}{x+3} + \dfrac{2}{x+4} - \dfrac{5}{x+2}\right)\dfrac{(x+3)^3(x+4)^2}{(x+2)^5}$
(11) $y' = \left(\dfrac{3}{1+2x} - \dfrac{10}{1+4x}\right)\sqrt{\dfrac{(1+2x)^3}{(1+4x)^5}}$ (12) $y' = \left(\dfrac{2}{1+3x} - \dfrac{8}{1+6x}\right)\sqrt[3]{\dfrac{(1+3x)^2}{(1+6x)^4}}$

問題 5.14 (1) $\dfrac{dy}{dx} = 2t - 3$, $y = -x - 1$ (2) $\dfrac{dy}{dx} = \dfrac{1}{2\sqrt{t}}$, $y = \dfrac{1}{6}x + \dfrac{4}{3}$
(3) $\dfrac{dy}{dx} = \dfrac{\sin t}{1 - \cos t}$, $y = -x - \dfrac{3\pi}{2} + 2$ (4) $\dfrac{dy}{dx} = -\dfrac{\sin t}{\cos t}$, $y = -\dfrac{1}{\sqrt{3}}x + \dfrac{1}{2}$
(5) $\dfrac{dy}{dx} = -\dfrac{3\cos t}{2\sin t}$, $y = -\dfrac{\sqrt{3}}{2}x + 2\sqrt{3}$ (6) $\dfrac{dy}{dx} = \dfrac{2t}{t^2 - 1}$, $y = -2\sqrt{2}x + 3$

問題 5.15 (1) $\{\log(-x)\}' = \dfrac{1}{-x} \cdot (-x)' = \dfrac{-1}{-x} = \dfrac{1}{x}$ (2) ヒント: $x > 0$ のときと $x < 0$ のときで場合分けをする。(3) ヒント: $g(x) > 0$ のときと $g(x) < 0$ のときで場合分けをする。

演習問題の解答

§6

問題 6.1 (1) 0 (2) $\dfrac{\pi}{6}$ (3) $-\dfrac{\pi}{2}$ (4) $-\dfrac{\pi}{4}$ (5) $\dfrac{\pi}{2}$ (6) $\dfrac{\pi}{4}$ (7) $\dfrac{3\pi}{4}$ (8) $\dfrac{5\pi}{6}$ (9) 0 (10) $-\dfrac{\pi}{4}$ (11) $\dfrac{\pi}{3}$ (12) $\dfrac{\pi}{6}$

問題 6.2 (1) $\arctan\dfrac{1}{4}$ (2) $\arcsin\dfrac{3\sqrt{13}}{13}$ (3) $\arccos\dfrac{29}{36}$ (4) $\arcsin\dfrac{3\sqrt{3}}{8}$

問題 6.3 (1) 1.8965 (2) 0.9791 (3) 4.1207 (4) 5.0381 (5) 4.3867 (6) 2.1625

問題 6.4 (1) $\dfrac{3\pi}{10}$ (2) $\dfrac{\pi}{2}-1$ (3) $\dfrac{\pi}{2}+\dfrac{1}{6}$ (4) $\dfrac{3\pi}{8}$

問題 6.5 (1) $\dfrac{4}{5}$ (2) $\dfrac{\sqrt{15}}{4}$ (3) $\dfrac{12\sqrt{5}}{49}$ (4) $\dfrac{31}{49}$ (5) $\dfrac{2}{3}$ (6) $\dfrac{3}{4}$ (7) $\dfrac{\sqrt{5}}{5}$ (8) $\dfrac{2\sqrt{5}}{5}$

問題 6.6 (1) $\tan\left(\arctan\dfrac{1}{2}+\arctan\dfrac{1}{3}\right)=1$ より $\dfrac{\pi}{4}$ (2) $\dfrac{\pi}{4}$ (3) $\dfrac{3\pi}{4}$ (範囲に注意) (4) $\dfrac{3\pi}{4}$

問題 6.7 $\cos y = x$ の両辺を x で微分して $-\sin y \cdot y' = 1$, すなわち $y' = -\dfrac{1}{\sin y}$. これを x の式で表すと $\arccos x$ の微分公式となる.

問題 6.8 (1) $y' = \dfrac{2}{\sqrt{1-4x^2}}$ (2) $y' = -\dfrac{3}{\sqrt{6x-9x^2}}$ (3) $y' = \dfrac{\sqrt{2}}{x^2+2x+3}$
(4) $y' = \dfrac{1}{x^2+x+1}$ (5) $y' = 2x\arcsin x + \dfrac{x^2}{\sqrt{1-x^2}}$ (6) $y' = 2x\arctan x + \dfrac{x^2}{1+x^2}$
(7) $y' = \dfrac{2x}{\sqrt{1-x^4}}$ (8) $y' = \dfrac{1}{2\sqrt{x-x^2}}$ (9) $y' = -\dfrac{6(\arccos 2x)^2}{\sqrt{1-4x^2}}$ (10) $y' = \dfrac{1}{\cos x\sqrt{\cos 2x}}$
(11) $y' = -\dfrac{1}{x^2+1}$ (12) $y' = \dfrac{1}{(x+1)\sqrt{x}}$ (13) $y' = \dfrac{2}{1+x^2}$ (14) $y' = \dfrac{2}{1+x^2}$
(15) $y' = \dfrac{1}{x\sqrt{x^2-1}}$ (16) $y' = -\dfrac{1}{\sqrt{1-x^2}}$ (17) $y' = \dfrac{1}{1+x^2}$ (18) $y' = \dfrac{1}{\sqrt{1-x^2}}$
(19) $y' = \arcsin x$ (20) $y' = \arctan x$

§7

問題 7.1 (1) $y' = 4x^3 - 6x^2 + 3$, $y'' = 12x^2 - 12x$, $y''' = 24x - 12$ (2) $y' = 6(x+1)^5$, $y'' = 30(x+1)^4$, $y''' = 120(x+1)^3$ (3) $y' = -2e^{-2x}$, $y'' = 4e^{-2x}$, $y''' = -8e^{-2x}$
(4) $y' = 3\cos 3x$, $y'' = -9\sin 3x$, $y''' = -27\cos 3x$ (5) $y' = -\dfrac{1}{(x-3)^2}$, $y'' = \dfrac{2}{(x-3)^3}$, $y''' = -\dfrac{6}{(x-3)^4}$ (6) $y' = \dfrac{1}{x+5}$, $y'' = -\dfrac{1}{(x+5)^2}$, $y''' = \dfrac{2}{(x+5)^3}$

問題 7.2 (1) $y' = (x^2+2x)e^x$, $y'' = (x^2+4x+2)e^x$
(2) $y' = (2x+1)e^{2x}$, $y'' = 4(x+1)e^{2x}$ (3) $y' = e^x(\sin x + \cos x)$, $y'' = 2e^x\cos x$
(4) $y' = 4e^{-2x}\cos 2x$, $y'' = -8e^{-2x}(\cos 2x + \sin 2x)$ (5) $y' = xe^{\frac{1}{2}x^2}$, $y'' = (x^2+1)e^{\frac{1}{2}x^2}$
(6) $y' = 2x\cos(x^2+1)$, $y'' = 2\cos(x^2+1) - 4x^2\sin(x^2+1)$

(7) $y' = x(x^2+1)^{-\frac{1}{2}}$, $y'' = (x^2+1)^{-\frac{3}{2}}$ (8) $y' = \dfrac{2x}{x^2+1}$, $y'' = -\dfrac{2(x^2-1)}{(x^2+1)^2}$

問題 7.3 $f(0), f'(0), f''(0), f'''(0)$ の順 (1) $32, 20, \dfrac{15}{2}, \dfrac{15}{16}$ (2) $27, \dfrac{9}{2}, \dfrac{1}{4}, -\dfrac{1}{72}$
(3) $1, 0, -4, 0$ (4) $\dfrac{\sqrt{3}}{2}, \dfrac{1}{2}, -\dfrac{\sqrt{3}}{2}, -\dfrac{1}{2}$ (5) $1, 1, 2, 6$ (6) $0, 1, -1, 2$

問題 7.4 (1) $y^{(n)} = 2^n e^{2x}$ (2) $y^{(n)} = (-1)^n \dfrac{1 \cdot 3 \cdots (2n-1)}{2^n}(1+x)^{-\frac{1}{2}-n}$
(3) $y^{(n)} = 3^n \sin\left(3x + \dfrac{n\pi}{2}\right)$ (4) $y^{(n)} = 2^n \cos\left(2x + \dfrac{\pi}{4} + \dfrac{n\pi}{2}\right)$
(5) $y^{(n)} = \dfrac{n!}{(1-x)^{n+1}}$ (6) $y^{(n)} = -\dfrac{(n-1)!}{(1-x)^n}$ ($n \geqq 1$)

問題 7.5 (1) $f^{(n)}(x) = (2x+2n+1)e^x$, $f^{(n)}(0) = 2n+1$
(2) $f^{(n)}(x) = 2^{n-1}(2x+n)e^{2x}$, $f^{(n)}(0) = 2^{n-1}n$
(3) $f^{(n)}(x) = (-1)^n\{x^2 - 2nx + n(n-1)\}e^{-x}$, $f^{(n)}(0) = (-1)^n n(n-1)$
(4) $f^{(n)}(x) = 3^{n-2}\{9x^2 + 6nx + n(n-1)\}e^{3x}$, $f^{(n)}(0) = 3^{n-2}n(n-1)$

§8

問題 8.1 (1) $\dfrac{3}{2}$ (2) $\dfrac{4}{3}$ (3) $\dfrac{9}{4}$ (4) $\dfrac{7\sqrt{21}}{9}$ (5) $\arccos\dfrac{2}{\pi}$ (6) $2\arccos\dfrac{3}{2\pi}$

問題 8.2 $\{f(x) - g(x)\}' = 0$ であり, 定理 8.3 より $f(x) - g(x) = $ 定数.

問題 8.3 (1) $g(x) = \arctan x + \arctan \dfrac{1}{x}$ とおくと, $g'(x) = 0$ かつ $g(1) = \dfrac{\pi}{2}$.
(2) $g(x) = \arcsin \dfrac{2x}{1+x^2} - \arctan \dfrac{2x}{1-x^2}$ とおくと, $g'(x) = 0$ かつ $g(0) = 0$.
(3) $g(x) = \arcsin \dfrac{x}{\sqrt{1+x^2}} - \arctan x$ とおくと, $g'(x) = 0$ かつ $g(0) = 0$.
(4) $g(x) = \arctan \dfrac{x}{\sqrt{1-x^2}} - \arcsin x$ とおくと, $g'(x) = 0$ かつ $g(0) = 0$.

問題 8.4 (1) 1 (2) $\dfrac{1}{2}$ (3) 1 (4) 2

§9

問題 9.1 (1) $f(x) \doteqdot 1 - x + x^2 - x^3$ (2) $f(x) \doteqdot 1 + x + x^2 + x^3$
(3) $f(x) \doteqdot 1 - \dfrac{1}{2}x + \dfrac{3}{8}x^2 - \dfrac{5}{16}x^3$ (4) $f(x) \doteqdot \dfrac{1}{2} - \dfrac{1}{16}x + \dfrac{3}{256}x^2 - \dfrac{5}{2048}x^3$
(5) $f(x) \doteqdot 1 + \dfrac{3}{2}x + \dfrac{3}{8}x^2 - \dfrac{1}{16}x^3$ (6) $f(x) \doteqdot 27 + \dfrac{9}{2}x + \dfrac{1}{8}x^2 - \dfrac{1}{432}x^3$
(7) $f(x) \doteqdot 1 + \dfrac{2}{3}x - \dfrac{1}{9}x^2 + \dfrac{4}{81}x^3$ (8) $f(x) \doteqdot 4 + \dfrac{1}{3}x - \dfrac{1}{144}x^2 + \dfrac{1}{2592}x^3$

問題 9.2 (1) $f(x) \doteqdot x + \dfrac{1}{3}x^3$ (2) $f(x) \doteqdot x - \dfrac{1}{3}x^3$ (3) $f(x) \doteqdot x + \dfrac{1}{6}x^3$

問題 9.3 (1) $f(x) \doteqdot 1 + 2x + 4x^2 + 8x^3$ (2) $f(x) \doteqdot 1 + x - \dfrac{1}{2}x^2 + \dfrac{1}{2}x^3$

(3) $f(x) \fallingdotseq \dfrac{1}{2} - \dfrac{1}{4}x + \dfrac{1}{8}x^2 - \dfrac{1}{16}x^3$ (4) $f(x) \fallingdotseq 2 + 2x - x^2 + x^3$

(5) $f(x) \fallingdotseq 1 + 3x + \dfrac{9}{2}x^2 + \dfrac{9}{2}x^3$ (6) $f(x) \fallingdotseq 1 - x + \dfrac{1}{2}x^2 - \dfrac{1}{6}x^3$

(7) $f(x) \fallingdotseq 2x - \dfrac{4}{3}x^3$ (8) $f(x) \fallingdotseq 1 - \dfrac{1}{18}x^2$ (9) $f(x) \fallingdotseq \dfrac{1}{e} + \dfrac{1}{e}x + \dfrac{1}{2e}x^2 + \dfrac{1}{6e}x^3$

(10) $f(x) \fallingdotseq e^2 + 3e^2 x + \dfrac{9e^2}{2}x^2 + \dfrac{9e^2}{2}x^3$ (11) $f(x) \fallingdotseq -3x - \dfrac{9}{2}x^2 - 9x^3$

(12) $f(x) \fallingdotseq \log 3 + \dfrac{2}{3}x - \dfrac{2}{9}x^2 + \dfrac{8}{81}x^3$ (13) $f(x) \fallingdotseq x + \dfrac{1}{3}x^3$ (14) $f(x) \fallingdotseq x - \dfrac{3}{2}x^2 + \dfrac{7}{3}x^3$

(15) $f(x) \fallingdotseq \dfrac{\sqrt{3}}{2} + \dfrac{1}{2}x - \dfrac{\sqrt{3}}{4}x^2 - \dfrac{1}{12}x^3$ (16) $f(x) \fallingdotseq \dfrac{\sqrt{3}}{2} + \dfrac{\pi}{2}x - \dfrac{\sqrt{3}\pi^2}{4}x^2 - \dfrac{\pi^3}{12}x^3$

問題 9.4 (1) $f(x) \fallingdotseq x + x^2 + \dfrac{1}{3}x^3$ (2) $f(x) \fallingdotseq 1 + 3x + \dfrac{5}{2}x^2 - \dfrac{3}{2}x^3$

(3) $f(x) \fallingdotseq 1 + 2x + \dfrac{3}{2}x^2$ (4) $f(x) \fallingdotseq \log 3 + \left(\dfrac{2}{3} + \log 3\right)x + \dfrac{4}{9}x^2 - \dfrac{10}{81}x^3$

(5) $f(x) \fallingdotseq 1 + x - 5x^2 - 4x^3$ (6) $f(x) \fallingdotseq 1 + \dfrac{5}{2}x + \dfrac{23}{8}x^2 + \dfrac{103}{48}x^3$

問題 9.5 (1) $\dfrac{1}{6}$ (2) $-\dfrac{1}{2}$ (3) 3 (4) $\dfrac{9}{2}$ (5) $-\dfrac{1}{2}$ (6) 2 (7) $-\dfrac{1}{3}$ (8) $\dfrac{1}{6}$ (9) 1 (10) $\dfrac{1}{3}$

(11) $-\dfrac{3}{2}$ (12) -3 (13) 1 (14) $\dfrac{3}{2}$ (15) $\dfrac{4}{3}$ (16) 0

問題 9.6 (1) $f(x) \fallingdotseq \dfrac{1}{2} - \dfrac{\sqrt{3}}{2}\left(x - \dfrac{\pi}{3}\right) - \dfrac{1}{4}\left(x - \dfrac{\pi}{3}\right)^2 + \dfrac{\sqrt{3}}{12}\left(x - \dfrac{\pi}{3}\right)^3$

(2) $f(x) \fallingdotseq -\dfrac{\sqrt{2}}{2} + \dfrac{\sqrt{2}}{2}\left(x + \dfrac{\pi}{4}\right) + \dfrac{\sqrt{2}}{4}\left(x + \dfrac{\pi}{4}\right)^2 - \dfrac{\sqrt{2}}{12}\left(x + \dfrac{\pi}{4}\right)^3$

(3) $f(x) \fallingdotseq 2 + \dfrac{1}{2}(x - 2) - \dfrac{1}{16}(x - 2)^2 + \dfrac{1}{64}(x - 2)^3$

(4) $f(x) \fallingdotseq \dfrac{1}{3} + \dfrac{1}{9}(x + 3) + \dfrac{1}{27}(x + 3)^2 + \dfrac{1}{81}(x + 3)^3$

(5) $f(x) \fallingdotseq e^3 + e^3(x - 3) + \dfrac{e^3}{2}(x - 3)^2 + \dfrac{e^3}{6}(x - 3)^3$

(6) $f(x) \fallingdotseq 1 + \dfrac{1}{e}(x - e) - \dfrac{1}{2e^2}(x - e)^2 + \dfrac{1}{3e^3}(x - e)^3$

問題 9.7 いずれもラグランジェの剰余を用いる.

(1) $\sin x = x - \dfrac{1}{6}x^3 + r_3(x)$ において, $r_3(x) = \dfrac{1}{24}\sin(\theta x)x^4$ $(0 < \theta < 1)$ であり, $|\sin(\theta x)| \leqq 1$ であるから, $\left|\sin x - x + \dfrac{1}{6}x^3\right| = |r_3(x)| \leqq \dfrac{1}{24}x^4$ である.

(2) $\cos x = 1 - \dfrac{1}{2}x^2 + r_2(x)$ において, $r_2(x) = \dfrac{1}{6}\sin(\theta x)x^3$ $(0 < \theta < 1)$ であり, $|\sin(\theta x)| \leqq 1$ であるから, $\left|\cos x - 1 + \dfrac{1}{2}x^2\right| = |r_2(x)| \leqq \dfrac{1}{6}|x|^3$ である.

(3) $\log(1 + x) = x - \dfrac{1}{2}x^2 + r_2(x)$ において, $r_2(x) = \dfrac{1}{6} \cdot \dfrac{2}{(1 + \theta x)^3} \cdot x^3$ $(0 < \theta < 1)$ であり, $0 \leqq x \leqq 1$ ならば $1 \leqq (1 + \theta x)^3 \leqq 2^3$ であるから, $\dfrac{1}{24}x^3 \leqq r_2(x) \leqq \dfrac{1}{3}x^3$ である.

(4) $\sqrt{1+x} = 1 + \frac{1}{2}x + r_1(x)$ において, $r_1(x) = \frac{1}{2} \cdot \left(-\frac{1}{4}\right)(1+\theta x)^{-\frac{3}{2}} \cdot x^2 \ (0 < \theta < 1)$ であり, $0 \leqq x \leqq 1$ ならば $1 \leqq (1+\theta x)^{\frac{3}{2}} \leqq 2^{\frac{3}{2}}$ であるから, $-\frac{1}{8}x^2 \leqq r_1(x) \leqq -\frac{\sqrt{2}}{32}x^2$ である.

§10

問題 10.1 増減表は省略する (以下の問題も同様).

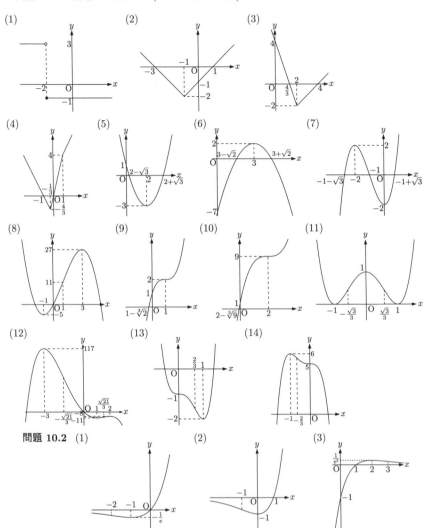

問題 10.2 (1) (2) (3)

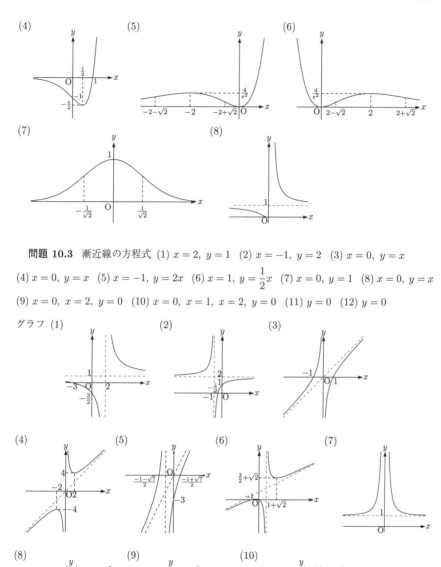

問題 10.3 漸近線の方程式 (1) $x=2$, $y=1$ (2) $x=-1$, $y=2$ (3) $x=0$, $y=x$
(4) $x=0$, $y=x$ (5) $x=-1$, $y=2x$ (6) $x=1$, $y=\dfrac{1}{2}x$ (7) $x=0$, $y=1$ (8) $x=0$, $y=x$
(9) $x=0$, $x=2$, $y=0$ (10) $x=0$, $x=1$, $x=2$, $y=0$ (11) $y=0$ (12) $y=0$

グラフ

(11) (12)

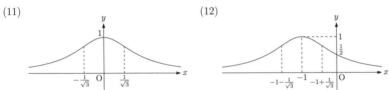

問題 10.4 漸近線の方程式 (4) $x=1$ (9) $y=0\ (x<0)$ (10) $y=0\ (x>0)$
(12) $y=0$ (13) $x=-\dfrac{1}{2}$ (14) $x=1$ (16) $x=0,\ y=0$ 他はなし

グラフ (1) (2)

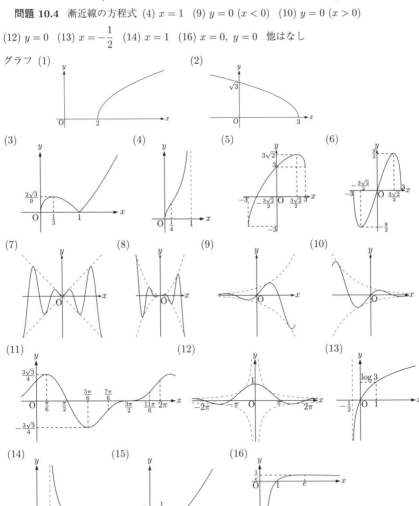

(14) (15) (16)

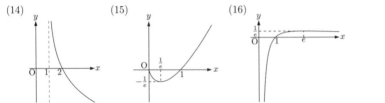

問題 10.5

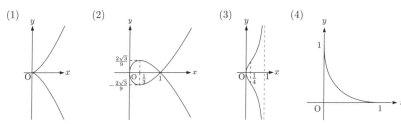

問題 10.6 (1) $g(x) = x - \sin x$ とおくと $g'(x) = 1 - \cos x \geqq 0$ かつ $g(0) = 0$

(2) $g(x) = \cos x - 1 + \dfrac{1}{2}x^2$ とおくと $g'(x) = -\sin x + x > 0$ $(x > 0)$ かつ $g(0) = 0$

(3) $g(x) = \sin x - x + \dfrac{1}{6}x^3$ とおくと $g'(x) = \cos x - 1 + \dfrac{1}{2}x^2 > 0$ $(x > 0)$ かつ $g(0) = 0$

(4) $g(x) = e^x - 1 - x - \dfrac{1}{2}x^2$ とおくと $g'(x) = e^x - 1 - x > 0$ $(x > 0)$ かつ $g(0) = 0$

問題 10.7

(1) $f(x) \doteqdot 1 + 2x^2$ より,極小値 1 をとる. (2) $f(x) \doteqdot 1 - \dfrac{1}{2}x^2$ より,極大値 1 をとる.

(3) $f(x) \doteqdot \dfrac{1}{2}x^4$ より,極小値 0 をとる. (4) $f(x) \doteqdot \dfrac{1}{6}x^5$ より,極値をとらない.

(5) $f(x) \doteqdot 1 + \dfrac{1}{2}x^2$ より,極小値 1 をとる. (6) $f(x) \doteqdot -x^2$ より,極大値 0 をとる.

(7) $f(x) \doteqdot x^2$ より,極小値 0 をとる. (8) $f(x) \doteqdot x^2$ より,極小値 0 をとる.

(9) $f(x) \doteqdot -1 + \dfrac{3}{2}x^2$ より,極小値 -1 をとる. (10) $f(x) \doteqdot x^3$ より,極値をとらない.

(11) $f(x) \doteqdot \dfrac{1}{2}x^2$ より,極小値 0 をとる. (12) $f(x) \doteqdot \dfrac{3}{2}x^2$ より,極小値 0 をとる.

(13) $f(x) \doteqdot -\dfrac{1}{2}x^2$ より,極大値 0 をとる. (14) $f(x) \doteqdot \dfrac{3}{2}x^2$ より,極小値 0 をとる.

(15) $f(x) \doteqdot 1 - \dfrac{5}{6}x^3$ より,極値をとらない. (16) $f(x) \doteqdot 1 - x^2$ より,極大値 1 をとる.

§11

問題 11.1 (1) $f(3,1) = 6$, $f(1,3) = 2$

(2) $(x-1)^2 + (y-2)^2 = 1$ (3) $z = x^2 - 2x + 3$, $z'(3) = 4$ (4) $z = y^2 - 4y + 9$, $z'(1) = -2$

(5) $f_x(x,y) = 2x - 2$, $f_y(x,y) = 2y - 4$ (6) $f_x(3,1) = 4$, $f_y(3,1) = -2$

問題 11.2 (1) $f(3,1) = \sqrt{3}$, $f(1,3) = \sqrt{3}$

(2) $x^2 + y^2 = 9$ (3) $z = \sqrt{12 - x^2}$, $z'(3) = -\sqrt{3}$ (4) $z = \sqrt{4 - y^2}$, $z'(1) = -\dfrac{\sqrt{3}}{3}$

 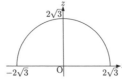 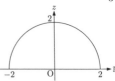

(5) $f_x(x,y) = -\dfrac{x}{\sqrt{13 - x^2 - y^2}}$, $f_y(x,y) = -\dfrac{y}{\sqrt{13 - x^2 - y^2}}$

(6) $f_x(3,1) = -\sqrt{3}$, $f_y(3,1) = -\dfrac{\sqrt{3}}{3}$

問題 11.3, 問題 11.4 (1) $z_x = 2$, $z_y = 3$, $z_{xx} = 0$, $z_{xy} = 0$, $z_{yy} = 0$

(2) $z_x = 2xy^3$, $z_y = 3x^2 y^2$, $z_{xx} = 2y^3$, $z_{xy} = 6xy^2$, $z_{yy} = 6x^2 y$

(3) $z_x = y + 1$, $z_y = x + 1$, $z_{xx} = 0$, $z_{xy} = 1$, $z_{yy} = 0$

(4) $z_x = 4x - 3y$, $z_y = -3x + 2y$, $z_{xx} = 4$, $z_{xy} = -3$, $z_{yy} = 2$

(5) $z_x = 6x^2 y + 4y^3$, $z_y = 2x^3 + 12xy^2$, $z_{xx} = 12xy$, $z_{xy} = 6x^2 + 12y^2$, $z_{yy} = 24xy$

(6) $z_x = 3x^2 y - 2y^2 + y$, $z_y = x^3 - 4xy + x$, $z_{xx} = 6xy$, $z_{xy} = 3x^2 - 4y + 1$, $z_{yy} = -4x$

(7) $z_x = 6(3x - 4y)$, $z_y = -8(3x - 4y)$, $z_{xx} = 18$, $z_{xy} = -24$, $z_{yy} = 32$ (8) $z_x = -\dfrac{2}{(2x + 3y)^2}$, $z_y = -\dfrac{3}{(2x + 3y)^2}$, $z_{xx} = \dfrac{8}{(2x + 3y)^3}$, $z_{xy} = \dfrac{12}{(2x + 3y)^3}$, $z_{yy} = \dfrac{18}{(2x + 3y)^3}$

(9) $z_x = \dfrac{5y}{(x + 2y)^2}$, $z_y = -\dfrac{5x}{(x + 2y)^2}$, $z_{xx} = -\dfrac{10y}{(x + 2y)^3}$, $z_{xy} = \dfrac{5x - 10y}{(x + 2y)^3}$, $z_{yy} = \dfrac{20x}{(x + 2y)^3}$

(10) $z_x = \dfrac{y^3 - x^2 y}{(x^2 + y^2)^2}$, $z_y = \dfrac{x^3 - y^2 x}{(x^2 + y^2)^2}$, $z_{xx} = \dfrac{2x^3 y - 6xy^3}{(x^2 + y^2)^3}$, $z_{xy} = \dfrac{6x^2 y^2 - x^4 - y^4}{(x^2 + y^2)^3}$, $z_{yy} = \dfrac{2y^3 x - 6yx^3}{(x^2 + y^2)^3}$ (11) $z_x = \dfrac{x + y}{\sqrt{x^2 + 2xy + 3y^2}}$, $z_y = \dfrac{x + 3y}{\sqrt{x^2 + 2xy + 3y^2}}$, $z_{xx} = \dfrac{2y^2}{\sqrt{(x^2 + 2xy + 3y^2)^3}}$, $z_{xy} = -\dfrac{2xy}{\sqrt{(x^2 + 2xy + 3y^2)^3}}$, $z_{yy} = \dfrac{2x^2}{\sqrt{(x^2 + 2xy + 3y^2)^3}}$

(12) $z_x = \dfrac{xy}{\sqrt{x^2 + y^2}}$, $z_y = \dfrac{x^2 + 2y^2}{\sqrt{x^2 + y^2}}$, $z_{xx} = \dfrac{y^3}{\sqrt{(x^2 + y^2)^3}}$, $z_{xy} = \dfrac{x^3}{\sqrt{(x^2 + y^2)^3}}$, $z_{yy} = \dfrac{3x^2 y + 2y^3}{\sqrt{(x^2 + y^2)^3}}$ (13) $z_x = 2\cos(2x + y)$, $z_y = \cos(2x + y)$, $z_{xx} = -4\sin(2x + y)$, $z_{xy} = -2\sin(2x + y)$, $z_{yy} = -\sin(2x + y)$ (14) $z_x = -3\sin(3x - 2y)$, $z_y = 2\sin(3x - 2y)$, $z_{xx} = -9\cos(3x - 2y)$, $z_{xy} = 6\cos(3x - 2y)$, $z_{yy} = -4\cos(3x - 2y)$ (15) $z_x = \cos x \cos y$, $z_y = -\sin x \sin y$, $z_{xx} = -\sin x \cos y$, $z_{xy} = -\cos x \sin y$, $z_{yy} = -\sin x \cos y$

(16) $z_x = y^2\cos(xy^2)$, $z_y = 2xy\cos(xy^2)$, $z_{xx} = -y^4\sin(xy^2)$,
$z_{xy} = 2y\cos(xy^2) - 2xy^3\sin(xy^2)$, $z_{yy} = 2x\cos(xy^2) - 4x^2y^2\sin(xy^2)$

(17) $z_x = e^y$, $z_y = xe^y$, $z_{xx} = 0$, $z_{xy} = e^y$, $z_{yy} = xe^y$

(18) $z_x = (2x+6y+1)e^{2x}$, $z_y = 3e^{2x}$, $z_{xx} = 4(x+3y+1)e^{2x}$, $z_{xy} = 6e^{2x}$, $z_{yy} = 0$

(19) $z_x = \dfrac{1}{y}e^{\frac{x}{y}}$, $z_y = -\dfrac{x}{y^2}e^{\frac{x}{y}}$, $z_{xx} = \dfrac{1}{y^2}e^{\frac{x}{y}}$, $z_{xy} = -\dfrac{x+y}{y^3}e^{\frac{x}{y}}$, $z_{yy} = \dfrac{x^2+2xy}{y^4}e^{\frac{x}{y}}$

(20) $z_x = (xy+1)e^{xy}$, $z_y = x^2e^{xy}$, $z_{xx} = (xy^2+2y)e^{xy}$, $z_{xy} = (x^2y+2x)e^{xy}$, $z_{yy} = x^3e^{xy}$

(21) $z_x = e^y\cos(x+y)$, $z_y = e^y\{\sin(x+y) + \cos(x+y)\}$, $z_{xx} = -e^y\sin(x+y)$,
$z_{xy} = e^y\{\cos(x+y) - \sin(x+y)\}$, $z_{yy} = 2e^y\cos(x+y)$

(22) $z_x = e^{x+2y}\{\cos(x+2y) - \sin(x+2y)\}$, $z_y = 2e^{x+2y}\{\cos(x+2y) - \sin(x+2y)\}$,
$z_{xx} = -2e^{x+2y}\sin(x+2y)$, $z_{xy} = -4e^{x+2y}\sin(x+2y)$, $z_{yy} = -8e^{x+2y}\sin(x+2y)$

(23) $z_x = \dfrac{2}{2x+3y}$, $z_y = \dfrac{3}{2x+3y}$, $z_{xx} = -\dfrac{4}{(2x+3y)^2}$, $z_{xy} = -\dfrac{6}{(2x+3y)^2}$,
$z_{yy} = -\dfrac{9}{(2x+3y)^2}$ (24) $z_x = \dfrac{1}{2x}$, $z_y = \dfrac{1}{2y}$, $z_{xx} = -\dfrac{1}{2x^2}$, $z_{xy} = 0$, $z_{yy} = -\dfrac{1}{2y^2}$

(25) $z_x = \dfrac{x}{x^2+y^2}$, $z_y = \dfrac{y}{x^2+y^2}$, $z_{xx} = \dfrac{y^2-x^2}{(x^2+y^2)^2}$, $z_{xy} = -\dfrac{2xy}{(x^2+y^2)^2}$, $z_{yy} = \dfrac{x^2-y^2}{(x^2+y^2)^2}$

(26) $z_x = \dfrac{2x+y}{x^2+xy+y^2}$, $z_y = \dfrac{x+2y}{x^2+xy+y^2}$, $z_{xx} = -\dfrac{2x^2+2xy-y^2}{(x^2+xy+y^2)^2}$,
$z_{xy} = -\dfrac{x^2+4xy+y^2}{(x^2+xy+y^2)^2}$, $z_{yy} = \dfrac{x^2-2xy-2y^2}{(x^2+xy+y^2)^2}$ (27) $z_x = -\dfrac{y}{x^2+y^2}$, $z_y = \dfrac{x}{x^2+y^2}$,
$z_{xx} = \dfrac{2xy}{(x^2+y^2)^2}$, $z_{xy} = \dfrac{y^2-x^2}{(x^2+y^2)^2}$, $z_{yy} = -\dfrac{2xy}{(x^2+y^2)^2}$ (28) $z_x = -\dfrac{y}{x\sqrt{x^2-y^2}}$,
$z_y = \dfrac{1}{\sqrt{x^2-y^2}}$, $z_{xx} = \dfrac{2x^2y-y^3}{x^2\sqrt{(x^2-y^2)^3}}$, $z_{xy} = -\dfrac{x}{\sqrt{(x^2-y^2)^3}}$, $z_{yy} = \dfrac{y}{\sqrt{(x^2-y^2)^3}}$

問題 11.5 (1) $z_{xx} = 6y$, $z_{yy} = -6y$ より $z_{xx} + z_{yy} = 0$.

(2) $z_{xx} = e^x\cos y$, $z_{yy} = -e^x\cos y$ より $z_{xx} + z_{yy} = 0$.

(3) $z_{xx} = -\dfrac{2x^2-2y^2}{(x^2+y^2)^2}$, $z_{yy} = \dfrac{2x^2-2y^2}{(x^2+y^2)^2}$ より $z_{xx} + z_{yy} = 0$.

(4) $z_{xx} = \dfrac{2xy}{(x^2+y^2)^2}$, $z_{yy} = -\dfrac{2xy}{(x^2+y^2)^2}$ より $z_{xx} + z_{yy} = 0$.

問題 11.6 いずれも $u_{xx} = -u$, $u_{tt} = -4u$ であり, $u_{tt} = 4u_{xx}$ が成り立つ.

§12

問題 12.1 (1) $z = 2x + 4y - 5$ (2) $z = -x - y + 2$ (3) $z = (2\log 2)x + 2y + 2 - 4\log 2$
(4) $z = -\dfrac{1}{2}x - \dfrac{1}{2}y + \dfrac{3}{2}$ (5) $z = -\dfrac{1}{2}x - y + \dfrac{9}{2}$ (6) $z = \left(\dfrac{1}{2} - \dfrac{\sqrt{3}\pi}{4}\right)x - \dfrac{\sqrt{3}\pi}{4}y + \dfrac{5\sqrt{3}\pi^2}{24}$

問題 12.2 (1) $f(x,y) \doteqdot 1 + x + \dfrac{3}{2}y$ (2) $f(x,y) \doteqdot \dfrac{1}{4} + \dfrac{1}{4}(x-1) - \dfrac{1}{2}\left(y + \dfrac{1}{2}\right)$

問題 12.3 (1) $dz = 6xy\,dx + 3(x^2 - y^2)\,dy$ (2) $dz = \dfrac{1}{y}dx - \dfrac{x}{y^2}dy$

(3) $dz = \dfrac{1}{x-y}dx - \dfrac{1}{x-y}dy$ (4) $dz = \dfrac{1}{x}dx - \dfrac{1}{y}dy$

問題 12.4 (1) $\dfrac{dz}{dt} = -(3y^2 + 8xy)\sin(xy^2)$ (2) $\dfrac{dz}{dt} = 2(xy + x^2 t)\cos(x^2 y)$

(3) $\dfrac{dz}{dt} = -4x\sin t + 6y\cos t$ (4) $\dfrac{dz}{dt} = \dfrac{1}{(x+y)(1-\sin t)}$

(5) $\dfrac{dz}{dt} = \dfrac{3x + 2y}{1 + x^2 y^2}$ (6) $\dfrac{dz}{dt} = -\dfrac{6t^2 + 12t + 4}{(2x+3y)^2 (t+1)^2}$

問題 12.5 (1) $\dfrac{\partial z}{\partial u} = 4x^2 + 8xy + y^2$, $\dfrac{\partial z}{\partial v} = 2x^2 + 14xy + 3y^2$ (2) $\dfrac{\partial z}{\partial u} = \dfrac{x + 2y}{\sqrt{x^2 + y^2}}$,

$\dfrac{\partial z}{\partial v} = \dfrac{2x + 3y}{\sqrt{x^2 + y^2}}$ (3) $\dfrac{\partial z}{\partial u} = (4xyu + 2x^2 v)\cos(x^2 y)$, $\dfrac{\partial z}{\partial v} = (4xyv + 2x^2 u)\cos(x^2 y)$

(4) $\dfrac{\partial z}{\partial u} = (3e^v - 2e^u)\sin(2x - 3y)$, $\dfrac{\partial z}{\partial v} = 3ue^v \sin(2x - 3y)$ (5) $\dfrac{\partial z}{\partial u} = \dfrac{5}{(x+2y)^2}$,

$\dfrac{\partial z}{\partial v} = \dfrac{5(u^2 - 2uv)}{(x+2y)^2 v^2}$ (6) $\dfrac{\partial z}{\partial u} = \dfrac{2uv + 2}{\sqrt{1 - (x+y)^2}}$, $\dfrac{\partial z}{\partial v} = \dfrac{u^2 - 2v}{\sqrt{1 - (x+y)^2}}$

問題 12.6 (1) $z_u = z_x \cos\alpha + z_y \sin\alpha$, $z_v = -z_x \sin\alpha + z_y \cos\alpha$ を右辺に代入.

(2) $z_{uu} = z_{xx}\cos^2\alpha + 2z_{xy}\sin\alpha\cos\alpha + z_{yy}\sin^2\alpha$,

$z_{vv} = z_{xx}\sin^2\alpha - 2z_{xy}\sin\alpha\cos\alpha + z_{yy}\cos^2\alpha$ を右辺に代入.

問題 12.7 §25 (pp. 174–175) 参照.

問題 12.8 (1) $\dfrac{dy}{dx} = -\dfrac{y+1}{x+1}$ (2) $\dfrac{dy}{dx} = -\dfrac{2x+y}{x+2y}$ (3) $\dfrac{dy}{dx} = -\dfrac{1 - y(x+y)e^{xy}}{1 - x(x+y)e^{xy}}$

(4) $\dfrac{dy}{dx} = \dfrac{y + 2x(x^2 + y^2)}{x - 2y(x^2 + y^2)}$

問題 12.9 (1) $\dfrac{\partial z}{\partial x} = \dfrac{x - y}{z}$, $\dfrac{\partial z}{\partial y} = \dfrac{y - x}{z}$ (2) $\dfrac{\partial z}{\partial x} = -\dfrac{x}{y + z}$, $\dfrac{\partial z}{\partial y} = -\dfrac{z}{y + z}$

(3) $\dfrac{\partial z}{\partial x} = -\dfrac{x}{z}$, $\dfrac{\partial z}{\partial y} = -\dfrac{y}{z}$ (4) $\dfrac{\partial z}{\partial x} = -\dfrac{y + z}{y + x}$, $\dfrac{\partial z}{\partial y} = -\dfrac{x + z}{x + y}$

§13

問題 13.1 (1) $f(x,y) \doteqdot 1 + x + 2y + \dfrac{1}{2}x^2 + 2xy + 2y^2$ (2) $f(x,y) \doteqdot 3 + 2x + y + 3xy$

(3) $f(x,y) \doteqdot xy$ (4) $f(x,y) \doteqdot y^2$ (5) $f(x,y) \doteqdot y + xy$ (6) $f(x,y) \doteqdot 1 + 2x + 2x^2 - \dfrac{9}{2}y^2$

(7) $f(x,y) \doteqdot 1 + x + 2y + x^2 + 4xy + 4y^2$ (8) $f(x,y) \doteqdot 1 - x - \dfrac{3}{2}y - \dfrac{1}{2}x^2 - \dfrac{3}{2}xy - \dfrac{9}{8}y^2$

(9) $f(x,y) \doteqdot x + y - \dfrac{1}{2}x^2 - xy - \dfrac{1}{2}y^2$ (10) $f(x,y) \doteqdot y - xy$

問題 13.2 $f(t\cos\theta, t\sin\theta)$ の, t の関数としての3次近似式を考えればよい.

演習問題の解答

問題 13.3 数学的帰納法による まず, $n=1$ のときは
$$\frac{dz}{dt} = \frac{\partial f}{\partial x}\frac{d}{dt}(at) + \frac{\partial f}{\partial y}\frac{d}{dt}(bt) = a\frac{\partial f}{\partial x} + b\frac{\partial f}{\partial y}$$
で成り立つ. 次に, n のとき成り立つと仮定して, $n+1$ のときに成り立つことを示す.
$$\frac{d^{n+1}z}{dt^{n+1}} = \frac{d}{dt}\left(\frac{d^n z}{dt^n}\right) = \sum_{k=0}^{n} {}_n\mathrm{C}_k\, a^k b^{n-k} \frac{d}{dt}\left(\frac{\partial^n f}{\partial x^k \partial y^{n-k}}\right)$$
$$= \sum_{k=0}^{n} {}_n\mathrm{C}_k\, a^k b^{n-k} \left(a\frac{\partial^{n+1} f}{\partial x^{k+1} \partial y^{n-k}} + b\frac{\partial^{n+1} f}{\partial x^k \partial y^{n-k+1}}\right)$$
を偏微分の階数でまとめ直すと
$$\frac{d^{n+1}z}{dt^{n+1}} = {}_n\mathrm{C}_0\, b^{n+1}\frac{\partial^{n+1} f}{\partial y^{n+1}} + \sum_{k=1}^{n} ({}_n\mathrm{C}_{k-1} + {}_n\mathrm{C}_k)\, a^k b^{n+1-k} \frac{\partial^{n+1} f}{\partial x^k \partial y^{n+1-k}} + {}_n\mathrm{C}_n\, a^{n+1}\frac{\partial^{n+1} f}{\partial x^{n+1}}$$
となり, ${}_n\mathrm{C}_0 = 1 = {}_{n+1}\mathrm{C}_0$, ${}_n\mathrm{C}_{k-1} + {}_n\mathrm{C}_k = {}_{n+1}\mathrm{C}_k$ $(1 \leqq k \leqq n)$, ${}_n\mathrm{C}_n = 1 = {}_{n+1}\mathrm{C}_{n+1}$ であるから, $\dfrac{d^{n+1}z}{dt^{n+1}} = \sum_{k=0}^{n+1} {}_{n+1}\mathrm{C}_k a^k b^{n+1-k} \dfrac{\partial^{n+1} f}{\partial x^k \partial y^{n+1-k}}$ が成り立つ.

§14

問題 14.1 (1) 極小値 0 をとる. (2) とらない. (3) とらない. (4) 極大値 0 をとる.

問題 14.2 (1) $(x,y) = (1,2)$ で極小値 1 をとる. (2) 極値をとらない.

(3) 極値をとらない. (4) $(x,y) = (-1,3)$ で極大値 9 をとる.

問題 14.3 (1) $f_x(a,b) = 0$, $f_y(a,b) = 0$ となる (a,b) は $(-1,1)$.

$f_{xx}(x,y) = 6x$
$f_{xy}(x,y) = -3$
$f_{yy}(x,y) = 0$

(a,b)	$(-1,1)$
$A = f_{xx}(a,b)$	-6
$B = f_{xy}(a,b)$	-3
$C = f_{yy}(a,b)$	0
$AC - B^2$	-9

より, 極値をとらない.

(2) $f_x(a,b) = 0$, $f_y(a,b) = 0$ となる (a,b) は $(1,-1)$.

$f_{xx}(x,y) = 6x$
$f_{xy}(x,y) = 2$
$f_{yy}(x,y) = 0$

(a,b)	$(1,-1)$
$A = f_{xx}(a,b)$	6
$B = f_{xy}(a,b)$	2
$C = f_{yy}(a,b)$	0
$AC - B^2$	-4

より, 極値をとらない.

(3) $f_x(a,b) = 0$, $f_y(a,b) = 0$ となる (a,b) は $(0,0)$, $(1,1)$.

$f_{xx}(x,y) = 12x - 8$
$f_{xy}(x,y) = 2$
$f_{yy}(x,y) = -2$

(a,b)	$(0,0)$	$(1,1)$
$A = f_{xx}(a,b)$	-8	4
$B = f_{xy}(a,b)$	2	2
$C = f_{yy}(a,b)$	-2	-2
$AC - B^2$	$+12$	-12

より, $(0,0)$ で極大値 0 をとり, $(1,1)$ では極値をとらない.

(4) $f_x(a,b) = 0$, $f_y(a,b) = 0$ となる (a,b) は $(0,0)$, $(-1,1)$, $(-2,4)$.

$f_{xx}(x,y) = 12x + 2y + 4$
$f_{xy}(x,y) = 2x$
$f_{yy}(x,y) = -1$

(a,b)	$(0,0)$	$(-1,1)$	$(-2,4)$
$A = f_{xx}(a,b)$	4	-6	-12
$B = f_{xy}(a,b)$	0	-2	-4
$C = f_{yy}(a,b)$	-1	-1	-1
$AC - B^2$	-4	$+2$	-4

より, $(-1,1)$ で極大値 $\dfrac{1}{2}$ をとり, $(0,0)$, $(-2,4)$ では極値をとらない.

(5) $f_x(a,b) = 0$, $f_y(a,b) = 0$ となる (a,b) は $(0,0)$, $(2,2)$.

$f_{xx}(x,y) = 6x - 3$
$f_{xy}(x,y) = -3$
$f_{yy}(x,y) = 6y - 3$

(a,b)	$(0,0)$	$(2,2)$
$A = f_{xx}(a,b)$	-3	9
$B = f_{xy}(a,b)$	-3	-3
$C = f_{yy}(a,b)$	-3	9
$AC - B^2$	0	$+72$

より, $(2,2)$ で極小値 -8 をとる. また, $f(x,-x) = 0$ であるから, $(0,0)$ では極値をとらない.

(6) $f_x(a,b) = 0$, $f_y(a,b) = 0$ となる (a,b) は $(0,0)$, $(1,2)$, $(-1,-2)$.

$f_{xx}(x,y) = 12x^2 + 4$
$f_{xy}(x,y) = -4$
$f_{yy}(x,y) = 2$

(a,b)	$(0,0)$	$(1,2)$	$(-1,-2)$
$A = f_{xx}(a,b)$	4	16	16
$B = f_{xy}(a,b)$	-4	-4	-4
$C = f_{yy}(a,b)$	2	2	2
$AC - B^2$	-8	$+16$	$+16$

より, $(1,2)$ で極小値 -1 を, $(-1,-2)$ で極小値 -1 をとる. $(0,0)$ では極値をとらない.

問題 14.4 (1) 極値をとる可能性があるのは $(0,0)$ のみ. この点で極大値 1 をとる.

(2) 極値をとる可能性があるのは $(0,0)$, $(0,\pm 1)$, $(\pm 1, 0)$ の 5 点.

$(0,0)$ で極小値 0 をとり, $(0, \pm 1)$ で極大値 $\dfrac{4}{e}$ をとる. $(\pm 1, 0)$ では極値をとらない.

(3) 極値をとる可能性があるのは $(1,1)$ のみ. この点で極小値 3 をとる.

(4) 極値をとる可能性があるのは $\left(\dfrac{\pi}{6}, \dfrac{3\pi}{4}\right)$, $\left(\dfrac{\pi}{6}, \dfrac{7\pi}{4}\right)$, $\left(\dfrac{7\pi}{6}, \dfrac{3\pi}{4}\right)$, $\left(\dfrac{7\pi}{6}, \dfrac{7\pi}{4}\right)$ の 4 点.
$\left(\dfrac{\pi}{6}, \dfrac{7\pi}{4}\right)$ で極大値 2 をとり, $\left(\dfrac{7\pi}{6}, \dfrac{3\pi}{4}\right)$ で極小値 -2 をとる. 他の 2 点では極値をとらない.

§15

問題 15.1 (1) $\dfrac{1}{5}x^5 + C$ (2) $3x^{\frac{1}{3}} + C$ (3) $\dfrac{5}{2}x^{\frac{8}{5}} + C$ (4) $2x^{\frac{1}{4}} + C$ (5) $-2x^{-1} + C$
(6) $-3x^{-2} + C$ (7) $\dfrac{2}{5}x^{\frac{5}{2}} + C$ (8) $2x^{\frac{1}{2}} + C$

問題 15.2 (1) $\dfrac{3}{4}x^4 - \dfrac{2}{3}x^3 + C$ (2) $\dfrac{1}{3}x^3 + 2x^2 + 4x + C$ (3) $-x^{-1} - x^{-2} + C$
(4) $\dfrac{2}{3}x^{\frac{3}{2}} + 4x^{\frac{1}{2}} + C$ (5) $\dfrac{1}{3}x^3 + \dfrac{4}{5}x^{\frac{5}{2}} + \dfrac{1}{2}x^2 + C$ (6) $\dfrac{4}{3}x^3 - \dfrac{24}{5}x^{\frac{5}{2}} + \dfrac{9}{2}x^2 + C$
(7) $\dfrac{1}{2}x^2 + 4x^{\frac{1}{2}} - x^{-1} + C$ (8) $\dfrac{2}{7}x^{\frac{7}{2}} + \dfrac{4}{5}x^{\frac{5}{2}} + \dfrac{2}{3}x^{\frac{3}{2}} + C$

演習問題の解答 229

問題 15.3 (1) $2\log|x|+C$ (2) $\frac{1}{2}\log|x|+C$ (3) $\log|x-2|+C$ (4) $2\log|x+3|+C$
(5) $x+3\log|x|+C$ (6) $x+\log|x+1|+C$ (7) $x-\log|x+1|+C$ (8) $2x-3\log|x+2|+C$

問題 15.4 (1) $\frac{1}{2}\log\left|x+\frac{3}{2}\right|+C$ (2) $\frac{1}{4}x^2+\frac{1}{2}\log|x|+C$ (3) $x-2\log|x|-x^{-1}+C$
(4) $\frac{1}{2}x^2+2x+\log|x|+C$

問題 15.5 (1) $-\frac{1}{3}\cos 3x+C$ (2) $\frac{1}{4}\sin 4x+C$ (3) $-3\cos\frac{x}{3}+C$ (4) $\frac{2}{3}\sin\frac{3}{2}x+C$
(5) $-\frac{2}{3\pi}\cos\frac{3\pi}{2}x+C$ (6) $\frac{3}{2\pi}\sin\frac{2\pi}{3}x+C$

問題 15.6 (1) $\frac{1}{2}x^2-2\cos x+C$ (2) $\frac{1}{3}\sin x-\frac{1}{3}x^2+C$ (3) $2\sin x+4\cos x+C$
(4) $-\frac{6}{\pi}\cos\frac{\pi x}{2}-\frac{2}{\pi}\sin\frac{\pi x}{2}+C$ (5) $\frac{1}{3}\tan 3x+C$ (6) $\frac{4}{\pi}\tan\frac{\pi x}{4}+C$ (7) $\tan x-2x+C$
(8) $3x-\frac{4}{\tan x}+C$ (9) $3\sin x+2\tan x+C$ (10) $-\frac{1}{\tan x}+2\cos x+C$

問題 15.7 (1) $3e^x+2x+C$ (2) $2e^x+3x+C$ (3) $\frac{1}{3}e^{3x}-8e^{\frac{x}{2}}+C$ (4) $9e^{\frac{x}{3}}+8e^{-\frac{x}{4}}+C$
(5) $2e^{\frac{1}{2}x}+C$ (6) $\frac{2}{3}e^{\frac{3}{2}x}+C$ (7) $-\frac{3}{2}e^{-2x}+C$ (8) $2x+\frac{3}{2}e^{-2x}+C$ (9) $\frac{9}{2}e^{2x}-24e^x+16x+C$
(10) $\frac{1}{6}e^{6x}+\frac{4}{3}e^{3x}+4x+C$ (11) $-e^{-x}-\frac{8}{3}e^{-\frac{3}{2}x}-2e^{-2x}+C$ (12) $6e^{\frac{3}{2}x}+12e^{\frac{1}{2}x}-2e^{-\frac{1}{2}x}+C$
(13) $\frac{2^x}{\log 2}-\frac{3^x}{\log 3}+C$ (14) $\frac{1}{2^x\log 2}-\frac{1}{3^x\log 3}+C$

問題 15.8 (1) $3\arcsin x+C$ (2) $\sqrt{5}\arcsin x+C$ (3) $4\arctan x+C$ (4) $x+\arctan x+C$
(5) $x-\arctan x+C$ (6) $2\arctan x-x+C$

§16

問題 16.1 (1) $\frac{1}{8}(2x+1)^4+C$ (2) $\frac{1}{16}(2x+5)^8+C$ (3) $\frac{1}{3}(2x+1)^{\frac{3}{2}}+C$ (4) $\frac{4}{3}\left(\frac{1}{2}x+1\right)^{\frac{3}{2}}+C$
(5) $(2x-1)^{\frac{1}{2}}+C$ (6) $-2(1-x)^{\frac{1}{2}}+C$ (7) $\frac{2}{15}(3x+2)^{\frac{5}{2}}+C$ (8) $\frac{3}{8}(2x+3)^{\frac{4}{3}}+C$
(9) $\frac{1}{3}\log|3x+4|+C$ (10) $\frac{1}{2}\log|2x-3|+C$ (11) $\frac{1}{\pi}\sin(\pi x+1)+C$
(12) $-6\cos\left(\frac{x}{6}+5\right)+C$ (13) $\frac{1}{2}\arcsin 2x+C$ (14) $\frac{1}{3}\arctan 3x+C$

問題 16.2 置換式, 積分の順に示す.
(1) $x+1=t,\ \int(t-1)t^3\cdot dt=\frac{1}{5}t^5-\frac{1}{4}t^4+C=\frac{1}{20}(4x-1)(x+1)^4+C$
(2) $2x-1=t,\ \int\frac{1}{2}(t-1)t^3\cdot\frac{1}{2}dt=\frac{1}{20}t^5+\frac{1}{16}t^4+C=\frac{1}{80}(8x+1)(2x-1)^4+C$
(3) $2x+3=t,\ \int\frac{1}{2}(t-7)t^4\cdot\frac{1}{2}dt=\frac{1}{24}t^6-\frac{7}{20}t^5+C=\frac{1}{120}(10x-27)(2x+3)^5+C$
(4) $2x-3=t,\ \int(3t+8)t^4\cdot\frac{1}{2}dt=\frac{1}{4}t^6+\frac{4}{5}t^5+C=\frac{1}{20}(10x+1)(2x-3)^5+C$

(5) $x+2=t$, $\int(t+2)t^{-2}\cdot dt = \log|t| - 2t^{-1} + C = \log|x+2| - \dfrac{2}{x+2} + C$

(6) $2x-1=t$, $\int 2(t+1)t^{-2}\cdot \dfrac{1}{2}dt = \log|t| - t^{-1} + C = \log|2x-1| - \dfrac{1}{2x-1} + C$

(7) $x-2=t$, $\int(t+2)t^{\frac{1}{2}}\cdot dt = \dfrac{2}{5}t^{\frac{5}{2}} + \dfrac{4}{3}t^{\frac{3}{2}} + C = \dfrac{2}{15}(3x+4)(x-2)^{\frac{3}{2}} + C$

(8) $2x+3=t$, $\int \dfrac{1}{2}(t-3)t^{\frac{1}{2}}\cdot\dfrac{1}{2}dt = \dfrac{1}{10}t^{\frac{5}{2}} - \dfrac{1}{2}t^{\frac{3}{2}} + C = \dfrac{1}{5}(x-1)(2x+3)^{\frac{3}{2}} + C$

(9) $\sqrt{x-2}=t$, $\int(t^2+2)t\cdot 2tdt = \dfrac{2}{5}t^5 + \dfrac{4}{3}t^3 + C = \dfrac{2}{15}(3x+4)(x-2)^{\frac{3}{2}} + C$

(10) $\sqrt{2x+3}=t$, $\int \dfrac{1}{2}(t^2-3)t\cdot tdt = \dfrac{1}{10}t^5 - \dfrac{1}{2}t^3 + C = \dfrac{1}{5}(x-1)(2x+3)^{\frac{3}{2}} + C$

(11) $1-x=t$, $\int(2-t)t^{\frac{1}{2}}\cdot(-1)dt = \dfrac{2}{5}t^{\frac{5}{2}} - \dfrac{4}{3}t^{\frac{3}{2}} + C = -\dfrac{2}{15}(3x+7)(1-x)^{\frac{3}{2}} + C$

(12) $x-2=t$, $\int(t+4)t^{-\frac{1}{2}}\cdot dt = \dfrac{2}{3}t^{\frac{3}{2}} + 8t^{\frac{1}{2}} + C = \dfrac{2}{3}(x+10)(x-2)^{\frac{1}{2}} + C$

問題 16.3 (1) $dx = \dfrac{1}{t}dt$ であり, $\int(t+1)^4 t\cdot \dfrac{1}{t}dt = \dfrac{1}{5}(t+1)^5 + C = \dfrac{1}{5}(e^x+1)^5 + C$

(2) $\int t\sqrt{t+1}\cdot\dfrac{1}{t}dt = \dfrac{2}{3}(t+1)^{\frac{3}{2}} + C = \dfrac{2}{3}(e^x+1)^{\frac{3}{2}} + C$ (3) $\int \dfrac{1}{3+t^{-1}}\cdot\dfrac{1}{t}dt = \dfrac{1}{3}\log|3t+1| + C$

$= \dfrac{1}{3}\log(3e^x+1) + C$ (4) $\int\sqrt{\dfrac{t}{2+3t^{-1}}}\cdot\dfrac{1}{t}dt = \int\dfrac{1}{\sqrt{2t+3}}dt = \sqrt{2t+3} + C = \sqrt{2e^x+3} + C$

問題 16.4 (1) $x^2+2x-3=u$, $(x+1)dx = \dfrac{1}{2}du$, $\int u^2\cdot\dfrac{1}{2}du = \dfrac{1}{6}u^3 + C = \dfrac{1}{6}(x^2+2x-3)^3 + C$

(2) $x^2+x+1=u$, $(2x+1)dx = du$, $\int u^3\cdot du = \dfrac{1}{4}u^4 + C = \dfrac{1}{4}(x^2+x+1)^4 + C$

(3) $x^2+3=u$, $2xdx = du$, $\int u^{\frac{1}{2}}\cdot du = \dfrac{2}{3}u^{\frac{3}{2}} + C = \dfrac{2}{3}(x^2+3)^{\frac{3}{2}} + C$

(4) $x^3+1=u$, $x^2dx = \dfrac{1}{3}du$, $\int u^{\frac{1}{3}}\cdot\dfrac{1}{3}du = \dfrac{1}{4}u^{\frac{4}{3}} + C = \dfrac{1}{4}(x^3+1)^{\frac{4}{3}} + C$

(5) $x^2+3=u$, $xdx = \dfrac{1}{2}du$, $\int \sin u\cdot\dfrac{1}{2}du = -\dfrac{1}{2}\cos u + C = -\dfrac{1}{2}\cos(x^2+3) + C$

(6) $x^3+2=u$, $x^2dx = \dfrac{1}{3}du$, $\int \cos u\cdot\dfrac{1}{3}du = \dfrac{1}{3}\sin u + C = \dfrac{1}{3}\sin(x^3+2) + C$

(7) $e^x+2=u$, $e^x dx = du$, $\int u^5\cdot du = \dfrac{1}{6}u^6 + C = \dfrac{1}{6}(e^x+2)^6 + C$

(8) $e^x+1=u$, $e^x dx = du$, $\int(u-1)u^3\cdot du = \dfrac{1}{5}u^5 - \dfrac{1}{4}u^4 + C = \dfrac{1}{20}(4e^x-1)(e^x+1)^4 + C$

(9) $\log x = u$, $\dfrac{1}{x}dx = du$, $\int u\cdot du = \dfrac{1}{2}u^2 + C = \dfrac{1}{2}(\log x)^2 + C$

(10) $\log x = u$, $\dfrac{1}{x}dx = du$, $\int u^3\cdot du = \dfrac{1}{4}u^4 + C = \dfrac{1}{4}(\log x)^4 + C$

(11) $\log x + 1 = u$, $\dfrac{1}{x}dx = du$, $\int\dfrac{1}{u^2}\cdot du = -u^{-1} + C = -\dfrac{1}{\log x + 1} + C$

演習問題の解答

(12) $\log x + 2 = u$, $\dfrac{1}{x}dx = du$, $\displaystyle\int \dfrac{2}{u^3} \cdot du = -u^{-2} + C = -\dfrac{1}{(\log x + 2)^2} + C$

(13) $x^2 = u$, $xdx = \dfrac{1}{2}du$, $\displaystyle\int \dfrac{1}{u^2+1} \cdot \dfrac{1}{2}du = \dfrac{1}{2}\arctan u + C = \dfrac{1}{2}\arctan(x^2) + C$

(14) $x^3 = u$, $x^2dx = \dfrac{1}{3}du$, $\displaystyle\int \dfrac{1}{\sqrt{1-u^2}} \cdot \dfrac{1}{3}du = \dfrac{1}{3}\arcsin u + C = \dfrac{1}{3}\arcsin(x^3) + C$

問題 16.5 (1) $\log|3x+2| + C$ (2) $\log(x^2+2) + C$ (3) $\dfrac{1}{2}\log(x^2+2x+3) + C$

(4) $\dfrac{1}{2}\log(2e^x+1) + C$ (5) $-\log|\cos 2x| + C$ (6) $\dfrac{1}{2}\log|\sin 2x| + C$

問題 16.6 $x = at$ とおくと $dx = adt$ であり，

$\displaystyle\int \dfrac{1}{x^2+a^2}\,dx = \int \dfrac{1}{(at)^2+a^2}\cdot adt = \dfrac{1}{a}\int \dfrac{dt}{t^2+1} = \dfrac{1}{a}\arctan t + C = \dfrac{1}{a}\arctan \dfrac{x}{a} + C$

問題 16.7 (1) $\dfrac{1}{2}\arctan\dfrac{x+1}{2} + C$ (2) $\dfrac{1}{\sqrt 5}\arctan\dfrac{x-3}{\sqrt 5} + C$ (3) $\dfrac{1}{3}\arctan\dfrac{x+2}{3} + C$

(4) $\dfrac{2}{\sqrt 3}\arctan\dfrac{2x+1}{\sqrt 3} + C$

問題 16.8 $\dfrac{1}{x^2+1} = \cos^2\theta$, $dx = \dfrac{1}{\cos^2\theta}d\theta$ より，$K_m = \displaystyle\int (\cos^2\theta)^m \cdot \dfrac{1}{\cos^2\theta}d\theta = J_{2m-2}$

§17

問題 17.1 (1) $\displaystyle\int (6x-1)\Bigl(\dfrac{1}{3}e^{3x}\Bigr)' dx = (6x-1)\cdot\dfrac{1}{3}e^{3x} - \int 6\cdot\dfrac{1}{3}e^{3x}\,dx = (2x-1)e^{3x} + C$

(2) $\displaystyle\int (3x+2)(-\cos x)'\,dx = (3x+2)\cdot(-\cos x) - \int 3\cdot(-\cos x)\,dx = -(3x+2)\cos x + 3\sin x + C$

(3) $\displaystyle\int (4x-3)\Bigl(\dfrac{1}{2}\sin 2x\Bigr)' dx = (4x-3)\cdot\dfrac{1}{2}\sin 2x - \int 4\cdot\dfrac{1}{2}\sin 2x\,dx = \Bigl(2x-\dfrac{3}{2}\Bigr)\sin 2x + \cos 2x + C$

(4) $\displaystyle\int (2x^2+6x)'\log x\,dx = (2x^2+6x)\cdot\log x - \int (2x^2+6x)\cdot\dfrac{1}{x}dx = (2x^2+6x)\log x - x^2 - 6x + C$

(5) $\displaystyle\int x\Bigl(\dfrac{1}{10}(2x+1)^5\Bigr)' dx = x\cdot\dfrac{1}{10}(2x+1)^5 - \int 1\cdot\dfrac{1}{10}(2x+1)^5\,dx$

$= \dfrac{x}{10}(2x+1)^5 - \dfrac{1}{120}(2x+1)^6 + C = \dfrac{1}{120}(10x-1)(2x+1)^5 + C$

問題 17.2 (1) $(x+1)e^x - \displaystyle\int e^x\,dx = xe^x + C$ (2) $x\cdot\dfrac{1}{2}e^{2x} - \displaystyle\int \dfrac{1}{2}e^{2x}\,dx = \dfrac{1}{4}(2x-1)e^{2x} + C$

(3) $(2x+1)\cdot(-e^{-x}) + \displaystyle\int 2e^{-x}\,dx = -(2x+3)e^{-x} + C$ (4) $(2x+1)\cdot 2e^{\frac{x}{2}} - \displaystyle\int 4e^{\frac{x}{2}}\,dx$

$= 2(2x-3)e^{\frac{x}{2}} + C$ (5) $x\cdot(-\cos x) + \displaystyle\int \cos x\,dx = -x\cos x + \sin x + C$

(6) $x\cdot\Bigl(-2\cos\dfrac{x}{2}\Bigr) + \displaystyle\int 2\cos\dfrac{x}{2}dx = -2x\cos\dfrac{x}{2} + 4\sin\dfrac{x}{2} + C$ (7) $(2x+1)\cdot\dfrac{1}{2}\sin 2x - \displaystyle\int \sin 2x\,dx$

$= \Bigl(x+\dfrac{1}{2}\Bigr)\sin 2x + \dfrac{1}{2}\cos 2x + C$ (8) $\dfrac{2x+5}{3}\cdot 3\sin\dfrac{x}{3} - \displaystyle\int 2\sin\dfrac{x}{3}dx = (2x+5)\sin\dfrac{x}{3} + 6\cos\dfrac{x}{3} + C$

(9) $x\cdot\log 2x - \displaystyle\int 1\,dx = x\log 2x - x + C$ (10) $(x^2+x)\cdot\log x - \displaystyle\int (x+1)\,dx$

$= (x^2+x)\log x - \dfrac{1}{2}x^2 - x + C$ (11) $\dfrac{1}{3}x^3 \cdot \log x - \displaystyle\int \dfrac{1}{3}x^2\,dx = \dfrac{1}{3}x^3\log x - \dfrac{1}{9}x^3 + C$

(12) $\dfrac{2}{3}x^{\frac{3}{2}} \cdot \log x - \displaystyle\int \dfrac{2}{3}x^{\frac{1}{2}}\,dx = \dfrac{2}{3}x^{\frac{3}{2}}\log x - \dfrac{4}{9}x^{\frac{3}{2}} + C$

(13) $x \cdot \dfrac{1}{5}(x-3)^5 - \displaystyle\int \dfrac{1}{5}(x-3)^5\,dx = \dfrac{x}{5}(x-3)^5 - \dfrac{1}{30}(x-3)^6 + C = \dfrac{1}{30}(5x+3)(x-3)^5 + C$

(14) $(2x-5) \cdot \dfrac{1}{4}(x+1)^4 - \displaystyle\int \dfrac{1}{2}(x+1)^4\,dx = \dfrac{1}{4}(2x-5)(x+1)^4 - \dfrac{1}{10}(x+1)^5 + C$

$= \dfrac{1}{20}(8x-27)(x+1)^4 + C$

(15) $x \cdot \dfrac{1}{12}(2x+3)^6 - \displaystyle\int \dfrac{1}{12}(2x+3)^6 dx = \dfrac{x}{12}(2x+3)^6 - \dfrac{1}{168}(2x+3)^7 + C = \dfrac{1}{56}(4x-1)(2x+3)^6 + C$

(16) $(4x+2) \cdot \left(-\dfrac{1}{6}(3x-1)^{-2}\right) + \displaystyle\int \dfrac{2}{3}(3x-1)^{-2}\,dx$

$= -\dfrac{1}{3}(2x+1)(3x-1)^{-2} - \dfrac{2}{9}(3x-1)^{-1} + C = -\dfrac{12x+1}{9(3x-1)^2} + C$

問題 17.3 (1) $(x^2-2)\sin x + 2x\cos x + C$ (2) $\left(\dfrac{1}{4} - \dfrac{1}{2}x^2\right)\cos 2x + \dfrac{1}{2}x\sin 2x + C$

(3) $(x^2 - 4x + 2)e^{2x} + C$ (4) $\dfrac{1}{2}x^2(\log x)^2 - \dfrac{1}{2}x^2\log x + \dfrac{1}{4}x^2 + C$

問題 17.4 (1) $I = \dfrac{1}{2}e^x(\sin x - \cos x) + C,\ J = \dfrac{1}{2}e^x(\sin x + \cos x) + C$

(2) $I = \dfrac{1}{10}e^{3x}(3\sin x - \cos x) + C,\ J = \dfrac{1}{10}e^{3x}(\sin x + 3\cos x) + C$

(3) $I = -\dfrac{1}{10}e^{-x}(\sin 3x + 3\cos 3x) + C,\ J = \dfrac{1}{10}e^{-x}(3\sin 3x - \cos 3x) + C$

(4) $I = -\dfrac{2}{25}e^{-2x}\left(4\sin\dfrac{3x}{2} + 3\cos\dfrac{3x}{2}\right) + C,\ J = \dfrac{2}{25}e^{-2x}\left(3\sin\dfrac{3x}{2} - 4\cos\dfrac{3x}{2}\right) + C$

問題 17.5 (1) $(x+3)\log(x+3) - x + C$ (2) $x\log(x^2+1) + 2\arctan x - 2x + C$

(3) $\dfrac{1}{2}(x^2+1)\arctan x - \dfrac{1}{2}x + C$ (4) $x\arcsin x + \sqrt{1-x^2} + C$

問題 17.6 (1) $I = x\sin(\log x) - J$ (2) $J = x\cos(\log x) + I$

(3) $I = \dfrac{1}{2}x\{\sin(\log x) - \cos(\log x)\} + C,\ J = \dfrac{1}{2}x\{\sin(\log x) + \cos(\log x)\} + C$

問題 17.7 (1) $I_1 = \dfrac{x}{x^2+1} + \displaystyle\int \dfrac{2x^2}{(x^2+1)^2}dx = \dfrac{x}{x^2+1} + 2\displaystyle\int\left(\dfrac{1}{x^2+1} - \dfrac{1}{(x^2+1)^2}\right)dx$

より $I_1 = \dfrac{x}{x^2+1} + 2(I_1 - I_2)$ であり, これを $I_2 = \cdots$ の形に変形する.

(2) $I_n = \displaystyle\int (x)' \cdot \dfrac{1}{(x^2+1)^n}\,dx$ として部分積分を行う.

(3) $I_1 = \arctan x + C,\ I_2 = \dfrac{x}{2(x^2+1)} + \dfrac{1}{2}I_1 = \dfrac{x}{2(x^2+1)} + \dfrac{1}{2}\arctan x + C,$

$I_3 = \dfrac{x}{4(x^2+1)^2} + \dfrac{3}{4}I_2 = \dfrac{x}{4(x^2+1)^2} + \dfrac{3x}{8(x^2+1)} + \dfrac{3}{8}\arctan x + C,$

$I_4 = \dfrac{x}{6(x^2+1)^3} + \dfrac{5}{6}I_3 = \dfrac{x}{6(x^2+1)^3} + \dfrac{5x}{24(x^2+1)^2} + \dfrac{5x}{16(x^2+1)} + \dfrac{5}{16}\arctan x + C$

演習問題の解答

§18

問題 18.1 (1) $x + \log|x-1| + C$ (2) $2x + \log|x-2| + C$ (3) $2x - \dfrac{3}{2}\log|2x+1| + C$
(4) $\dfrac{3}{2}x - \dfrac{5}{4}\log|2x+1| + C$ (5) $\dfrac{1}{2}x^2 - x + 2\log|x+1| + C$ (6) $\dfrac{1}{2}x^2 - x + \log|2x+1| + C$
(7) $\dfrac{1}{2}x^2 - 2x + \dfrac{7}{3}\log|3x+5| + C$ (8) $\dfrac{1}{4}x^2 + \dfrac{1}{4}x + \dfrac{3}{8}\log|2x+1| + C$ (9) $2x - 5\arctan x + C$
(10) $2\arctan x - x + C$ (11) $\dfrac{1}{3}x^3 - x + \arctan x + C$ (12) $\dfrac{1}{2}x^2 - \dfrac{1}{2}\log(x^2+1) + C$
(13) $3x + 2\log(x^2+1) - \arctan x + C$ (14) $\dfrac{1}{2}x^2 - \dfrac{1}{2}\log(x^2+1) + \arctan x + C$

問題 18.2 (1) $\dfrac{1}{2}\log(x^2+4) + \dfrac{1}{2}\arctan\dfrac{x}{2} + C$ (2) $2\log(x^2+9) + \arctan\dfrac{x}{3} + C$
(3) $\log(x^2+2x+5) + \dfrac{1}{2}\arctan\dfrac{x+1}{2} + C$ (4) $\dfrac{1}{2}\log(x^2+4x+13) + \arctan\dfrac{x+2}{3} + C$

問題 18.3 (1) $A = 3,\ B = -2$ (2) $A = 3,\ B = -7,\ C = 4$ (3) $A = 2,\ B = -3,\ C = 5$
(4) $A = 3,\ B = 4,\ C = -5$ (5) $A = 0,\ B = 2,\ C = 4,\ D = -3$

問題 18.4 (1) $3\log|x| - 2\log|x+2| + C$ (2) $\log|x-1| - \log|x+1| + C$
(3) $\log|x| + 3\log|x-1| + C$ (4) $3\log|x+3| - 2\log|x+2| + C$

問題 18.5 (1) $3\log|x-1| - 7\log|x-2| + 4\log|x-3| + C$
(2) $2\log|x| - 3\log|x-1| + \log|x-2| + C$ (3) $\log|x-1| + \log|x+1| - \log|x| + C$
(4) $\log|x-1| + 2\log|x+1| - 2\log|x+3| + C$

問題 18.6 (1) $-\dfrac{2}{x} - 3\log|x| + 5\log|x+1| + C$ (2) $-\dfrac{2}{x} - \log|x| + \log|x+2| + C$
(3) $\dfrac{1}{x+1} - \log|x+1| + \log|x| + C$ (4) $-\dfrac{5}{x-2} + 3\log|x-2| - 2\log|x| + C$
(5) $\dfrac{2}{x-1} + \log|x-1| - \log|x+3| + C$ (6) $-\dfrac{7}{x+1} - 3\log|x+1| + 3\log|x+2| + C$

問題 18.7 (1) $3\log|x| + 2\log(x^2+1) - 5\arctan x + C$ (2) $\log|x| + 2\arctan x + C$
(3) $5\log|x| - 2\log(x^2+4) - \dfrac{3}{2}\arctan\dfrac{x}{2} + C$ (4) $\log|x| - \dfrac{1}{2}\log(x^2+4) + C$
(5) $\log|x+1| - \dfrac{1}{2}\log(x^2+1) + \arctan x + C$ (6) $-\log|x-1| + \dfrac{1}{2}\log(x^2+4) + \arctan\dfrac{x}{2} + C$
(7) $4\log|x-1| + 2\log|x+1| - 3\log(x^2+1) - 2\arctan x + C$
(8) $-\dfrac{2}{x} - 3\log|x| + 2\log(x^2+1) - 5\arctan x + C$

問題 18.8 (1) $\dfrac{x}{x^2+1} + 2\log(x^2+1) - 2\arctan x + C$
(2) $\dfrac{x+2}{2(x^2+1)} + \log(x^2+1) + 2\log|x+1| + \dfrac{1}{2}\arctan x + C$

問題 18.9 (1) $\displaystyle\int \dfrac{1}{t+1}\,dt = \log|t+1| + C$ より $\log(e^x+1) + C$

(2) $\int \dfrac{1}{t(t+1)} dt = \int \left(\dfrac{1}{t} - \dfrac{1}{t+1}\right) dt = \log|t| - \log|t+1| + C$ より $x - \log(e^x + 1) + C$

(3) $\int \dfrac{1}{t^2 - 1} dt = \int \dfrac{1}{2}\left(\dfrac{1}{t-1} - \dfrac{1}{t+1}\right) dt = \dfrac{1}{2}(\log|t-1| - \log|t+1|) + C$

より $\dfrac{1}{2}\{\log|e^x - 1| - \log(e^x + 1)\} + C$

(4) $\int \dfrac{1}{t(t^2 - 1)} dt = \int \dfrac{1}{2}\left(\dfrac{1}{t-1} + \dfrac{1}{t+1} - \dfrac{2}{t}\right) dt = \dfrac{1}{2}(\log|t-1| + \log|t+1| - 2\log|t|) + C$

より $\dfrac{1}{2}\{\log|e^x - 1| + \log(e^x + 1) - 2x\} + C$

§19

問題 19.1 (1) $-\dfrac{1}{12}\cos 6x - \dfrac{1}{4}\cos 2x + C$ (2) $-\dfrac{1}{8}\cos 4x + \dfrac{1}{4}\cos 2x + C$

(3) $\dfrac{1}{8}\sin 4x + \dfrac{1}{4}\sin 2x + C$ (4) $-\dfrac{1}{14}\sin 7x + \dfrac{1}{2}\sin x + C$ (5) $\dfrac{1}{2}x - \dfrac{1}{4}\sin 2x + C$

(6) $\dfrac{1}{2}x + \dfrac{1}{4}\sin 2x + C$ (7) $\dfrac{1}{2}x - \dfrac{1}{12}\sin 6x + C$ (8) $\dfrac{1}{2}x + \sin\dfrac{x}{2} + C$

(9) $x - \dfrac{1}{2}\sin 2x - \dfrac{1}{2}\cos 2x + C$ (10) $2x + \dfrac{1}{2}\sin 4x - \dfrac{1}{4}\cos 4x + C$ (11) $x - \dfrac{1}{2}\cos 2x + C$

(12) $5x - \dfrac{3}{4}\cos 4x + \sin 4x + C$ (13) $\dfrac{3}{8}x + \dfrac{1}{4}\sin 2x + \dfrac{1}{32}\sin 4x + C$

(14) $\dfrac{3}{8}x - \dfrac{1}{2}\sin x + \dfrac{1}{16}\sin 2x + C$ (15) $\dfrac{1}{3}\tan 3x - x + C$ (16) $-\dfrac{1}{\tan 2x} - x + C$

問題 19.2 (1) $-\dfrac{1}{2(m+n)}\cos(m+n)x - \dfrac{1}{2(m-n)}\cos(m-n)x + C$

(2) $-\dfrac{1}{2(m+n)}\cos(m+n)x + \dfrac{1}{2(m-n)}\cos(m-n)x + C$

(3) $\dfrac{1}{2(m+n)}\sin(m+n)x + \dfrac{1}{2(m-n)}\sin(m-n)x + C$

(4) $-\dfrac{1}{2(m+n)}\sin(m+n)x + \dfrac{1}{2(m-n)}\sin(m-n)x + C$

問題 19.3 (1) $\dfrac{1}{3}\cos^3 x - \cos x + C$ (2) $2\sin\dfrac{x}{2} - \dfrac{2}{3}\sin^3\dfrac{x}{2} + C$ (3) $\dfrac{1}{2}\cos^2 x - \cos x + C$

(4) $\dfrac{1}{2}\sin^2 x + \sin x + C$ (5) $-\dfrac{1}{3}(1 + \cos 2x)^{\frac{3}{2}} + C$ (6) $\arctan(\sin x) + C$

問題 19.4 (1) $\dfrac{1}{5}\sin^5 x - \dfrac{2}{3}\sin^3 x + \sin x + C$ (2) $-\dfrac{1}{5}\cos^5 x + \dfrac{2}{3}\cos^3 x - \cos x + C$

問題 19.5 (1) $\int 1\, dt$ より $\tan\dfrac{x}{2} + C$ (2) $\int \dfrac{2}{(t+1)^2} dt$ より $-\dfrac{2}{\tan\dfrac{x}{2} + 1} + C$

(3) $\int \dfrac{1}{t^2} dt$ より $-\dfrac{1}{\tan\dfrac{x}{2}} + C$ (4) $\int \dfrac{2}{(t-1)^2} dt$ より $-\dfrac{2}{\tan\dfrac{x}{2} - 1} + C$

(5) $\int \dfrac{2}{1-t^2} dt$ より $\log\left|\tan\dfrac{x}{2} + 1\right| - \log\left|\tan\dfrac{x}{2} - 1\right| + C$ (6) $\int \dfrac{1}{t} dt$ より $\log\left|\tan\dfrac{x}{2}\right| + C$

(7) $\int \dfrac{2}{t^2 - 4t + 3} dt$ より $\log\left|\tan\dfrac{x}{2} - 3\right| - \log\left|\tan\dfrac{x}{2} - 1\right| + C$

演習問題の解答

(8) $\int \dfrac{2}{t^2-3t+2}\,dt$ より $\log\left|\tan\dfrac{x}{2}-2\right|-\log\left|\tan\dfrac{x}{2}-1\right|+C$

(9) $\int \dfrac{1-t}{t^2+1}\,dt$ より $\dfrac{x}{2}-\dfrac{1}{2}\log\left(\tan^2\dfrac{x}{2}+1\right)+C = \dfrac{x}{2}+\log\left|\cos\dfrac{x}{2}\right|+C$

(10) $\int \dfrac{2t}{(t^2+1)(t+1)}\,dt$ より $\dfrac{x}{2}-\log\left|\sin\dfrac{x}{2}+\cos\dfrac{x}{2}\right|+C$

問題 19.6 (1) $I_n = \sin^{n-1} x \cdot (-\cos x) - \int (n-1)\sin^{n-2} x \cos x \cdot (-\cos x)\,dx$

$= -\sin^{n-1} x \cos x + (n-1)\int \sin^{n-2} x (1-\sin^2 x)\,dx$ より,

$I_n = -\sin^{n-1} x \cos x + (n-1)(I_{n-2} - I_n)$ であり,これを $I_n = \cdots$ と変形する.

(2) $J_n = \int \cos^{n-1} x \cdot (\sin x)'\,dx$ として部分積分を行う.

(3) $I_2 = -\dfrac{1}{2}\sin x \cos x + \dfrac{1}{2}x + C$, $I_3 = -\dfrac{1}{3}\sin^2 x \cos x - \dfrac{2}{3}\cos x + C$,

$I_4 = -\dfrac{1}{4}\sin^3 x \cos x - \dfrac{3}{8}\sin x \cos x + \dfrac{3}{8}x + C$, $J_2 = \dfrac{1}{2}\cos x \sin x + \dfrac{1}{2}x + C$,

$J_3 = \dfrac{1}{3}\cos^2 x \sin x + \dfrac{2}{3}\sin x + C$, $J_4 = \dfrac{1}{4}\cos^3 x \sin x + \dfrac{3}{8}\cos x \sin x + \dfrac{3}{8}x + C$

問題 19.7 (1) から (4) はまず半角の公式で変形する.

(1) $\dfrac{1}{4}x^2 + \dfrac{1}{4}x \sin 2x + \dfrac{1}{8}\cos 2x + C$ (2) $\dfrac{1}{4}x^2 - \dfrac{1}{4}x \sin 2x - \dfrac{1}{8}\cos 2x + C$

(3) $\dfrac{1}{2}e^x - \dfrac{1}{5}e^x \sin 2x - \dfrac{1}{10}e^x \cos 2x + C$ (4) $\dfrac{1}{4}e^{2x} + \dfrac{3}{40}e^{2x}\sin 6x + \dfrac{1}{40}e^{2x}\cos 6x + C$

(5) $\dfrac{1}{2}\log(\cos x)\sin 2x - \dfrac{1}{2}\sin 2x + \dfrac{1}{2}x + C$ ($\cos 2x = (\sin x \cos x)'$ として部分積分)

(6) $\dfrac{1}{2}\log(\sin x) - \dfrac{1}{2}\log(\sin x)\cos 2x + \dfrac{1}{4}\cos 2x + C$ ($\sin 2x = (\sin^2 x)'$ として部分積分)

§20

問題 20.1 (1) $\left(\dfrac{1}{2}\right)^2 \cdot \dfrac{1}{2} + \left(\dfrac{2}{2}\right)^2 \cdot \dfrac{1}{2} + \left(\dfrac{3}{2}\right)^2 \cdot \dfrac{1}{2} + \left(\dfrac{4}{2}\right)^2 \cdot \dfrac{1}{2} = \dfrac{1}{2^3}(1^2+2^2+3^2+4^2) = \dfrac{15}{4}$

(2) $\left(\dfrac{1}{4}\right)^2 \cdot \dfrac{1}{4} + \left(\dfrac{2}{4}\right)^2 \cdot \dfrac{1}{4} + \cdots + \left(\dfrac{8}{4}\right)^2 \cdot \dfrac{1}{4} = \dfrac{1}{4^3}(1^2+2^2+\cdots+8^2) = \dfrac{51}{16}$

(3) $\left(\dfrac{1}{10}\right)^3 \cdot \dfrac{1}{10} + \left(\dfrac{2}{10}\right)^3 \cdot \dfrac{1}{10} + \cdots + \left(\dfrac{10}{10}\right)^3 \cdot \dfrac{1}{10} = \dfrac{1}{10^4}(1^3+2^3+\cdots+10^3) = \dfrac{121}{400}$

(4) $\left(\dfrac{1}{100}\right)^3 \cdot \dfrac{1}{100} + \left(\dfrac{2}{100}\right)^3 \cdot \dfrac{1}{100} + \cdots + \left(\dfrac{200}{100}\right)^3 \cdot \dfrac{1}{100} = \dfrac{1}{100^4}(1^3+2^3+\cdots+200^3) = \dfrac{40401}{10000}$

問題 20.2 (1) $\left(\dfrac{2}{n}\right)^2 \cdot \dfrac{2}{n} + \left(\dfrac{4}{n}\right)^2 \cdot \dfrac{2}{n} + \cdots + \left(\dfrac{2n}{n}\right)^2 \cdot \dfrac{2}{n} = \dfrac{n(n+1)(2n+1)}{6} \cdot \dfrac{2^3}{n^3} \to \dfrac{8}{3}$ $(n \to \infty)$

(2) $\left(\dfrac{3}{n}\right)^2 \cdot \dfrac{3}{n} + \left(\dfrac{6}{n}\right)^2 \cdot \dfrac{3}{n} + \cdots + \left(\dfrac{3n}{n}\right)^2 \cdot \dfrac{3}{n} = \dfrac{n(n+1)(2n+1)}{6} \cdot \dfrac{3^3}{n^3} \to 9$ $(n \to \infty)$

(3) $\left(\dfrac{1}{n}\right)^3 \cdot \dfrac{1}{n} + \left(\dfrac{2}{n}\right)^3 \cdot \dfrac{1}{n} + \cdots + \left(\dfrac{n}{n}\right)^3 \cdot \dfrac{1}{n} = \dfrac{n^2(n+1)^2}{4} \cdot \dfrac{1}{n^4} \to \dfrac{1}{4}$ $(n \to \infty)$

(4) $\left(\dfrac{2}{n}\right)^3 \cdot \dfrac{2}{n} + \left(\dfrac{4}{n}\right)^3 \cdot \dfrac{2}{n} + \cdots + \left(\dfrac{2n}{n}\right)^3 \cdot \dfrac{2}{n} = \dfrac{n^2(n+1)^2}{4} \cdot \dfrac{2^4}{n^4} \to 4$ $(n \to \infty)$

問題 20.3 (1) $\dfrac{8}{3}$ (2) 9 (3) $\dfrac{1}{4}$ (4) 4 (5) 12 (6) $\dfrac{93}{5}$ (7) $\dfrac{1}{2}$ (8) $\dfrac{1}{4}$ (9) $2\sqrt{3}-2$ (10) $\dfrac{9}{2}$ (11) $10\sqrt{5}-\dfrac{2}{5}$ (12) 4

問題 20.4 (1) $\dfrac{1}{3}$ (2) 0 (3) $\dfrac{9}{2}$ (4) $\dfrac{1}{2}$ (5) $-\dfrac{3\sqrt{3}}{2\pi}$ (6) $\dfrac{6}{\pi}(\sqrt{2}-1)$ (7) $-\dfrac{2}{3\pi}$ (8) $\dfrac{6}{\pi}(\sqrt{3}-\sqrt{2})$

問題 20.5 (1) $\log 2$ (2) $2\log 2$ (3) $\dfrac{1}{4}$ (4) 1 (5) $\log 2$ (6) $\dfrac{2}{3}\log 2$

問題 20.6 (1) $\dfrac{1}{3}(e^6-1)$ (2) $\dfrac{e^4-1}{2e^6}$ (3) 2 (4) 8 (5) $\dfrac{e-1}{e^2}$ (6) $\dfrac{e^2-1}{2e^4}$ (7) $2(\sqrt{e}-1)$ (8) $2(e-\sqrt{e})$

問題 20.7 (1) $-\dfrac{2}{3}$ (2) -1 (3) $\dfrac{65}{4}$ (4) 13 (5) 16 (6) $\dfrac{122}{9}$ (7) $\dfrac{\pi}{24}+\dfrac{\sqrt{3}}{8}-\dfrac{1}{4}$ (8) $\dfrac{\pi}{24}-\dfrac{\sqrt{3}}{16}$ (9) $\dfrac{\sqrt{3}}{2}$ (10) $-\dfrac{3\sqrt{3}}{16}$ (11) $\sqrt{3}$ (12) $\sqrt{3}-1$ (13) $\dfrac{e^2}{2}+4e-\dfrac{1}{2}$ (14) $\dfrac{e}{2}+1-\dfrac{1}{2e}$ (15) $2-\log 2$ (16) $6-4\log 3$ (17) $\log\dfrac{27}{4}$ (18) $\dfrac{1}{2}+\log\dfrac{3}{4}$ (19) $\dfrac{\pi}{2}$ (20) $\dfrac{7\pi}{12}$

問題 20.8 (1) $-f(x)$ (2) $2f(2x)$ (3) $2xf(x^2)$ (4) $f(x+1)-f(x)$

§21

問題 21.1 (1) $x+1=t$, $\displaystyle\int_1^2 (t+2)t^3\cdot dt=\dfrac{137}{10}$ (2) $x+1=t$, $\displaystyle\int_1^2 (t+2)t^{-2}\cdot dt=1+\log 2$

(3) $3x-2=t$, $\displaystyle\int_1^4 \dfrac{1}{3}(t+2)t^{\frac{1}{2}}\cdot\dfrac{1}{3}dt=\dfrac{326}{135}$ (4) $x+1=t$, $\displaystyle\int_1^4 (t-1)^2 t^{\frac{1}{2}}\cdot dt=\dfrac{1696}{105}$

(5) $x=2t$, $\displaystyle\int_0^{\sqrt{3}} \dfrac{1}{4(1+t^2)}\cdot 2dt=\dfrac{\pi}{6}$ (6) $x=\sqrt{2}t$, $\displaystyle\int_{-1}^{\sqrt{3}} \dfrac{1}{2(1+t^2)}\cdot\sqrt{2}dt=\dfrac{7\sqrt{2}\pi}{24}$

(7) $x=\sin\theta$, $\displaystyle\int_0^{\frac{\pi}{6}}\cos\theta\cdot\cos\theta d\theta=\dfrac{\pi}{12}+\dfrac{\sqrt{3}}{8}$ (8) $x=2\sin\theta$, $\displaystyle\int_{-\frac{\pi}{6}}^{\frac{\pi}{3}} 2\cos\theta\cdot 2\cos\theta d\theta=\pi+\sqrt{3}$

(9) $\sin x=t$, $\displaystyle\int_0^1 t^2\cdot dt=\dfrac{1}{3}$ (10) $\cos x=t$, $\displaystyle\int_1^{\frac{1}{\sqrt{2}}} t^3\cdot(-1)dt=\dfrac{3}{16}$

(11) $\cos x=t$, $\displaystyle\int_{\frac{\sqrt{3}}{2}}^{-\frac{\sqrt{3}}{2}} (1-t^2)\cdot(-1)dt=\dfrac{3\sqrt{3}}{4}$ (12) $\sin x=t$, $\displaystyle\int_0^{\frac{\sqrt{3}}{2}} (1-t^2)^2\cdot dt=\dfrac{49\sqrt{3}}{160}$

(13) $e^x+1=t$, $\displaystyle\int_2^4 3\sqrt{t}\cdot dt=16-4\sqrt{2}$ (14) $e^x+1=t$, $\displaystyle\int_2^{e+1} \dfrac{t-1}{t}\cdot dt=e-1-\log\dfrac{e+1}{2}$

(15) $x^2+2x+2=t$, $\displaystyle\int_5^{10} \dfrac{1}{t}\cdot\dfrac{1}{2}dt=\dfrac{1}{2}\log 2$ (16) $1+\sin x=t$, $\displaystyle\int_{1-\frac{\sqrt{3}}{2}}^{1+\frac{\sqrt{3}}{2}} \dfrac{1}{t}\cdot dt=2\log(2+\sqrt{3})$

(17) $x^2+1=t$, $\displaystyle\int_1^2 t^3\cdot\dfrac{1}{2}dt=\dfrac{15}{8}$ (18) $\log x=t$, $\displaystyle\int_0^1 t^2\cdot dt=\dfrac{1}{3}$

(19) $1-x^2=t$, $\displaystyle\int_1^0 \sqrt{t}\cdot\left(-\dfrac{1}{2}\right)dt=\dfrac{1}{3}$ (20) $2-x^2=t$, $\displaystyle\int_2^1 \dfrac{1}{\sqrt{t}}\cdot\left(-\dfrac{1}{2}\right)dt=\sqrt{2}-1$

演習問題の解答

問題 21.2 (1) $f(-x)g(-x) = f(x) \cdot (-g(x)) = -f(x)g(x)$ より 奇関数

(2) $f(-x)g(-x) = f(x) \cdot g(x) = f(x)g(x)$ より 偶関数

(3) $f(-x)g(-x) = (-f(x)) \cdot (-g(x)) = f(x)g(x)$ より 偶関数

問題 21.3 (1) 奇関数 x と奇関数 $\sin 3x$ の積で偶関数

(2) 奇関数 x と偶関数 $\cos\dfrac{\pi x}{2}$ の積で奇関数 (3) 偶関数 x^2 と奇関数 $\sin x$ の積で奇関数

(4) 偶関数 x^2 と偶関数 $\cos x$ の積で偶関数

問題 21.4 $\displaystyle\int_{-a}^{a} g(x)\,dx = \int_{-a}^{0} g(x)\,dx + \int_{0}^{a} g(x)\,dx$ と分け, 右辺第 1 項の積分において $x = -t$ と置換すると, $\displaystyle\int_{-a}^{0} g(x)\,dx = \int_{a}^{0} g(-t)(-1)\,dt = \int_{0}^{a} -g(t)\,dt = -\int_{0}^{a} g(x)\,dx$ となる. この結果を最初の式に代入すると, 示すべき式が得られる.

問題 21.5 (1) $2\displaystyle\int_{0}^{1}(2x^2+3)\,dx = \dfrac{22}{3}$ (2) $2\displaystyle\int_{0}^{2}(3x^2+2)\,dx = 24$

(3) $2\displaystyle\int_{0}^{\pi}\cos nx\,dx = 0$ (4) 被積分関数が奇関数なので 0

(5) $2\displaystyle\int_{0}^{\pi}\cos mx\cos nx\,dx = \begin{cases}\pi & (m=n)\\ 0 & (m\neq n)\end{cases}$ (6) $2\displaystyle\int_{0}^{\pi}\sin mx\sin nx\,dx = \begin{cases}\pi & (m=n)\\ 0 & (m\neq n)\end{cases}$

問題 21.6 (1) $\left[xe^x\right]_0^1 - \displaystyle\int_0^1 e^x\,dx = 1$ (2) $\left[\dfrac{1}{2}xe^{2x}\right]_{-1}^1 - \displaystyle\int_{-1}^1 \dfrac{1}{2}e^{2x}\,dx = \dfrac{e^4+3}{4e^2}$

(3) $\left[-(2x-1)e^{-x}\right]_0^1 + \displaystyle\int_0^1 2e^{-x}\,dx = \dfrac{e-3}{e}$ (4) $\left[xe^{x-1}\right]_0^1 - \displaystyle\int_0^1 e^{x-1}\,dx = \dfrac{1}{e}$

(5) $\left[-x\cos x\right]_0^{\frac{\pi}{2}} + \displaystyle\int_0^{\frac{\pi}{2}} \cos x\,dx = 1$ (6) $\left[\dfrac{1}{2}x\sin 2x\right]_{\frac{\pi}{2}}^{\pi} - \displaystyle\int_{\frac{\pi}{2}}^{\pi} \dfrac{1}{2}\sin 2x\,dx = \dfrac{1}{2}$

(7) $\left[-\dfrac{1}{n}\left(x-\dfrac{\pi}{2}\right)\cos nx\right]_0^{\pi} - \displaystyle\int_0^{\pi} -\dfrac{1}{n}\cos nx\,dx = -\dfrac{\pi}{2n}\{1+(-1)^n\}$

(8) $\left[-\dfrac{1}{n}(-x+\pi)\cos nx\right]_0^{\pi} - \displaystyle\int_0^{\pi} \dfrac{1}{n}\cos nx\,dx = \dfrac{\pi}{n}$ (9) $\left[\dfrac{1}{n}x\sin nx\right]_0^{\pi} - \displaystyle\int_0^{\pi} \dfrac{1}{n}\sin nx\,dx$

$= \dfrac{1}{n^2}\{(-1)^n - 1\}$ (10) $\left[\dfrac{1}{n\pi}(1-x)\sin n\pi x\right]_0^1 - \displaystyle\int_0^1 -\dfrac{1}{n\pi}\sin n\pi x\,dx = \dfrac{1}{n^2\pi^2}\{1-(-1)^n\}$

(11) $\left[x\log x\right]_e^{e^2} - \displaystyle\int_e^{e^2} 1\,dx = e^2$ (12) $\left[(x^2+x)\log x\right]_1^e - \displaystyle\int_1^e (x+1)\,dx = \dfrac{e^2+3}{2}$

(13) $\left[\dfrac{2}{3}x^{\frac{3}{2}}\log x\right]_1^{e^2} - \displaystyle\int_1^{e^2} \dfrac{2}{3}x^{\frac{1}{2}}\,dx = \dfrac{8e^3+4}{9}$ (14) $\left[x^3\log x\right]_1^2 - \displaystyle\int_1^2 x^2\,dx = \dfrac{24\log 2 - 7}{3}$

(15) $\left[-x^2\cos x\right]_0^{\frac{\pi}{2}} + \displaystyle\int_0^{\frac{\pi}{2}} 2x\cos x\,dx = 0 + \left[2x\sin x\right]_0^{\frac{\pi}{2}} - \displaystyle\int_0^{\frac{\pi}{2}} 2\sin x\,dx = \pi - 2$

(16) $\left[\dfrac{1}{2}x^2\sin 2x\right]_0^{\frac{\pi}{4}} - \displaystyle\int_0^{\frac{\pi}{4}} x\sin 2x\,dx = \dfrac{\pi^2}{32} - \left[-\dfrac{1}{2}x\cos 2x\right]_0^{\frac{\pi}{4}} - \displaystyle\int_0^{\frac{\pi}{4}} \dfrac{1}{2}\cos 2x\,dx = \dfrac{\pi^2-8}{32}$

(17) $\left[x^2 e^x\right]_0^1 - \int_0^1 2xe^x\,dx = e - \left[2xe^x\right]_0^1 + \int_0^1 2e^x\,dx = e - 2$

(18) $\left[\frac{1}{2}x^2(\log x)^2\right]_1^e - \int_1^e x\log x\,dx = \frac{1}{2}e^2 - \left[\frac{1}{2}x^2\log x\right]_1^e + \int_1^e \frac{1}{2}x\,dx = \frac{e^2-1}{4}$

(19) $\left[x\log(x^2+1)\right]_0^1 - \int_0^1 \frac{2x^2}{x^2+1}\,dx = \log 2 - \int_0^1\left(2 - \frac{2}{x^2+1}\right)dx = \log 2 - 2 + \frac{\pi}{2}$

(20) $\left[x\arcsin x\right]_0^{\frac{1}{2}} - \int_0^{\frac{1}{2}} \frac{x}{\sqrt{1-x^2}}\,dx = \frac{\pi}{12} - \int_{\frac{3}{4}}^1 \frac{1}{2\sqrt{t}}\,dt = \frac{\pi}{12} - 1 + \frac{\sqrt{3}}{2}$

(21) $\left[\frac{1}{3}(x-1)^3(x-2)\right]_1^2 - \int_1^2 \frac{1}{3}(x-1)^3\,dx = -\frac{1}{12}$

(22) $\left[\frac{1}{4}(x-1)^4(x-2)\right]_1^2 - \int_1^2 \frac{1}{4}(x-1)^4\,dx = -\frac{1}{20}$

問題 21.7 (1) 5 (2) $\frac{29}{6}$ (3) $2\sqrt{3} - 2 - \frac{\pi}{6}$ (4) $2\sqrt{2}$ (5) $e + \frac{1}{e} - 2$ (6) $\frac{3}{2}\log 2 - \frac{1}{2}$

問題 21.8 (1) $I_n = \left[x(\log x)^n\right]_1^e - \int_1^e x\cdot\frac{n(\log x)^{n-1}}{x}\,dx = e - nI_{n-1}$

(2) $I_1 = 1$, $I_2 = e - 2$, $I_3 = 6 - 2e$, $I_4 = 9e - 24$, $I_5 = 120 - 44e$

§22

問題 22.1 (1) $\int_0^1 x^3\,dx = \frac{1}{4}$ (2) $\int_0^1 \sin\pi x\,dx = \frac{2}{\pi}$ (3) $\int_0^1 \frac{1}{1+x}\,dx = \log 2$

(4) $\int_0^1 \sqrt{1-x^2}\,dx = \frac{\pi}{4}$ (5) $\int_0^1 \log(1+x)\,dx = 2\log 2 - 1$

問題 22.2 図

(1) 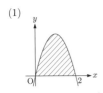 (2) (3) (4)

(5) (6)  (7) (8)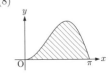

面積 (1) $\int_0^2 (-2x^2+4x)\,dx = \frac{8}{3}$ (2) $\int_{-1}^3 \{-(x^2-2x-3)\}\,dx = \frac{32}{3}$ (3) $\int_0^2 (-x^2-x+6)\,dx = \frac{22}{3}$

(4) $\int_0^2 (x^2-4x+4)\,dx = \frac{8}{3}$ (5) $\int_{-2}^0 (x^3-4x)\,dx + \int_0^2 \{-(x^3-4x)\}\,dx = 8$

(6) $\int_1^2 \left\{-\left(x+\frac{2}{x}-3\right)\right\}dx = \frac{3}{2} - 2\log 2$ (7) $\int_{\frac{1}{2}}^{\frac{3}{2}} \{-\cos\pi x\}\,dx = \frac{2}{\pi}$ (8) $\int_0^\pi x\sin x\,dx = \pi$

問題 22.3 図

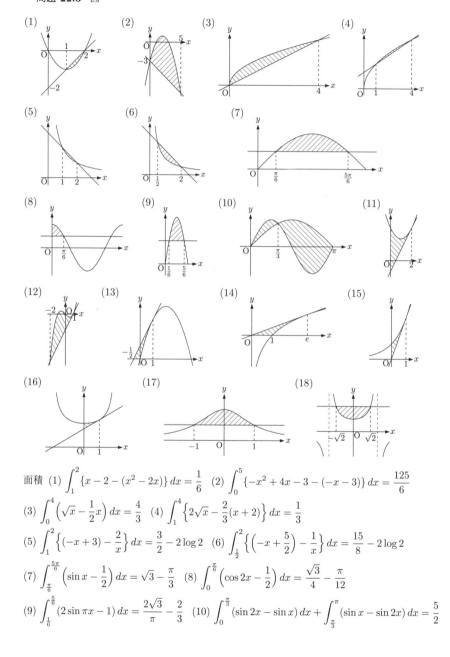

面積 (1) $\int_1^2 \{x - 2 - (x^2 - 2x)\}\, dx = \dfrac{1}{6}$ (2) $\int_0^5 \{-x^2 + 4x - 3 - (-x - 3)\}\, dx = \dfrac{125}{6}$

(3) $\int_0^4 \left(\sqrt{x} - \dfrac{1}{2}x\right) dx = \dfrac{4}{3}$ (4) $\int_1^4 \left\{2\sqrt{x} - \dfrac{2}{3}(x+2)\right\} dx = \dfrac{1}{3}$

(5) $\int_1^2 \left\{(-x+3) - \dfrac{2}{x}\right\} dx = \dfrac{3}{2} - 2\log 2$ (6) $\int_{\frac{1}{2}}^2 \left\{\left(-x + \dfrac{5}{2}\right) - \dfrac{1}{x}\right\} dx = \dfrac{15}{8} - 2\log 2$

(7) $\int_{\frac{\pi}{6}}^{\frac{5\pi}{6}} \left(\sin x - \dfrac{1}{2}\right) dx = \sqrt{3} - \dfrac{\pi}{3}$ (8) $\int_0^{\frac{\pi}{6}} \left(\cos 2x - \dfrac{1}{2}\right) dx = \dfrac{\sqrt{3}}{4} - \dfrac{\pi}{12}$

(9) $\int_{\frac{1}{6}}^{\frac{5}{6}} (2\sin \pi x - 1)\, dx = \dfrac{2\sqrt{3}}{\pi} - \dfrac{2}{3}$ (10) $\int_0^{\frac{\pi}{3}} (\sin 2x - \sin x)\, dx + \int_{\frac{\pi}{3}}^{\pi} (\sin x - \sin 2x)\, dx = \dfrac{5}{2}$

(11) $\int_0^2 \{x^2 - 2x + 3 - (2x-1)\}\,dx = \dfrac{8}{3}$ (12) $\int_{-2}^1 \{x^3 - x - (2x-2)\}\,dx = \dfrac{27}{4}$

(13) $\int_{-\frac{1}{2}}^0 (2x+1)\,dx + \int_0^1 \{2x+1-(-x^2+4x)\}\,dx = \dfrac{7}{12}$

(14) $\int_0^1 \dfrac{1}{e}x\,dx + \int_1^e \left(\dfrac{1}{e}x - \log x\right)dx = \dfrac{e}{2} - 1$ (15) $\int_0^1 (e^x - ex)\,dx = \dfrac{e}{2} - 1$

(16) $\int_0^1 \left\{\dfrac{3}{\sqrt{4-x^2}} - \left(\dfrac{\sqrt{3}}{3}x + \dfrac{2\sqrt{3}}{3}\right)\right\}dx = \dfrac{\pi}{2} - \dfrac{5\sqrt{3}}{6}$ (17) $\int_{-1}^1 \left(\dfrac{1}{1+x^2} - \dfrac{1}{2}\right)dx = \dfrac{\pi}{2} - 1$

(18) $\int_{-\sqrt{2}}^{\sqrt{2}} \left\{2 - \left(-\dfrac{4}{x^2-4}\right)\right\}dx = \int \left(2 + \dfrac{1}{x-2} - \dfrac{1}{x+2}\right)dx = 4\sqrt{2} + 2\log(3 - 2\sqrt{2})$

問題 22.4 図

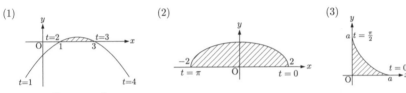

面積 (1) $\int_1^3 y\,dx = \int_2^3 (-t^2 + 5t - 6)\cdot 2\,dt = \dfrac{1}{3}$

(2) $\int_{-2}^2 y\,dx = \int_\pi^0 \sin t \cdot (-2\sin t)\,dt = \int_0^\pi 2\sin^2 t\,dt = \pi$

(3) $\int_0^a y\,dx = \int_{\frac{\pi}{2}}^0 a\sin^3 t \cdot (-3a\cos^2 t \sin t)\,dt = 3a^2 \int_0^{\frac{\pi}{2}} \sin^4 t(1-\sin^2 t)\,dt$

$= 3a^2(S_4 - S_6) = \dfrac{3\pi}{32}a^2$ (S_4, S_6 は §21 例 7 の積分を表す)

問題 22.5 図

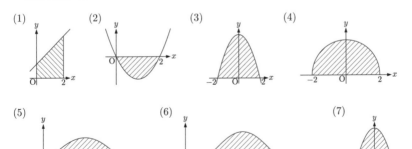

演習問題の解答   241

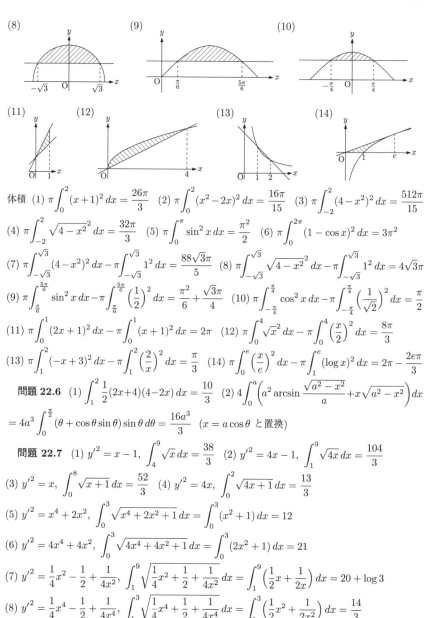

体積 (1) $\pi\int_0^2 (x+1)^2\,dx = \dfrac{26\pi}{3}$ (2) $\pi\int_0^2 (x^2-2x)^2\,dx = \dfrac{16\pi}{15}$ (3) $\pi\int_{-2}^2 (4-x^2)^2\,dx = \dfrac{512\pi}{15}$

(4) $\pi\int_{-2}^2 \sqrt{4-x^2}^{\,2}\,dx = \dfrac{32\pi}{3}$ (5) $\pi\int_0^\pi \sin^2 x\,dx = \dfrac{\pi^2}{2}$ (6) $\pi\int_0^{2\pi}(1-\cos x)^2\,dx = 3\pi^2$

(7) $\pi\int_{-\sqrt{3}}^{\sqrt{3}} (4-x^2)^2\,dx - \pi\int_{-\sqrt{3}}^{\sqrt{3}} 1^2\,dx = \dfrac{88\sqrt{3}\pi}{5}$ (8) $\pi\int_{-\sqrt{3}}^{\sqrt{3}} \sqrt{4-x^2}^{\,2}\,dx - \pi\int_{-\sqrt{3}}^{\sqrt{3}} 1^2\,dx = 4\sqrt{3}\pi$

(9) $\pi\int_{\pi/6}^{5\pi/6} \sin^2 x\,dx - \pi\int_{\pi/6}^{5\pi/6}\left(\dfrac{1}{2}\right)^2 dx = \dfrac{\pi^2}{6} + \dfrac{\sqrt{3}\pi}{4}$ (10) $\pi\int_{-\pi/4}^{\pi/4}\cos^2 x\,dx - \pi\int_{-\pi/4}^{\pi/4}\left(\dfrac{1}{\sqrt{2}}\right)^2 dx = \dfrac{\pi}{2}$

(11) $\pi\int_0^1 (2x+1)^2\,dx - \pi\int_0^1 (x+1)^2\,dx = 2\pi$ (12) $\pi\int_0^4 \sqrt{x}^{\,2}\,dx - \pi\int_0^4 \left(\dfrac{x}{2}\right)^2 dx = \dfrac{8\pi}{3}$

(13) $\pi\int_1^2 (-x+3)^2\,dx - \pi\int_1^2 \left(\dfrac{2}{x}\right)^2 dx = \dfrac{\pi}{3}$ (14) $\pi\int_0^e \left(\dfrac{x}{e}\right)^2 dx - \pi\int_1^e (\log x)^2\,dx = 2\pi - \dfrac{2e\pi}{3}$

問題 22.6 (1) $\displaystyle\int_1^2 \dfrac{1}{2}(2x+4)(4-2x)\,dx = \dfrac{10}{3}$ (2) $\displaystyle 4\int_0^a \left(a^2\arcsin\dfrac{\sqrt{a^2-x^2}}{a} + x\sqrt{a^2-x^2}\right)dx$
$= 4a^3\displaystyle\int_0^{\pi/2}(\theta + \cos\theta\sin\theta)\sin\theta\,d\theta = \dfrac{16a^3}{3}$ ($x = a\cos\theta$ と置換)

問題 22.7 (1) $y'^2 = x-1,\ \displaystyle\int_4^9 \sqrt{x}\,dx = \dfrac{38}{3}$ (2) $y'^2 = 4x-1,\ \displaystyle\int_1^9 \sqrt{4x}\,dx = \dfrac{104}{3}$

(3) $y'^2 = x,\ \displaystyle\int_0^8 \sqrt{x+1}\,dx = \dfrac{52}{3}$ (4) $y'^2 = 4x,\ \displaystyle\int_0^2 \sqrt{4x+1}\,dx = \dfrac{13}{3}$

(5) $y'^2 = x^4 + 2x^2,\ \displaystyle\int_0^3 \sqrt{x^4+2x^2+1}\,dx = \int_0^3 (x^2+1)\,dx = 12$

(6) $y'^2 = 4x^4 + 4x^2,\ \displaystyle\int_0^3 \sqrt{4x^4+4x^2+1}\,dx = \int_0^3 (2x^2+1)\,dx = 21$

(7) $y'^2 = \dfrac{1}{4}x^2 - \dfrac{1}{2} + \dfrac{1}{4x^2},\ \displaystyle\int_1^9 \sqrt{\dfrac{1}{4}x^2 + \dfrac{1}{2} + \dfrac{1}{4x^2}}\,dx = \int_1^9 \left(\dfrac{1}{2}x + \dfrac{1}{2x}\right)dx = 20 + \log 3$

(8) $y'^2 = \dfrac{1}{4}x^4 - \dfrac{1}{2} + \dfrac{1}{4x^4},\ \displaystyle\int_1^3 \sqrt{\dfrac{1}{4}x^4 + \dfrac{1}{2} + \dfrac{1}{4x^4}}\,dx = \int_1^3 \left(\dfrac{1}{2}x^2 + \dfrac{1}{2x^2}\right)dx = \dfrac{14}{3}$

(9) $y'^2 = \dfrac{1}{4}x^6 - \dfrac{1}{2} + \dfrac{1}{4x^6},\ \displaystyle\int_1^2 \sqrt{\dfrac{1}{4}x^6 + \dfrac{1}{2} + \dfrac{1}{4x^6}}\,dx = \int_1^2 \left(\dfrac{1}{2}x^3 + \dfrac{1}{2x^3}\right)dx = \dfrac{33}{16}$

(10) $y'^2 = \dfrac{1}{4}e^{2x} - \dfrac{1}{2} + \dfrac{1}{4e^{2x}}$, $\displaystyle\int_0^{\log 3}\sqrt{\dfrac{1}{4}e^{2x} + \dfrac{1}{2} + \dfrac{1}{4e^{2x}}}\,dx = \int_0^{\log 3}\left(\dfrac{1}{2}e^x + \dfrac{1}{2e^x}\right)dx = \dfrac{4}{3}$

(11) $y'^2 = \sqrt{x}$, $\displaystyle\int_0^9 \sqrt{1+\sqrt{x}}\,dx = \int_1^4 2\sqrt{t}(t-1)\,dt = \dfrac{232}{15}$ ($1+\sqrt{x}=t$ と置換)

(12) $y'^2 = e^x$, $\displaystyle\int_{\log 3}^{\log 8}\sqrt{1+e^x}\,dx = \int_2^3 \dfrac{2t^2}{t^2-1}\,dt = 2+\log\dfrac{3}{2}$ ($\sqrt{1+e^x}=t$ と置換)

問題 22.8 (1) $x'^2 + y'^2 = 2e^{-2t}$, $\displaystyle\int_0^{2\pi}\sqrt{2}\,e^{-t}\,dt = \sqrt{2}(1-e^{-2\pi})$

(2) $x'^2 + y'^2 = 2a^2(1-\cos t) = 4a^2\sin^2\dfrac{t}{2}$, $\displaystyle\int_0^{2\pi} 2a\sin\dfrac{t}{2}\,dt = 8a$

(3) $x'^2 + y'^2 = a^2 t^2$, $\displaystyle\int_0^{2\pi} at\,dt = 2\pi^2 a$

§23

問題 23.1 (1) $1 + 2x + 2x^2 + \dfrac{4}{3}x^3 + \cdots + \dfrac{2^n}{n!}x^n + \cdots$

(2) $e^2 - e^2 x + \dfrac{e^2}{2}x^2 - \cdots + \dfrac{(-1)^n e^2}{n!}x^n + \cdots$ (3) $1 - \dfrac{9}{2}x^2 + \dfrac{27}{8}x^4 - \cdots + \dfrac{(-1)^n 3^{2n}}{(2n)!}x^{2n} + \cdots$

(4) $\dfrac{1}{2} + \dfrac{\sqrt{3}}{2}x - \dfrac{1}{4}x^2 - \dfrac{\sqrt{3}}{12}x^3 + \cdots + \dfrac{(-1)^n}{2(2n)!}x^{2n} + \dfrac{\sqrt{3}(-1)^n}{2(2n+1)!}x^{2n+1} + \cdots$

(5) $1 + x - \dfrac{3}{2}x^2 + \cdots + \dfrac{(-1)^{n-1}(2n-1)}{n!}x^n + \cdots$ (6) $2x^2 - \dfrac{4}{3}x^4 + \cdots + \dfrac{(-1)^{n-1}2^{2n-1}}{(2n-1)!}x^{2n} + \cdots$

(7) $x^2 - \dfrac{1}{2}x^4 + \cdots + (-1)^{n-1}\dfrac{1}{n}x^{2n} + \cdots$ (8) $2x + \dfrac{2}{3}x^3 + \cdots + \dfrac{2}{2n+1}x^{2n+1} + \cdots$

問題 23.2 (1) $x + x^2 + \cdots + x^n + \cdots$ ($|x|<1$) (2) $1 - 2x + \cdots + (-2)^n x^n + \cdots$ ($|x|<\dfrac{1}{2}$)

(3) $1 - x^2 + \cdots + (-1)^n x^{2n} + \cdots$ ($|x|<1$) (4) $\dfrac{1}{2} + \dfrac{1}{4}x + \cdots + \dfrac{1}{2^{n+1}}x^n + \cdots$ ($|x|<2$)

問題 23.3 (1) $x + x^2 + \dfrac{1}{3}x^3$ (2) $1 + 2x + \dfrac{15}{8}x^2 + \dfrac{13}{12}x^3 + \dfrac{161}{384}x^4$ (3) $x + \dfrac{1}{3}x^3$ (4) $x - \dfrac{1}{3}x^3$

問題 23.4 (1) $f^{(n)}(x) = \alpha(\alpha-1)\cdots(\alpha-n+1)(1+x)^{\alpha-n}$

(2) $1 + \dfrac{1}{2}x + \cdots + \dfrac{(-1)^{n-1}(2n-2)!}{2^{2n-1}(n-1)!n!}x^n + \cdots$ (3) $1 - \dfrac{1}{2}x + \cdots + \dfrac{(-1)^n(2n)!}{2^{2n}(n!)^2}x^n + \cdots$

§24

問題 24.1 (1) $(5,\,0)$ (2) $\left(3,\,-\dfrac{\pi}{2}\right)$ (3) $\left(2,\,\dfrac{\pi}{6}\right)$ (4) $\left(2,\,\dfrac{5}{6}\pi\right)$ (5) $\left(4\sqrt{2},\,\dfrac{3}{4}\pi\right)$

(6) $\left(3\sqrt{2},\,-\dfrac{\pi}{4}\right)$ (7) $\left(2\sqrt{3},\,-\dfrac{2}{3}\pi\right)$ (8) $\left(2\sqrt{3},\,\dfrac{5}{6}\pi\right)$ (9) $\left(5,\,\arctan\dfrac{4}{3}\right)$

(10) $(2\sqrt{10},\,\arctan 3)$ (11) $(2\sqrt{5},\,-\arctan 2)$ (12) $(\sqrt{5},\,\pi+\arctan 2)$

問題 24.2 (1) $(3,\,0)$ (2) $(-5,\,0)$ (3) $(-2,\,2\sqrt{3})$ (4) $(-3,\,-3\sqrt{3})$ (5) $(-\sqrt{2},\,-\sqrt{2})$

(6) $\left(\dfrac{3\sqrt{2}}{2},\,-\dfrac{3\sqrt{2}}{2}\right)$ (7) $(4,\,3)$ (8) $\left(\dfrac{\sqrt{10}}{5},\,\dfrac{3\sqrt{10}}{5}\right)$ (9) $(-8,\,-6)$ (10) $(-4,\,3)$

(11) $(-3, -3\sqrt{3})$ (12) $\left(\dfrac{\sqrt{6}}{2}, \dfrac{3\sqrt{2}}{2}\right)$

問題 24.3 (1) $x^2+y^2=9$ (2) $x^2+y^2=\dfrac{1}{4}$ (3) $(x-1)^2+(y+2)^2=5$

(4) $x^2+(y-2)^2=4$ (5) $(x-\sqrt{3})^2+(y-1)^2=4$ (6) $(x-1)^2+(y-\sqrt{3})^2=4$

(7) $3x^2+2y^2=6$ (8) $5x^2+4y^2=20$ (9) $xy=1$ (10) $xy=2$

(11) $3\left(x+\dfrac{1}{3}\right)^2+4y^2=\dfrac{4}{3}$ (12) $(x+\sqrt{3})^2+4y^2=4$ (13) $4x+4y^2=1$

 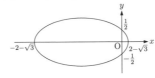

(14) $2x=1$ (15) $y=\sqrt{3}x$ (16) $y=(\tan 1)x$ (17) $2x-y=3$ (18) $x+y=2\sqrt{2}$

問題 24.4 (1)  (2) 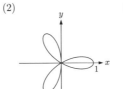 (3)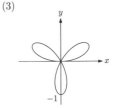

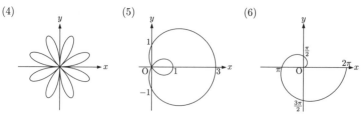

(4)   (5)   (6)

問題 24.5 (1) $0 \leqq r \leqq 2$ (2) $0 \leqq r \leqq \sqrt{3}$ (3) $0 \leqq r \leqq 2\cos\theta$ (4) $0 \leqq r \leqq 4\sin\theta$
(5) $0 \leqq r \leqq 2,\ 0 \leqq \theta \leqq \pi$ (6) $0 \leqq r \leqq \sqrt{3},\ \dfrac{\pi}{4} \leqq \theta \leqq \dfrac{5\pi}{4}$ (7) $1 \leqq r \leqq 2,\ 0 \leqq \theta \leqq \dfrac{\pi}{2}$
(8) $\sqrt{3} \leqq r \leqq 2,\ 0 \leqq \theta \leqq \dfrac{\pi}{3}$

§25

問題 25.1 (1) $z_r = -\dfrac{1}{r^2},\ z_{rr} = \dfrac{2}{r^3},\ z_{\theta\theta} = 0$ より $\Delta z = \dfrac{1}{r^3}$
(2) $z_r = -\dfrac{\sin\theta}{r^2},\ z_{rr} = \dfrac{2\sin\theta}{r^3},\ z_{\theta\theta} = -\dfrac{\sin\theta}{r}$ より $\Delta z = 0$
(3) $z_r = \cos\theta + \sin\theta,\ z_{rr} = 0,\ z_{\theta\theta} = -r(\cos\theta + \sin\theta)$ より $\Delta z = 0$
(4) $z_r = 2r\cos 2\theta,\ z_{rr} = 2\cos 2\theta,\ z_{\theta\theta} = -4r^2\cos 2\theta$ より $\Delta z = 0$

問題 25.2
(1) $\dfrac{1}{2}\displaystyle\int_0^{2\pi}(\theta+\pi)^2\,d\theta = \dfrac{13\pi^3}{3}$ (2) $\dfrac{1}{2}\displaystyle\int_0^{2\pi}e^{-2\theta}\,d\theta = \dfrac{1-e^{-4\pi}}{4}$ (3) $\dfrac{1}{2}\displaystyle\int_0^{\pi}4\sin^2\theta\,d\theta = \pi$
(4) $\dfrac{1}{2}\displaystyle\int_{-\pi/6}^{5\pi/6}4\cos^2\left(\theta-\dfrac{\pi}{3}\right)d\theta = \pi$ (5) $\dfrac{1}{2}\displaystyle\int_{-\pi/4}^{\pi/4}\cos^2 2\theta\,d\theta = \dfrac{\pi}{8}$ (6) $\dfrac{1}{2}\displaystyle\int_0^{\pi}\sin^2 3\theta\,d\theta = \dfrac{\pi}{4}$
(7) $\dfrac{1}{2}\displaystyle\int_0^{\pi}(2+\sin\theta)^2\,d\theta - \dfrac{1}{2}\displaystyle\int_0^{\pi}2^2\,d\theta = 4+\dfrac{\pi}{4}$ (8) $\dfrac{1}{2}\displaystyle\int_0^{\pi}(1-\cos\theta)^2\,d\theta = \dfrac{3\pi}{4}$

問題 25.3 (1) $\dfrac{dr}{d\theta} = 2\cos\theta$ より $\displaystyle\int_0^{\pi}\sqrt{4\cos^2\theta + 4\sin^2\theta}\,d\theta = \displaystyle\int_0^{\pi}2\,d\theta = 2\pi$
(2) $\dfrac{dr}{d\theta} = -2\sin\left(\theta-\dfrac{\pi}{3}\right)$ より $\displaystyle\int_0^{\pi}\sqrt{4\sin^2\left(\theta-\dfrac{\pi}{3}\right)+4\cos^2\left(\theta-\dfrac{\pi}{3}\right)}\,d\theta = \displaystyle\int_0^{\pi}2\,d\theta = 2\pi$
(3) $\dfrac{dr}{d\theta} = -e^{-\theta}$ より $\displaystyle\int_0^{2\pi}\sqrt{e^{-2\theta}+e^{-2\theta}}\,d\theta = \displaystyle\int_0^{2\pi}\sqrt{2}\,e^{-\theta}\,d\theta = \sqrt{2}(1-e^{-2\pi})$
(4) $\dfrac{dr}{d\theta} = 2\theta$ より $\displaystyle\int_0^{3/2}\sqrt{4\theta^2+\theta^4}\,d\theta = \displaystyle\int_0^{3/2}\theta\sqrt{4+\theta^2}\,d\theta = \dfrac{61}{24}$
(5) $\dfrac{dr}{d\theta} = \sin\theta$ より $\displaystyle\int_0^{\pi}\sqrt{\sin^2\theta + (1-\cos\theta)^2}\,d\theta = \displaystyle\int_0^{\pi}2\sin\dfrac{\theta}{2}\,d\theta = 4$
(6) $\dfrac{dr}{d\theta} = \dfrac{\sin\theta}{(1+\cos\theta)^2}$ より $\displaystyle\int_0^{\pi/3}\dfrac{\sqrt{\sin^2\theta+(1+\cos\theta)^2}}{(1+\cos\theta)^2}\,d\theta = \displaystyle\int_0^{\pi/3}\dfrac{2\cos\frac{\theta}{2}}{4\cos^4\frac{\theta}{2}}\,d\theta = \displaystyle\int_0^{1/2}\dfrac{1}{(1-t^2)^2}\,dt$
$= \dfrac{1}{3} + \dfrac{1}{4}\log 3$ ($\sin\dfrac{\theta}{2} = t$ と置換)

§26

問題 26.1 (1) $\int_0^2 \left\{\int_0^3 4\,dy\right\}dx = \int_0^2 \left[4y\right]_{y=0}^{y=3} dx = \int_0^2 12\,dx = 24$

(2) $\int_0^4 \left\{\int_0^5 3x\,dy\right\}dx = \int_0^4 \left[3xy\right]_{y=0}^{y=5} dx = \int_0^4 15x\,dx = 120$

(3) $\int_{-3}^{-1} \left\{\int_1^3 (2x+y)\,dy\right\}dx = \int_{-3}^{-1} \left[2xy + \frac{1}{2}y^2\right]_{y=1}^{y=3} dx = \int_{-3}^{-1} (4x+4)\,dx = -8$

(4) $\int_1^2 \left\{\int_0^1 (x+2y+1)\,dy\right\}dx = \int_1^2 \left[xy + y^2 + y\right]_{y=0}^{y=1} dx = \int_1^2 (x+2)\,dx = \frac{7}{2}$

(5) $\int_1^2 \left\{\int_1^3 \frac{x}{y}\,dy\right\}dx = \int_1^2 \left[x\log|y|\right]_{y=1}^{y=3} dx = \int_1^2 (\log 3)x\,dx = \frac{3}{2}\log 3$

(6) $\int_1^{e^2} \left\{\int_{-1}^{\frac{1}{2}} \frac{1}{x}\,dy\right\}dx = \int_1^{e^2} \left[\frac{1}{x}y\right]_{y=-1}^{y=\frac{1}{2}} dx = \int_1^{e^2} \frac{3}{2}\cdot\frac{1}{x}\,dx = 3$

(7) $\int_0^{\frac{\pi}{2}} \left\{\int_0^{\frac{\pi}{2}} \sin(x+y)\,dy\right\}dx = \int_0^{\frac{\pi}{2}} \left\{\cos x - \cos\left(x+\frac{\pi}{2}\right)\right\}dx = 2$

(8) $\int_0^{\frac{\pi}{4}} \left\{\int_0^{\frac{\pi}{4}} \cos(x+y)\,dy\right\}dx = \int_0^{\frac{\pi}{4}} \left\{\sin\left(x+\frac{\pi}{4}\right) - \sin x\right\}dx = \sqrt{2} - 1$

(9) $\int_0^1 \left\{\int_0^{\frac{\pi}{2}} x\sin y\,dy\right\}dx = \int_0^1 \left[-x\cos y\right]_{y=0}^{y=\frac{\pi}{2}} dx = \int_0^1 x\,dx = \frac{1}{2}$

(10) $\int_0^{\frac{1}{2}} \left\{\int_0^2 y\cos\pi x\,dy\right\}dx = \int_0^{\frac{1}{2}} \left[\frac{1}{2}y^2 \cos\pi x\right]_{y=0}^{y=2} dx = \int_0^{\frac{1}{2}} 2\cos\pi x\,dx = \frac{2}{\pi}$

問題 26.2 D の図

(1) (2) 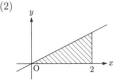 (3) (4)

(5) (6) (7) (8) (9)

(10) (11) (12) (13)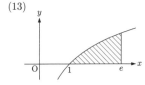

(14) 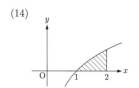 (15), (16) 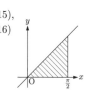 (17)   (18)

積分の値 (1) $\int_0^2 \left\{ \int_0^x (x+y)\,dy \right\} dx = \int_0^2 \left[xy + \frac{1}{2}y^2 \right]_{y=0}^{y=x} dx = \int_0^2 \frac{3}{2}x^2\,dx = 4$

(2) $\int_0^2 \left\{ \int_0^{\frac{1}{2}x} (x+2y)\,dy \right\} dx = \int_0^2 \left[xy + y^2 \right]_{y=0}^{y=\frac{1}{2}x} dx = \int_0^2 \frac{3}{4}x^2\,dx = 2$

(3) $\int_0^1 \left\{ \int_0^x 2y\,dy \right\} dx = \int_0^1 \left[y^2 \right]_{y=0}^{y=x} dx = \int_0^1 x^2\,dx = \frac{1}{3}$

(4) $\int_0^1 \left\{ \int_x^1 y\,dy \right\} dx = \int_0^1 \left[\frac{1}{2}y^2 \right]_{y=x}^{y=1} dx = \int_0^1 \frac{1}{2}(1-x^2)\,dx = \frac{1}{3}$

(5) $\int_0^1 \left\{ \int_0^{1-x} x\,dy \right\} dx = \int_0^1 \left[xy \right]_{y=0}^{y=1-x} dx = \int_0^1 (x - x^2)\,dx = \frac{1}{6}$

(6) $\int_1^2 \left\{ \int_0^{2-x} x\,dy \right\} dx = \int_1^2 \left[xy \right]_{y=0}^{y=2-x} dx = \int_1^2 (2x - x^2)\,dx = \frac{2}{3}$

(7) $\int_0^1 \left\{ \int_x^{2x} e^y\,dy \right\} dx = \int_0^1 \left[e^y \right]_{y=x}^{y=2x} dx = \int_0^1 (e^{2x} - e^x)\,dx = \frac{1}{2}e^2 - e + \frac{1}{2}$

(8) $\int_0^1 \left\{ \int_{1-x}^{1+x} e^x\,dy \right\} dx = \int_0^1 \left[e^x y \right]_{y=1-x}^{y=1+x} dx = \int_0^1 2xe^x\,dx = 2$

(9) $\int_0^2 \left\{ \int_0^{x^2} 2xy\,dy \right\} dx = \int_0^2 \left[xy^2 \right]_{y=0}^{y=x^2} dx = \int_0^2 x^5\,dx = \frac{32}{3}$

(10) $\int_0^1 \left\{ \int_{x^2}^1 x\sqrt{y}\,dy \right\} dx = \int_0^1 \left[\frac{2}{3}xy^{\frac{3}{2}} \right]_{y=x^2}^{y=1} dx = \int_0^1 \frac{2}{3}(x - x^4)\,dx = \frac{1}{5}$

(11) $\int_0^1 \left\{ \int_{\sqrt{x}}^1 \sqrt{x}\,dy \right\} dx = \int_0^1 \left[\sqrt{x}\,y \right]_{y=\sqrt{x}}^{y=1} dx = \int_0^1 (x^{\frac{1}{2}} - x)\,dx = \frac{1}{6}$

(12) $\int_1^2 \left\{ \int_{x^2}^4 \frac{x}{\sqrt{y}}\,dy \right\} dx = \int_1^2 \left[2xy^{\frac{1}{2}} \right]_{y=x^2}^{y=4} dx = \int_1^2 2(2x - x^2)\,dx = \frac{4}{3}$

(13) $\int_1^e \left\{ \int_0^{\log x} e^y\,dy \right\} dx = \int_1^e \left[e^y \right]_{y=0}^{y=\log x} dx = \int_1^e (x-1)\,dx = \frac{1}{2}e^2 - e + \frac{1}{2}$

(14) $\int_1^2 \left\{ \int_0^{\log x} e^{2y}\,dy \right\} dx = \int_1^2 \left[\frac{1}{2}e^{2y} \right]_{y=0}^{y=\log x} dx = \int_1^2 \frac{1}{2}(x^2 - 1)\,dx = \frac{2}{3}$

(15) $\int_0^{\frac{\pi}{2}} \left\{ \int_0^x \sin(x+y)\,dy \right\} dx = \int_0^{\frac{\pi}{2}} \left[-\cos(x+y) \right]_{y=0}^{y=x} dx = \int_0^{\frac{\pi}{2}} (\cos x - \cos 2x)\,dx = 1$

(16) $\int_0^{\frac{\pi}{2}} \left\{ \int_0^x \cos(x+y)\,dy \right\} dx = \int_0^{\frac{\pi}{2}} \left[\sin(x+y) \right]_{y=0}^{y=x} dx = \int_0^{\frac{\pi}{2}} (\sin 2x - \sin x)\,dx = 0$

(17) $\int_0^1 \left\{ \int_{y^2}^1 \sqrt{x}\,dx \right\} dy = \int_0^1 \left[\frac{2}{3}x^{\frac{3}{2}} \right]_{x=y^2}^{x=1} dy = \int_0^1 \frac{2}{3}(1-y^3)\,dy = \frac{1}{2}$

演習問題の解答　　　　　　　　　　　　　　　　　　　　　　　　　　247

(18) $\int_0^{\frac{\pi}{2}}\left\{\int_0^{\frac{\pi}{2}-y}\cos(x+y)\,dx\right\}dy = \int_0^{\frac{\pi}{2}}\Big[\sin(x+y)\Big]_{x=0}^{x=\frac{\pi}{2}-y}dy = \int_0^{\frac{\pi}{2}}(1-\sin y)\,dy = \frac{\pi}{2}-1$

問題 26.3 D の図

(1) 　(2) 　(3) 　(4)

(5) 　(6) 　(7) 　(8)

(9) 　(10)

積分の値 (3), (8), (10) は x, y を交替しても同じである.

(1) $\int_0^{\frac{1}{2}}\left\{\int_0^{1-2x}x\,dy\right\}dx = \int_0^{\frac{1}{2}}\Big[xy\Big]_{y=0}^{y=1-2x}dx = \int_0^{\frac{1}{2}}(x-2x^2)\,dx = \frac{1}{24}$

または $\int_0^1\left\{\int_0^{\frac{1}{2}(1-y)}x\,dx\right\}dy = \int_0^1\left[\frac{1}{2}x^2\right]_{x=0}^{x=\frac{1}{2}(1-y)}dy = \int_0^1\frac{1}{8}(y-1)^2\,dy = \frac{1}{24}$

(2) $\int_0^{\frac{\pi}{2}}\left\{\int_0^{\pi-2x}\sin(x+y)\,dy\right\}dx = \int_0^{\frac{\pi}{2}}\Big[-\cos(x+y)\Big]_{y=0}^{y=\pi-2x}dx = \int_0^{\frac{\pi}{2}}2\cos x\,dx = 2$

または $\int_0^\pi\left\{\int_0^{\frac{1}{2}(\pi-y)}\sin(x+y)\,dx\right\}dy = \int_0^\pi\left(\sin\frac{y}{2}+\cos y\right)dy = 2$

(3) $\int_0^1\left\{\int_{1-x}^1 xy\,dy\right\}dx = \int_0^1\left[\frac{1}{2}xy^2\right]_{y=1-x}^{y=1}dx = \int_0^1\left(x^2-\frac{1}{2}x^3\right)dx = \frac{5}{24}$

(4) $\int_0^1\left\{\int_{2x}^2(x+2y)\,dy\right\}dx = \int_0^1\Big[xy+y^2\Big]_{y=2x}^{y=2}dx = \int_0^1(2x+4-6x^2)\,dx = 3$

または $\int_0^2\left\{\int_0^{\frac{1}{2}y}(x+2y)\,dx\right\}dy = \int_0^2\left[\frac{1}{2}x^2+2yx\right]_{x=0}^{x=\frac{1}{2}y}dy = \int_0^2\frac{9}{8}y^2\,dy = 3$

(5) $\int_0^1\left\{\int_{x^2}^x x\,dy\right\}dx = \int_0^1\Big[xy\Big]_{y=x^2}^{y=x}dx = \int_0^1(x^2-x^3)\,dx = \frac{1}{12}$

または $\int_0^1\left\{\int_y^{\sqrt{y}}x\,dx\right\}dy = \int_0^1\left[\frac{1}{2}x^2\right]_{x=y}^{x=\sqrt{y}}dy = \int_0^1\frac{1}{2}(y-y^2)\,dy = \frac{1}{12}$

(6) $\int_0^2 \left\{ \int_{x^2}^{2x} (x+2y)\,dy \right\} dx = \int_0^2 \left[xy + y^2 \right]_{y=x^2}^{y=2x} dx = \int_0^2 (6x^2 - x^3 - x^4)\,dx = \dfrac{28}{5}$

または $\int_0^4 \left\{ \int_{\frac{1}{2}y}^{\sqrt{y}} (x+2y)\,dx \right\} dy = \int_0^4 \left[\dfrac{1}{2}x^2 + 2yx \right]_{x=\frac{1}{2}y}^{x=\sqrt{y}} dy = \int_0^4 \left(\dfrac{1}{2}y + 2y^{\frac{3}{2}} - \dfrac{9}{8}y^2 \right) dy = \dfrac{28}{5}$

(7) $\int_0^1 \left\{ \int_x^{\sqrt{x}} y\,dy \right\} dx = \int_0^1 \left[\dfrac{1}{2}y^2 \right]_{y=x}^{y=\sqrt{x}} dx = \int_0^1 \dfrac{1}{2}(x - x^2)\,dx = \dfrac{1}{12}$

または $\int_0^1 \left\{ \int_{y^2}^{y} y\,dx \right\} dy = \int_0^1 \left[yx \right]_{x=y^2}^{x=y} dy = \int_0^1 (y^2 - y^3)\,dy = \dfrac{1}{12}$

(8) $\int_0^1 \left\{ \int_{x^2}^{\sqrt{x}} xy\,dy \right\} dx = \int_0^1 \left[\dfrac{1}{2}xy^2 \right]_{y=x^2}^{y=\sqrt{x}} dx = \int_0^1 \dfrac{1}{2}(x^2 - x^5)\,dx = \dfrac{1}{12}$

(9) $\int_0^1 \left\{ \int_0^{\sqrt{1-x^2}} y\,dy \right\} dx = \int_0^1 \left[\dfrac{1}{2}y^2 \right]_{y=0}^{y=\sqrt{1-x^2}} dx = \int_0^1 \dfrac{1}{2}(1-x^2)\,dx = \dfrac{1}{3}$

または $\int_0^1 \left\{ \int_0^{\sqrt{1-y^2}} y\,dx \right\} dy = \int_0^1 y\sqrt{1-y^2}\,dy = \dfrac{1}{2}\int_0^1 \sqrt{t}\,dt = \dfrac{1}{3}\ \ (1-y^2 = t)$

(10) $\int_0^1 \left\{ \int_{1-x}^{\sqrt{1-x^2}} xy\,dy \right\} dx = \int_0^1 \left[\dfrac{1}{2}xy^2 \right]_{y=1-x}^{y=\sqrt{1-x^2}} dx = \int_0^1 (x^2 - x^3)\,dx = \dfrac{1}{12}$

問題 26.4 D の図

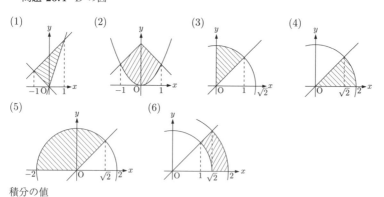

積分の値

(1) $\int_{-1}^0 \left\{ \int_{-x}^{x+2} 2y\,dy \right\} dx + \int_0^1 \left\{ \int_{3x}^{x+2} 2y\,dy \right\} dx = \int_{-1}^0 (4x+4)\,dx + \int_0^1 (-8x^2+4x+4)\,dx = \dfrac{16}{3}$

または $\int_0^1 \left\{ \int_{-y}^{\frac{1}{3}y} 2y\,dx \right\} dy + \int_1^3 \left\{ \int_{y-2}^{\frac{1}{3}y} 2y\,dx \right\} dy = \dfrac{16}{3}$

(2) $\int_{-1}^1 \left\{ \int_{x^2}^{2-|x|} y\,dy \right\} dx = 2\int_0^1 \left\{ \int_{x^2}^{2-x} y\,dy \right\} dx = \int_0^1 \{(x-2)^2 - x^4\}\,dx = \dfrac{32}{15}$

または $\int_0^1 \left\{ 2\int_0^{\sqrt{y}} y\,dx \right\} dy + \int_1^2 \left\{ 2\int_0^{2-y} y\,dx \right\} dy = \dfrac{32}{15}$

(3) $\int_0^1 \left\{ \int_x^{\sqrt{2-x^2}} 2xy\,dy \right\} dx = \int_0^1 (2x - 2x^3)\,dx = \dfrac{1}{2}$

または $\displaystyle\int_0^1\left\{\int_0^y 2xy\,dx\right\}dy+\int_1^{\sqrt{2}}\left\{\int_0^{\sqrt{2-y^2}}2xy\,dx\right\}dy=\frac{1}{2}$

(4) $\displaystyle\int_0^{\sqrt{2}}\left\{\int_0^x x\,dy\right\}dx+\int_{\sqrt{2}}^2\left\{\int_0^{\sqrt{4-x^2}}x\,dy\right\}dx=\int_0^{\sqrt{2}}x^2\,dx+\int_{\sqrt{2}}^2 x\sqrt{4-x^2}\,dx=\frac{4\sqrt{2}}{3}$

または $\displaystyle\int_0^{\sqrt{2}}\left\{\int_y^{\sqrt{4-y^2}}x\,dx\right\}dy=\int_0^{\sqrt{2}}(2-y^2)\,dy=\frac{4\sqrt{2}}{3}$

(5) $\displaystyle\int_{-2}^{\sqrt{2}}\left\{\int_0^{\sqrt{4-x^2}}y\,dy\right\}dx-\int_0^{\sqrt{2}}\left\{\int_0^x y\,dy\right\}dx=\int_{-2}^{\sqrt{2}}\frac{1}{2}(4-x^2)\,dx-\int_0^{\sqrt{2}}\frac{1}{2}x^2\,dx=\frac{8+4\sqrt{2}}{3}$

または $\displaystyle\int_0^{\sqrt{2}}\left\{\int_{-\sqrt{4-y^2}}^y y\,dx\right\}dy+\int_{\sqrt{2}}^2\left\{\int_{-\sqrt{4-y^2}}^{\sqrt{4-y^2}}y\,dx\right\}dy=\frac{8+4\sqrt{2}}{3}$

(6) $\displaystyle\int_1^{\sqrt{2}}\left\{\int_{\sqrt{2-x^2}}^x 2xy\,dy\right\}dx+\int_{\sqrt{2}}^2\left\{\int_0^{\sqrt{4-x^2}}2xy\,dy\right\}dx=\int_1^{\sqrt{2}}(2x^3-2x)\,dx$

$+\displaystyle\int_{\sqrt{2}}^2(4x-x^3)\,dx=\frac{3}{2}$ または $\displaystyle\int_0^1\left\{\int_{\sqrt{2-y^2}}^{\sqrt{4-y^2}}2xy\,dx\right\}dy+\int_1^{\sqrt{2}}\left\{\int_y^{\sqrt{4-y^2}}2xy\,dx\right\}dy=\frac{3}{2}$

問題 26.5 (1) $\displaystyle\int_0^1 dy\int_y^1 f(x,y)\,dx$ (2) $\displaystyle\int_0^2 dy\int_{\frac{1}{2}y}^y f(x,y)\,dx$

(3) $\displaystyle\int_0^3 dy\int_{-\sqrt{9-y^2}}^{\sqrt{9-y^2}}f(x,y)\,dx$ (4) $\displaystyle\int_0^2 dy\int_{-(2-y)}^{2-y}f(x,y)\,dx$

問題 26.6 (1) $\displaystyle\int_0^2\left\{\int_y^2(x+y)\,dx\right\}dy=\int_0^2\left[\frac{1}{2}x^2+yx\right]_{x=y}^{x=2}dy=\int_0^2\left(2+2y-\frac{3}{2}y^2\right)dy=4$

(2) $\displaystyle\int_0^1\left\{\int_{2y}^2(x+2y)\,dx\right\}dy=\int_0^1\left[\frac{1}{2}x^2+2yx\right]_{x=2y}^{x=2}dy=\int_0^1(2+4y-6y^2)\,dy=2$

(3) $\displaystyle\int_0^1\left\{\int_y^1 2y\,dx\right\}dy=\int_0^1\left[2yx\right]_{x=y}^{x=1}dy=\int_0^1(2y-2y^2)\,dy=\frac{1}{3}$

(4) $\displaystyle\int_0^1\left\{\int_0^y y\,dx\right\}dy=\int_0^1\left[yx\right]_{x=0}^{x=y}dy=\int_0^1 y^2\,dy=\frac{1}{3}$

(5) $\displaystyle\int_0^1\left\{\int_0^{1-y}x\,dx\right\}dy=\int_0^1\left[\frac{1}{2}x^2\right]_{x=0}^{x=1-y}dy=\int_0^1\frac{1}{2}(y^2-2y+1)\,dy=\frac{1}{6}$

(6) $\displaystyle\int_0^1\left\{\int_1^{2-y}x\,dx\right\}dy=\int_0^1\left[\frac{1}{2}x^2\right]_{x=1}^{x=2-y}dy=\int_0^1\frac{1}{2}(y^2-4y+3)\,dy=\frac{2}{3}$

(7) $\displaystyle\int_0^1\left\{\int_{\frac{1}{2}y}^y e^y\,dx\right\}dy+\int_1^2\left\{\int_{\frac{1}{2}y}^1 e^y\,dx\right\}dy=\int_0^1\frac{1}{2}ye^y\,dy+\int_1^2\left(e^y-\frac{1}{2}ye^y\right)dy=\frac{1}{2}e^2-e+\frac{1}{2}$

(8) $\displaystyle\int_0^1\left\{\int_{1-y}^1 e^x\,dx\right\}dy+\int_1^2\left\{\int_{y-1}^1 e^x\,dx\right\}dy=\int_0^1(e-e^{1-y})\,dy+\int_1^2(e-e^{y-1})\,dy=2$

(9) $\displaystyle\int_0^4\left\{\int_{\sqrt{y}}^2 2xy\,dx\right\}dy=\int_0^4\left[x^2 y\right]_{x=\sqrt{y}}^{x=2}dy=\int_0^4(4y-y^2)\,dy=\frac{32}{3}$

(10) $\displaystyle\int_0^1\left\{\int_0^{\sqrt{y}}x\sqrt{y}\,dx\right\}dy=\int_0^1\left[\frac{1}{2}x^2\sqrt{y}\right]_{x=0}^{x=\sqrt{y}}dy=\int_0^1\frac{1}{2}y\sqrt{y}\,dy=\frac{1}{5}$

250

(11) $\int_0^1 \left\{ \int_0^{y^2} \sqrt{x}\, dx \right\} dy = \int_0^1 \left[\frac{2}{3} x^{\frac{3}{2}} \right]_{x=0}^{x=y^2} dy = \int_0^1 \frac{2}{3} y^3\, dy = \frac{1}{6}$

(12) $\int_1^4 \left\{ \int_1^{\sqrt{y}} \frac{x}{\sqrt{y}}\, dx \right\} dy = \int_1^4 \left[\frac{x^2}{2\sqrt{y}} \right]_{x=1}^{x=\sqrt{y}} dy = \int_1^4 \left(\frac{\sqrt{y}}{2} - \frac{1}{2\sqrt{y}} \right) dy = \frac{4}{3}$

(13) $\int_0^1 \left\{ \int_{e^y}^{e} e^y\, dx \right\} dy = \int_0^1 \left[e^y x \right]_{x=e^y}^{x=e} dy = \int_0^1 (e^{y+1} - e^{2y})\, dy = \frac{1}{2} e^2 - e + \frac{1}{2}$

(14) $\int_0^{\log 2} \left\{ \int_{e^y}^{2} e^{2y}\, dx \right\} dy = \int_0^{\log 2} \left[e^{2y} x \right]_{x=e^y}^{x=2} dy = \int_0^{\log 2} (2e^{2y} - e^{3y})\, dy = \frac{2}{3}$

(15) $\int_0^{\frac{\pi}{2}} \left\{ \int_y^{\frac{\pi}{2}} \sin(x+y)\, dx \right\} dy = \int_0^{\frac{\pi}{2}} \left[-\cos(x+y) \right]_{x=y}^{x=\frac{\pi}{2}} dy = \int_0^{\frac{\pi}{2}} (\sin y + \cos 2y)\, dy = 1$

(16) $\int_0^{\frac{\pi}{2}} \left\{ \int_y^{\frac{\pi}{2}} \cos(x+y)\, dx \right\} dy = \int_0^{\frac{\pi}{2}} \left[\sin(x+y) \right]_{x=y}^{x=\frac{\pi}{2}} dy = \int_0^{\frac{\pi}{2}} (\cos y - \sin 2y)\, dy = 0$

(17) $\int_0^1 \left\{ \int_0^{\sqrt{x}} \sqrt{x}\, dy \right\} dx = \int_0^1 \left[\sqrt{x}\, y \right]_{y=0}^{y=\sqrt{x}} dx = \int_0^1 x\, dx = \frac{1}{2}$

(18) $\int_0^{\frac{\pi}{2}} \left\{ \int_y^{\frac{\pi}{2}-x} \cos(x+y)\, dy \right\} dx = \int_0^{\frac{\pi}{2}} \left[\sin(x+y) \right]_{y=0}^{y=\frac{\pi}{2}-x} dx = \int_0^{\frac{\pi}{2}} (1 - \sin x)\, dx = \frac{\pi}{2} - 1$

問題 26.7 積分の順序を交換する．(3), (4) は部分積分が不要となる．

(1) $\int_0^1 dy \int_0^y y e^{y^3} dx = \int_0^1 y^2 e^{y^3} dy = \left[\frac{1}{3} e^{y^3} \right]_0^1 = \frac{e-1}{3}$

(2) $\int_0^{\sqrt{\pi}} dy \int_0^y \sin(y^2)\, dx = \int_0^{\sqrt{\pi}} y \sin(y^2)\, dy = \left[-\frac{1}{2} \cos(y^2) \right]_0^{\sqrt{\pi}} = 1$

(3) $\int_1^2 dy \int_{\frac{2}{y}}^2 y e^{xy} dx = \int_1^2 (e^{2y} - e^2)\, dy = \left[\frac{1}{2} e^{2y} - e^2 y \right]_1^2 = \frac{e^4 - 3e^2}{2}$

(4) $\int_3^6 dy \int_{\frac{1}{9}y^2}^{y-2} \frac{1}{y} dx = \int_3^6 \left(1 - \frac{2}{y} - \frac{1}{9} y \right) dy = \left[y - 2 \log |y| - \frac{1}{18} y^2 \right]_3^6 = \frac{3}{2} - 2 \log 2$

§27

問題 27.1 D の図

(1), (10)

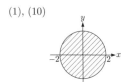

(2)

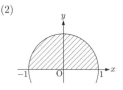

(3)

(4)

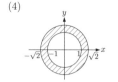

(5)

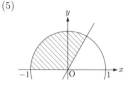

(6)

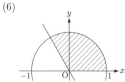

(7) (8) 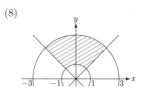 (9)

積分の値

(1) $\int_0^{2\pi}\left\{\int_0^2 r\,dr\right\}d\theta = \int_0^{2\pi} 2\,d\theta = 4\pi$ (2) $\int_0^{\pi}\left\{\int_0^1 r^2\sin\theta\,dr\right\}d\theta = \int_0^{\pi}\frac{1}{3}\sin\theta\,d\theta = \frac{2}{3}$

(3) $\int_0^{2\pi}\left\{\int_1^2 r^3\,dr\right\}d\theta = \int_0^{2\pi}\frac{15}{4}\,d\theta = \frac{15}{2}\pi$ (4) $\int_0^{2\pi}\left\{\int_1^{\sqrt{2}}\frac{1}{r}\,dr\right\}d\theta = \int_0^{2\pi}\frac{1}{2}\log 2\,d\theta = \pi\log 2$

(5) $\int_{\frac{\pi}{3}}^{\pi}\left\{\int_0^1 2r^3\cos\theta\sin\theta\,dr\right\}d\theta = \int_{\frac{\pi}{3}}^{\pi}\frac{1}{4}\sin 2\theta\,d\theta = -\frac{3}{16}$

(6) $\int_0^{\frac{2\pi}{3}}\left\{\int_0^1 2r^3\cos\theta\sin\theta\,dr\right\}d\theta = \int_0^{\frac{2\pi}{3}}\frac{1}{4}\sin 2\theta\,d\theta = \frac{3}{16}$

(7) $\int_0^{\frac{\pi}{2}}\left\{\int_1^2 r^2(\cos\theta+\sin\theta)\,dr\right\}d\theta = \int_0^{\frac{\pi}{2}}\frac{7}{3}(\cos\theta+\sin\theta)\,d\theta = \frac{14}{3}$

(8) $\int_{\frac{\pi}{4}}^{\frac{3\pi}{4}}\left\{\int_1^3 r^3\sin^2\theta\,dr\right\}d\theta = \int_{\frac{\pi}{4}}^{\frac{3\pi}{4}} 10(1-\cos 2\theta)\,d\theta = 10+5\pi$

(9) $\int_0^{\frac{\pi}{2}}\left\{\int_0^2 \frac{r}{\sqrt{1+2r^2}}\,dr\right\}d\theta = \int_0^{\frac{\pi}{2}}\left\{\int_1^9 \frac{1}{4\sqrt{t}}\,dt\right\}d\theta = \int_0^{\frac{\pi}{2}} 1\,d\theta = \frac{\pi}{2}$

(10) $\int_0^{2\pi}\left\{\int_0^2 r\sqrt{4-r^2}\,dr\right\}d\theta = \int_0^{2\pi}\left\{\int_0^4 \frac{1}{2}\sqrt{t}\,dt\right\}d\theta = \int_0^{2\pi}\frac{8}{3}\,d\theta = \frac{16}{3}\pi$

問題 27.2 (3) $\int_{\frac{\pi}{4}}^{\frac{\pi}{2}}\left\{\int_0^{\sqrt{2}} 2r^3\cos\theta\sin\theta\,dr\right\}d\theta = \frac{1}{2}$ (4) $\int_0^{\frac{\pi}{4}}\left\{\int_0^2 r^2\cos\theta\,dr\right\}d\theta = \frac{4\sqrt{2}}{3}$

(5) $\int_{\frac{\pi}{4}}^{\pi}\left\{\int_0^2 r^2\sin\theta\,dr\right\}d\theta = \frac{8+4\sqrt{2}}{3}$ (6) $\int_0^{\frac{\pi}{4}}\left\{\int_{\sqrt{2}}^2 2r^3\cos\theta\sin\theta\,dr\right\}d\theta = \frac{3}{2}$

問題 27.3 (1) $\int_0^{\pi} d\theta \int_0^a f(r\cos\theta,\ r\sin\theta)\cdot r\,dr$ (2) $\int_{\frac{\pi}{3}}^{\frac{\pi}{2}} d\theta \int_0^a f(r\cos\theta,\ r\sin\theta)\cdot r\,dr$

問題 27.4 (1) $\int_{-1}^1\left\{\int_{1-\sqrt{1-y^2}}^{1+\sqrt{1-y^2}} x\,dx\right\}dy = \int_{-1}^1 2\sqrt{1-y^2}\,dy = \int_{-\frac{\pi}{2}}^{\frac{\pi}{2}} 2\cos^2\theta\,d\theta = \pi$

(2) $\int_{-\frac{\pi}{2}}^{\frac{\pi}{2}}\left\{\int_0^{2\cos\theta} r^2\cos\theta\,dr\right\}d\theta = \int_{-\frac{\pi}{2}}^{\frac{\pi}{2}}\frac{8}{3}\cos^4\theta\,d\theta = \frac{16}{3}\int_0^{\frac{\pi}{2}}\cos^4\theta\,d\theta = \pi$

問題 27.5 (1) $\int_0^2\left\{\int_{-x+2}^{x+2} 2y\,dy\right\}dx + \int_2^4\left\{\int_{x-2}^{-x+6} 2y\,dy\right\}dx = 32$

(2) $\dfrac{\partial(x,y)}{\partial(s,t)} = \det\begin{pmatrix}\frac{1}{2} & -\frac{1}{2} \\ \frac{1}{2} & \frac{1}{2}\end{pmatrix} = \frac{1}{2}$ であり,

$I = \iint_{2\leqq s\leqq 6,\,-2\leqq t\leqq 2}(s+t)\cdot\frac{1}{2}\,dsdt = \int_2^6\left\{\int_{-2}^2\frac{1}{2}(s+t)\,dt\right\}ds = 32$

問題 27.6 $x = u - uv, y = uv$ より，$\dfrac{\partial(x,y)}{\partial(u,v)} = \det\begin{pmatrix} 1-v & -u \\ v & u \end{pmatrix} = u$ であり，

$$J = \iint_{0 \leq u \leq 1, 0 \leq v \leq 1} e^v \cdot |u| \, dudv = \int_0^1 \left\{ \int_0^1 u e^v \, dv \right\} du = \frac{e-1}{2}$$

問題 27.7 (1) $\displaystyle\lim_{R \to \infty} \left(\frac{1}{3e^3} - \frac{1}{3e^{3R}} \right) = \frac{1}{3e^3}$ (2) $\displaystyle\lim_{R \to \infty} \left(\frac{1}{e^2} - \frac{1}{e^R} \right) = \frac{1}{e^2}$ (3) $\displaystyle\lim_{R \to \infty} \left(2 - \frac{2}{\sqrt{R}} \right) = 2$

(4) $\displaystyle\lim_{R \to \infty} (3\sqrt[3]{R} - 3) = \infty$ (5) $\displaystyle\lim_{R \to \infty} \left(\frac{1}{2} - \frac{1}{2(R-1)^2} \right) = \frac{1}{2}$ (6) $\displaystyle\lim_{R \to \infty} (2\sqrt{R-1} - 2) = \infty$

(7) $\displaystyle\lim_{R \to \infty} \frac{1}{2} \log(R^2 + 1) = \infty$ (8) $\displaystyle\lim_{R \to \infty} \frac{1}{2} \arctan R^2 = \frac{\pi}{4}$

問題 27.8 (1) $\Gamma(x+1) = \displaystyle\int_0^\infty t^x (-e^{-t})' \, dt = \left[t^x \cdot (-e^{-t}) \right]_0^\infty - \int_0^\infty (t^x)'(-e^{-t}) \, dt$

$= \displaystyle\int_0^\infty x t^{x-1} e^{-t} \, dt = x \int_0^\infty t^{x-1} e^{-t} \, dt = x \Gamma(x)$

(2) $\Gamma(1) = \displaystyle\int_0^\infty e^{-t} \, dt = 1$ であり，$\Gamma(n+1) = n\Gamma(n) = \cdots = n \cdot (n-1) \cdots 1 \cdot \Gamma(1) = n!$

(3) $dt = 2u \, du$ より，$\Gamma(x) = \displaystyle\int_0^\infty (u^2)^{x-1} e^{-u^2} \cdot 2u \, du = 2 \int_0^\infty u^{2x-1} e^{-u^2} \, du$

(4) $\Gamma(x)\Gamma(y) = 4 \displaystyle\iint_{0 \leq u < \infty, 0 \leq v < \infty} u^{2x-1} v^{2y-1} e^{-(u^2+v^2)} \, dudv$

$= 4 \displaystyle\int_0^{\frac{\pi}{2}} \left\{ \int_0^\infty r^{2(x+y)-1} e^{-r^2} (\cos\theta)^{2x-1} (\sin\theta)^{2y-1} \, dr \right\} d\theta$

$= 4 \displaystyle\int_0^{\frac{\pi}{2}} (\cos\theta)^{2x-1} (\sin\theta)^{2y-1} \cdot \frac{1}{2} \Gamma(x+y) \, d\theta = 2 \int_0^{\frac{\pi}{2}} (\cos\theta)^{2x-1} (\sin\theta)^{2y-1} d\theta \cdot \Gamma(x+y)$

§28

問題 28.1 (1) $\displaystyle\iint_{-1 \leq x \leq 1, -1 \leq y \leq 1} (x+1) \, dxdy = \int_{-1}^1 \left\{ \int_{-1}^1 (x+1) \, dy \right\} dx = 4$

(2) $\displaystyle\iint_{-1 \leq x \leq 1, -1 \leq y \leq 1} (x^2 + y^2) \, dxdy = \int_{-1}^1 \left\{ \int_{-1}^1 (x^2 + y^2) \, dy \right\} dx = \frac{8}{3}$

(3) $\displaystyle\iint_{0 \leq x \leq 1, 0 \leq y \leq x} 2y \, dxdy = \int_0^1 \left\{ \int_0^x 2y \, dy \right\} dx = \frac{1}{3}$

(4) $\displaystyle\iint_{0 \leq x \leq 1, 0 \leq y \leq x} x^2 \, dxdy = \int_0^1 \left\{ \int_0^x x^2 \, dy \right\} dx = \frac{1}{4}$

(5) $\displaystyle\iint_{x^2+y^2 \leq 1} (1 - y^2) \, dxdy = \int_0^{2\pi} \left\{ \int_0^1 (1 - r^2 \sin^2\theta) r \, dr \right\} d\theta = \frac{3}{4}\pi$

(6) $\displaystyle\iint_{x^2+y^2 \leq 1, y \geq 0} 2y \, dxdy = \int_0^\pi \left\{ \int_0^1 2r^2 \sin\theta \, dr \right\} d\theta = \frac{4}{3}$

(7) $2 \displaystyle\iint_{x^2+y^2 \leq 1} \sqrt{4 - x^2 - y^2} \, dxdy = 2 \int_0^{2\pi} \left\{ \int_0^1 r\sqrt{4 - r^2} \, dr \right\} d\theta = \frac{32 - 12\sqrt{3}}{3} \pi$

(8) $\displaystyle\iint_{x^2+y^2 \leq 4, x \leq 1} (1 - x) \, dxdy = \int_0^1 \left\{ \int_{-\sqrt{3}x}^{\sqrt{3}x} (1 - x) \, dy \right\} dx + \int_{\frac{\pi}{3}}^{\frac{5\pi}{3}} \left\{ \int_0^2 (1 - r\cos\theta) r \, dr \right\} d\theta$

$= 3\sqrt{3} + \dfrac{8}{3}\pi$

問題 28.2 (1) $\displaystyle\iint_{-1\leqq x\leqq 1,\,-1\leqq y\leqq 1} 3\,dxdy = \int_{-1}^{1}\left\{\int_{-1}^{1} 3\,dy\right\}dx = 12$

(2) $\displaystyle\iint_{x\geqq 0,\,y\geqq 0,\,3x+4y\leqq 12}\sqrt{26}\,dxdy = \int_{0}^{4}\left\{\int_{0}^{3-\frac{3}{4}x}\sqrt{26}\,dy\right\}dx = 6\sqrt{26}$

(3) $\displaystyle\iint_{x^2+y^2\leqq 1}\sqrt{3}\,dxdy = \int_{0}^{2\pi}\left\{\int_{0}^{1}\sqrt{3}\,r\,dr\right\}d\theta = \sqrt{3}\,\pi$

(4) $\displaystyle\iint_{x^2+y^2\leqq 2}\sqrt{1+4x^2+4y^2}\,dxdy = \int_{0}^{2\pi}\left\{\int_{0}^{\sqrt{2}} r\sqrt{1+4r^2}\,dr\right\}d\theta = \dfrac{13}{3}\pi$

(5) $\displaystyle\iint_{x^2+y^2\leqq\frac{a^2}{4}}\dfrac{a}{\sqrt{a^2-x^2-y^2}}\,dxdy = \int_{0}^{2\pi}\left\{\int_{0}^{\frac{a}{2}}\dfrac{ar}{\sqrt{a^2-r^2}}\,dr\right\}d\theta = (2-\sqrt{3})\pi a^2$

(6) $\displaystyle\iint_{x^2+y^2\leqq ax}\dfrac{a}{\sqrt{a^2-x^2-y^2}}\,dxdy = \int_{-\frac{\pi}{2}}^{\frac{\pi}{2}}\left\{\int_{0}^{a\cos\theta}\dfrac{ar}{\sqrt{a^2-r^2}}\,dr\right\}d\theta = (\pi-2)a^2$

問題 28.3 D の図 (1)   (2)

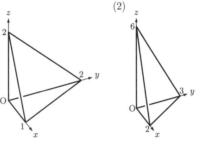

積分の値 (1) $\displaystyle\int_{0}^{1}\left\{\int_{0}^{2-2x}\left\{\int_{0}^{2-2x-y} y\,dz\right\}dy\right\}dx = \int_{0}^{1}\left\{\int_{0}^{2-2x}\{2(1-x)y-y^2\}\,dy\right\}dx$

$= \displaystyle\int_{0}^{1}\dfrac{4}{3}(1-x)^3\,dx = \dfrac{1}{3}$

(2) $\displaystyle\int_{0}^{2}\left\{\int_{0}^{3-\frac{3}{2}x}\left\{\int_{0}^{6-3x-2y} x\,dz\right\}dy\right\}dx = \int_{0}^{2}\left\{\int_{0}^{3-\frac{3}{2}x}(6x-3x^2-2xy)\,dy\right\}dx$

$= \displaystyle\int_{0}^{2} x\left(3-\dfrac{3}{2}x\right)^2 dx = 3$

問題 28.4

(1) $\displaystyle\int_{0}^{\frac{\pi}{2}}d\phi\int_{0}^{\frac{\pi}{2}}d\theta\int_{0}^{2} r^4\sin^3\theta\sin\phi\cos\phi\,dr = \int_{0}^{\frac{\pi}{2}}\dfrac{1}{2}\sin 2\phi\,d\phi\cdot\int_{0}^{\frac{\pi}{2}}\sin^3\theta\,d\theta\cdot\int_{0}^{2} r^4\,dr = \dfrac{32}{15}$

(2) $\displaystyle\int_{0}^{2\pi}d\phi\int_{0}^{\frac{\pi}{2}}d\theta\int_{1}^{2} r^5\sin^3\theta\sin^2\phi\cos\theta\,dr = \int_{0}^{2\pi}\sin^2\phi\,d\phi\cdot\int_{0}^{\frac{\pi}{2}}\sin^3\theta\cos\theta\,d\theta\cdot\int_{1}^{2} r^5\,dr = \dfrac{21}{8}\pi$

ギリシャ文字

小文字	大文字	対応する英文字	英語名	読み方
α	A	a	alpha	アルファ
β	B	b	beta	ベータ
γ	Γ	g	gamma	ガンマ
δ	Δ	d	delta	デルタ
ε, ϵ	E	e	epsilon	イプシロン
ζ	Z	z	zeta	ゼータ
η	H	ē	eta	イータ, エータ
θ, ϑ	Θ	th	theta	シータ, テータ
ι	I	i	iota	イオタ
κ	K	k	kappa	カッパ
λ	Λ	l	lambda	ラムダ
μ	M	m	mu	ミュー
ν	N	n	nu	ニュー
ξ	Ξ	x	xi	グザイ, クシー
o	O	o	omicron	オミクロン
π	Π	p	pi	パイ
ρ	P	r	rho	ロー
σ	Σ	s	sigma	シグマ
τ	T	t	tau	タウ
υ	Υ	y (u)	upsilon	ウプシロン
ϕ, φ	Φ	ph	phi	ファイ
χ	X	ch	chi	カイ
ψ	Ψ	ps	psi	プサイ
ω	Ω	ō	omega	オメガ

索引

あ行

1次近似式 64
陰関数 92
　――の微分法 92
上に凸 77
n 階導関数 54
n 次近似式 65, 70
n 乗関数 9

か行

ガウス積分 195
加法定理 18
関数 1
　――の増減 73
ガンマ関数 199
奇関数 7, 144
逆三角関数 48
極限 2
極限値 2
極座標 169
極小 74
　――(2変数関数) 99
極小値 74
曲線の長さ 157
　極方程式で表された―― 178
　媒介変数で表された―― 159
極大 74
　――(2変数関数) 99
極大値 74
極値 74
　――(2変数関数) 99
極方程式 170
　――で表された曲線の長さ 178
　――による面積 176
　――のグラフ 171
偶関数 7, 144
原始関数 105
減少 73
高階導関数 54
高階偏導関数 85
合成関数 37

さ行

　――の微分法 37
　――の微分法(偏微分) 91
コーシーの剰余 70
コーシーの平均値の定理 61
弧度法 14

さ行

三角関数 15
三角比 14
3重積分 204
指数関数 26
指数法則 9, 26
自然対数 28
自然対数の底 e 27
下に凸 77
重積分 181
　一般の領域における―― 184
　極座標による―― 193
　長方形領域における―― 181
収束 2
　――(2変数関数) 88
商の微分法 35
常用対数 28
積の微分法 35
積分する 106
積分定数 106
積を和・差になおす公式 19
接線 5
　――の方程式 5
接平面 90
　――の方程式 90
漸近線 78
全微分 90
全微分可能 90
増加 73

た行

対数関数 28
対数微分法 40
対数法則 29
体積 154, 181

回転体の―― 154
　　立体の―― 156
置換積分法 111
　　――（定積分） 142
　　――（重積分） 197
調和関数 87
直交座標 169
定数関数 61
定積分 135
　　偶関数と奇関数の―― 144
定積分の平均値の定理 138
テイラー近似式 65, 70
　　――（2変数関数） 97
テイラー展開 165
導関数 6
　　n階―― 54
　　高階―― 54
　　2階―― 54

な 行

2階導関数 54
2階偏導関数 85
2次近似式 65
　　――（2変数関数） 97
2倍角の公式 19
2変数関数 81

は 行

媒介変数 42
　　――で表された曲線の長さ 159
媒介変数表示 42
　　――された関数の微分法 43
発散 3
パラメータ 42
パラメータ表示 42
半角の公式 19
左側極限 3
微分可能 4
微分係数 4
微分する 6
微分積分学の基本定理 139
不定形の極限 62
不定積分 106

部分積分法 117
　　――（定積分） 145
部分分数展開 123
平均値の定理 60
　　コーシーの―― 61
　　定積分の―― 138
ベータ関数 199
ベキ級数 164
ベキ乗関数 9
ベルヌーイの剰余 70, 163
変曲点 77
偏導関数 83
　　高階―― 85
　　2階―― 85
偏微分可能 82
偏微分係数 82
偏微分する 83

ま 行

マクローリン展開 165
右側極限 3
無限大 3
　　負の―― 3
面積 151
　　曲面の―― 202

や 行

ヤコビアン 196
有理関数 122

ら 行

ライプニッツの公式 57
ラグランジェの剰余 70
ラプラシアン 175
リーマン和 134
　　――（重積分） 181
累次積分 182
連鎖律 91
連続 3
　　――（2変数関数） 88
ロピタルの定理 62
ロルの定理 59

著者略歴

長 崎 憲 一
（なが さき けん いち）

1970 年　東京大学理学部数学科卒業
1977 年　東京大学大学院理学系研究科博
　　　　士課程単位取得満期退学
現　在　元 千葉工業大学教授，
　　　　理学博士

主要著書

明解微分方程式(初版)（共著，培風館，1997）
明解微分積分(初版)（共著，培風館，2000）
明解複素解析（共著，培風館，2002）
明解微分方程式 改訂版
　　　　　　　　　（共著，培風館，2003）
明解線形代数（共著，培風館，2005）

橋 口 秀 子
（はし ぐち ひで こ）

1989 年　お茶の水女子大学理学部数学科
　　　　卒業
1995 年　東京大学大学院数理科学研究科
　　　　博士課程修了，博士(数理科学)
現　在　千葉工業大学教授

主要著書

数学入門（共著，学術図書出版社，2003）
線形代数入門（共著，学術図書出版社，2014）

横 山 利 章
（よこ やま とし あき）

1983 年　大阪大学理学部数学科卒業
1988 年　広島大学大学院理学研究科博士
　　　　課程修了，理学博士
現　在　千葉工業大学教授

主要著書

明解微分積分(初版)（共著，培風館，2000）
明解複素解析（共著，培風館，2002）
明解微分方程式 改訂版
　　　　　　　　（共著，培風館，2003）
明解線形代数（共著，培風館，2005）

ⓒ 長崎憲一・橋口秀子・横山利章　2019

2000 年 10 月 30 日　初　版　発　行
2019 年　1 月 31 日　改 訂 版 発 行
2025 年　3 月　3 日　改訂第 7 刷発行

明解 微分積分

著　者　長崎憲一
　　　　橋口秀子
　　　　横山利章
発行者　山本　格

発行所　株式会社　培風館
東京都千代田区九段南 4-3-12・郵便番号 102-8260
電話 (03) 3262-5256(代表)・振替 00140-7-44725

三美印刷・牧 製本

PRINTED IN JAPAN

ISBN 978-4-563-01229-8　C3041